千華 **50th** 築夢踏

千華公職資訊網

千華粉絲團

棒學校線上課程

千華數位文化

郵局外勤法規何時改版呢？

我在思考要考三等還是四等？

請問我要買教師資格檢定考試的套書，可以去哪裡買得到？

沒問題…知道您們的回覆很即時，無疑是對購買書籍的消費者最大的回饋。

請問監獄管理員有哪些書呢？

別擔心，讓我來幫您解答！

前往官網　考試日程表　即將報名

千華數位文化

折價券　當期促銷　棒

選單

真人客服・最佳學習小幫手

・真人線上諮詢服務

・提供您專業即時的一對一問答

・報考疑問、考情資訊、產品、
　優惠、職涯諮詢

盡在 千華LINE@

LINE 加入好友
千華為您線上服務

千華數位文化
Chien Hua Learning Resources Network

經濟部所屬事業機構
新進職員甄試

一、報名方式：一律採「網路報名」。
二、學歷資格：教育部認可之國內外公私立專科以上學校畢業，並符合各甄試類別所訂之學歷科系者，學歷證書載有輔系者得依輔系報考。
三、應試資訊：

完整考試資訊

https://reurl.cc/bX0Qz6

(一)甄試類別：各類別考試科目及錄取名額：

類別	專業科目A(30%)	專業科目B(50%)
企管	企業概論 法學緒論	管理學 經濟學
人資	企業概論 法學緒論	人力資源管理 勞工法令
財會	政府採購法規 會計審計法規	中級會計學 財務管理
資訊	計算機原理 網路概論	資訊管理 程式設計
統計資訊	統計學 巨量資料概論	資料庫及資料探勘 程式設計
政風	政府採購法規 民法	刑法 刑事訴訟法
法務	商事法 行政法	民法 民事訴訟法
地政	政府採購法規 民法	土地法規與土地登記 土地利用
土地開發	政府採購法規 環境規劃與都市設計	土地使用計畫及管制 土地開發及利用

類別	專業科目A(30%)	專業科目B(50%)
土木	應用力學 材料力學	大地工程學 結構設計
建築	建築結構、構造與施工 建築環境控制	營建法規與實務 建築計畫與設計
機械	應用力學 材料力學	熱力學與熱機學 流體力學與流體機械
電機(一)	電路學 電子學	電力系統與電機機械 電磁學
電機(二)	電路學 電子學	電力系統 電機機械
儀電	電路學 電子學	計算機概論 自動控制
環工	環化及環微 廢棄物清理工程	環境管理與空污防制 水處理技術
職業安全衛生	職業安全衛生法規 職業安全衛生管理	風險評估與管理 人因工程
畜牧獸醫	家畜各論(豬學) 豬病學	家畜解剖生理學 免疫學
農業	植物生理學 作物學	農場經營管理學 土壤學
化學	普通化學 無機化學	分析化學 儀器分析
化工製程	化工熱力學 化學反應工程學	單元操作 輸送現象
地質	普通地質學 地球物理概論	石油地質學 沉積學

(二)初(筆)試科目：

    1.共同科目：分國文、英文2科(合併1節考試)，國文為論文寫作，英文採測驗式試題，各占初(筆)試成績10%，合計20%。

    2.專業科目：占初(筆)試成績80%。除法務類之專業科目A及專業科目B均採非測驗式試題外，其餘各類別之專業科目A採測驗式試題，專業科目B採非測驗式試題。

    3.測驗式試題均為選擇題（單選題，答錯不倒扣）；非測驗式試題可為問答、計算、申論或其他非屬選擇題或是非題之試題。

(三)複試(含查驗證件、複評測試、現場測試、口試)。

四、待遇：人員到職後起薪及晉薪依各所用人之機構規定辦理，目前各機構起薪約為新臺幣3萬6仟元至3萬9仟元間。本甄試進用人員如有兼任車輛駕駛及初級保養者，屬業務上、職務上之所需，不另支給兼任司機加給。

※詳細資訊請以正式簡章為準！

 千華數位文化股份有限公司　■新北市中和區中山路三段136巷10弄17號
　　　　　　　　　　　　　　　　　　　　　■TEL: 02-22289070　FAX: 02-22289076

目 次 🔍

第一部分　熱力（工）學與熱機學

第一章　概論

第二章　理想氣體

第三章　功與熱

第四章　熵與熱力學第二定律

第二部分　熱傳學

第九章　熱傳導

第三部分　近年試題精選及解析

如何拿高分❓

一、 準備任何科目皆然，考前應就各個章節的重點再加以複習一遍，才能讓記憶維持在最清晰的狀態，這一點也是考生能掌握分數的關鍵，只要考生考前60天逐一複習並熟讀本書的11個章節，即已掌握到考試出題百分之九十以上的重點，研讀完內容後要針對其中所收錄的試題加以練習，以確認自己對該章節的了解程度。接下來就要計劃對各考試單位的歷屆考題作演練，才能熟能生巧，快速解題，培養解題的速度，相信要在本科拿到90分應不是太難。

二、 關於蒸汽動力循環與氣體動力循環之計算較為複雜，考生尤其應加以特別注意有關的焦點部分，掌握到該部分命題老師特別喜愛出題的方向。

三、 108經濟部機械試題難度較高，特別是duel cycle的部份，等容加熱及等壓加熱的觀念不同處需詳加注意。

四、 提醒各位考生，熱力學與日常生活息息相關，本書內容生動活潑，可幫助考生加強記憶。拿到試題應先瀏覽一遍題目，針對有把握的先答題，掌握該得的分數，不會的題目等全部題目做完後最後再來回答，把握時間、仔細作答。訂下適切的讀書計畫，並持之以恆的堅持到底，勝利必定手到擒來，最後，祝你金榜題名！

第一章 | 概 論

1-1 物質的性質 ☆☆

> **考題方向** 掌握物質的基本力學性質及其表示方法，並學會看懂基本熱力性質圖。

一、物質的比容與密度

物質的比容（specific volume）之定義為單位質量的容積，並以符號 v 來表示；物質的密度（density）之定義為單位容積的質量，所以密度是比容的倒數，密度符號以 ρ 來表示。比容與密度皆為內涵性質。

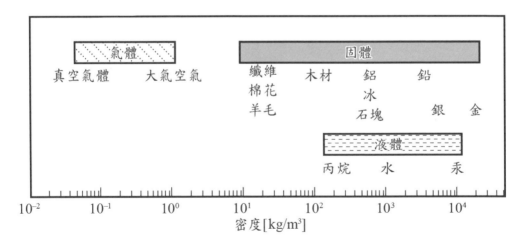

常見物質的密度

二、溫標

1954年之前，攝氏溫標是以兩個固定、容易複製的溫度為基準，即冰點與沸點。冰點（ice point）溫度的定義是在1標準大氣壓下（0.101325 MPa）和飽和空氣平衡的冰與水混合物的溫度；沸點（steam point）溫度的定義是在1標準大氣壓下液態水與水蒸汽保持平衡的溫度。在攝氏溫標上，這兩點之溫度定為0與100。

在1954年第十次的國際度量衡會議中，決定以單一固定的溫度與理想氣體溫標來重新定義攝氏溫標。此單一固定的溫度為水的三相點（水的固態、液態、氣態三相平衡共存的狀態）。每一度的大小則以理想氣體溫標來決定，此種新溫標的主要特點在於單一固定的溫度和度數大小之定義。水的三相點為0.01°C，依據此溫標可由實驗發現水之沸點為100.00°C。所以舊溫標與新溫標基本上是一致的。

與攝氏溫標相關的絕對溫標為凱氏溫標（以William Thomson，1824–1907，又稱凱爾文爵士來命名），以符號K（沒有度的符號）表示。這兩種溫標的關係如下：

$$K = °C + 273.15$$

三、純物質中的汽-液-固相平衡

考慮下圖在狀態A下的固體，當壓力（低於三相點之壓力）不變而溫度升高時，物質會直接從固相變為汽相。沿著等壓線EF，物質先在某一溫度下從固相變化為液相，然後再於另一更高溫度從液相變為汽相。等壓線CD通過三相點，只有在三相點上才有三相平衡並存的可能性。當壓力大於臨界壓力如線段GH時，液相和汽相間則無明顯區別。

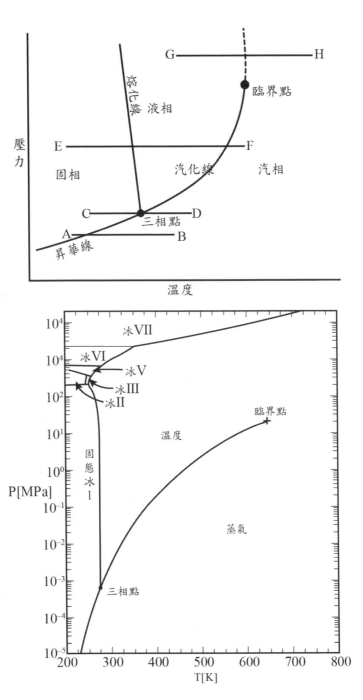

水之相圖

試題觀摩

( )　1. 在高山上煮飯，飯不容易熟，原因是：

(A)高山上氣壓低，水的沸點低

(B)高山上氣壓低，熱量散失多

(C)高山上氣溫低，熱量散失多

(D)高山上空氣稀薄，水不能沸騰。

( )　2. 膠體利用何種作用，可使膠體粒子克服地心引力作用而不致沉澱？

(A)布朗運動　(B)擴散　(C)透析　(D)滲透。（104中鋼化工第30題）

( )　3. 根據相律（phase rule）及水之相圖，在三相點（triple point）上的自由度為：　(A)0　(B)1　(C)2　(D)3。（104中鋼第26題）

( )　4. (20%)P-h diagram for water is shown below. Please answer the following questions.

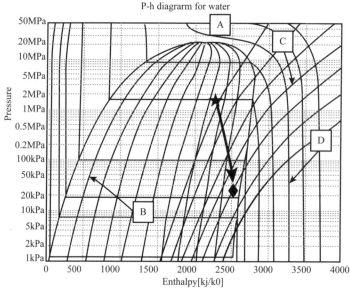

P-h diagrarm for water

a. What is the point A? its name and short explanation(5%).

b. What property does those isolines around B stand for?(3%)

c. What property does those isolines around C stand for?(3%).

d. What property does those isolines around D stand for?(3%).

(　)　5. 溫度計無法直接或間接測出物質的：
　　　　(A)所含熱量的改變　　　　　　　(B)所含熱量的多少
　　　　(C)溫度的高低　　　　　　　　　(D)溫度的變化。（104中鋼第7題）

(　)　6. 正常人體溫在生病發燒時會上升約4°C，對應的上升華氏溫度為：
　　　　(A)2.2°F　　　　　　　　　　　(B)4.0°F
　　　　(C)7.2°F。　　　　　　　　　　(D)8.6°F。（104中鋼第8題）

(　)　7. 啟動房間裡一個1.5 kW的電阻式電熱器，請問在啟動20分鐘後電熱
　　　　器提供給予房間的總能量為何？
　　　　(A)1.5 kJ　　　　　　　　　　　(B)60 kJ
　　　　(C)750 kJ　　　　　　　　　　　(D)1800 kJ。（104中鋼第10題）

解答與解析

1. **A** 高山上氣壓低，水較易沸騰，但無法達到煮熟食物的溫度，故飯不易熟。

2. **A** 膠體利用布朗運動，可使膠體粒子克服地心引力作用而不致沉澱。

3. **A** 水之三相點只有一個，故自由度為0。

4. **A** Hint：學會看P-h圖
　　(1)A點為飽和液飽和氣共存點　　(2)B為等熵線
　　(3)C為等密度線　　　　　　　　(4)D為等溫線

5. **B** 溫度計無法直接或間接測出物質所含熱量的多少。

6. **C** 華氏＝攝氏*(9/5)+32

　　故華氏溫度增加 $4 \times \dfrac{9}{5} = 7.2(°F)$

7. **D** $E = 1.5 \times 20 \times 60 = 1800(kJ)$

熱力學知識點

熱力學三大定律

1. **第一定律的形成**：因為功能互換及能量守恆的概念在1845年左右已形成，故第一定律的數學式也呼之欲出。克勞修斯（Rudolf Julius Emmanuel Clausius）是第一位把熱力學第一定律用數學形式表達出來的人，接著又提出熱力學第二定律，1854年首次引入「熵」的概念，1865年發現「熵增加原理」，1851年第一次運用統計概念導出氣體的壓力公式，1858年又引進自由程概念，導出了平均自由程公式，1879年獲英國皇家學會的科普利獎。

2. **卡諾的熱機理論與第二定律的發現**：熱力學第二定律的發現與提高熱機效率的研究有密切的關係。蒸汽機在十八世紀就已發明了，1765年和1782年瓦特（James Watt, 1736-1819）兩次改進蒸汽機的設計，但效率不高。

   1824年，二十四歲的卡諾發表著名的卡諾定理，對於第二定律的熱機理論有重要影響，此論文提出可逆的理想引擎，及所謂的「卡諾循環」，得知理想引擎效率取決於熱質在轉移時與兩個溫度的差有關，同時推論出永動機械是不可能實現的，並證明卡諾循環是具有最大效率的循環。

   1850年克勞修斯在揭示第一定律的論文中，他也以能量守恆和轉換的觀點重新驗證了卡諾定理，而提出第二定律。在其1854年的論文中提到「如果沒有外界作功，熱永遠不能由冷的物體傳向熱的物體」，到了1865年第二定律概念更加成熟，熵的概念被克勞修斯提出，而寫出另一種形式的第二定律，即**在所有可逆循環過程中，熱能變化對溫度的熵的積分值為零**。

3. **熱力學第三定律——完美晶體在絕對零度時，其熵為零**：波茲曼（Ludwig Edward Boltzmann）結合熱力學與分子動力學的理論，而導致統計熱力學的誕生，同時他也提出非平衡態的理論基礎，至二十世紀初吉布斯（J. Willard Gibbs）提出系統理論建立了統計力學。

1-2 熱力學的性質 ☆☆☆

> **考題方向** 理解何為內涵性質與外延性質。

熱力性質可分為兩大類：內涵（intensive）與外延（extensive）性質。所謂的內涵性質是與**質量無關**之性質；而外延性質的值則隨著質量的改變而變化。因此，如果將一個給定狀態的定量物質分成等量的兩個部份，則每一部份所具有的內涵性質的值與原來的值相同，而外延性質的值則會減半。例如壓力、溫度和密度為內涵性質，質量和總容積為外延性質。單位質量的外延性質，例如比容，則是內涵性質。

試題觀摩

1. Classify the following terms pressure(P), temperature(T), mass(m), density(ρ), total volume(V), specific volume(v), total internal energy(U), specific enthalpy(h), work(W), and heat(Q) as (a) the intensive property, (b) the extensive property, or(c) neither (a) nor (b).

Hint：理解何為內涵性質與外延性質

解析

壓力：內涵性質	溫度：內涵性質
質量：外延性質	密度：內涵性質
體積：外延性質	比容：內涵性質
內能：外延性質	比焓：內涵性質
功：非性質	熱：非性質

2. 試將 $-5°C$ 的溫度以凱氏溫度表示。

Hint：了解溫標之變換

解析　$-5 + 273 = 268(K)$

3. 一個2.5m高，截面積為 $1.5m^2$ 的鋼製汽缸，其底部充滿0.5m高的液態水，水上為1m高的汽油，如右圖所示。汽油表面曝露於大氣之中，且大氣壓力為101kPa。試問水中最大的壓力為若干？

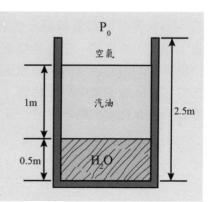

Hint：理解液面下之壓力計算

解析　$P = 101 + 0.8 \times 9.8 \times 1 + 1 \times 9.8 \times 0.5 = 101 + 7.84 + 4.9 = 113.74(kPa)$

4. 如右圖所示附有壓力計之輕油管路，試問油管中的絕對壓力為多少？

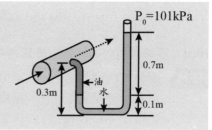

Hint：理解液面下之壓力計算

解析　$P = 101 + 1 \times 9.8 \times 0.7 - 0.8 \times 9.8 \times 0.2 = 101 + 6.86 - 1.568 = 106.292(kPa)$

5. 一活塞／汽缸裝置，其截面積為0.01m^2，活塞質量為100kg，停止在檔板上，如右圖所示。若外界大氣壓力為100kPa，求欲舉起活塞之水壓力為若干？

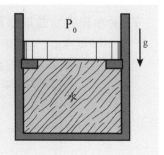

解析 $P_{water} = 100 + \dfrac{100 \times 9.8}{0.01} \times \dfrac{1}{1000} = 100 + 98 = 198(kPa)$

6. A gas is contained in two cylinders A and B, connected by a piston of two different diameters, as shown in the right figure. The mass of the piston is 10 kg and the gas pressure inside cylinder A is 200 kPa. Please calculate the pressure in cylinder B.

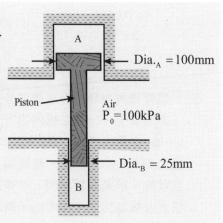

解析 $P_B = \dfrac{10 \times 9.8 + 200000 \times \dfrac{1}{4} \times 3.14 \times 0.1^2 - 100000 \times \dfrac{1}{4} \times 3.14(0.1^2 - 0.025^2)}{\dfrac{1}{4} \times 3.14 \times 0.025^2}$

$= \dfrac{98 + 1570 - 736}{0.00049} = \dfrac{932}{0.00049} = 1902(kPa)$

7. 兩水箱裝水並以管路連接，如下圖所示。水箱A之壓力為200kPa，v=0.5m³/kg，V_A=1m³；而水箱B含3.5kg之質量、壓力為0.5MPa及溫度400°C。現將閥門打開，兩邊成為均質狀態，試求最終比容為何？

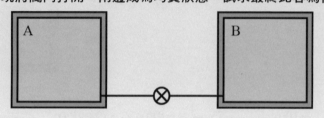

解析 查表 $\begin{cases} 0.5\text{MPa} \\ 400°C \end{cases}$ 壓縮液 $\Rightarrow v_B = 0.001 \ (\text{m}^3/\text{kg})$

$V_B = 3.5 \times 0.001 = 0.0035 \text{m}^3$

$m_A = \dfrac{1}{0.5} = 2\text{kg}$

$v = \dfrac{1 + 0.0035}{2 + 3.5} = \dfrac{1.0035}{5.5} = 0.182 (\text{m}^3 / \text{kg})$

8. 一儲存槽內由隔板分成兩部分（如右圖），一側之槽內包含0.01m³之飽和液態冷媒R-12，壓力為0.8MPa，另一側為真

R-12 V=0.01m³ P=0.8MPa	Evacuated

空狀態。現將隔板移開，使得冷媒R-12充滿整個儲存槽內，若最後冷媒之狀態為25°C、200kPa，試求出整個儲存槽之體積(m³)為何？
（其中v_f(P=0.8MPa)=0.0007802 m³/kg，$v_{(T=25°C,P=200kPa)}$=0.0983 m³/kg）

解析 先求出冷媒之質量 $m = \dfrac{0.01}{0.0007802} = 12.817 (\text{kg})$ ，

再求出最後之體積 $V = 12.817 \times 0.0983 = 1.26 (\text{m}^3)$

1-3 乾度 ☆☆☆

考題方向 ▸ 了解乾度的定義並用它來計算其他熱力學特性量。

一、第零定律的形成

熱力學第零定律是敘述當兩物體分別與第三物體之溫度相等時，則此兩物體彼此的溫度相等。

二、乾度定義

$$v = \frac{V}{m} = \frac{m_{liq}}{m} v_f + \frac{m_{vap}}{m} v_g = (1-x)v_f + xv_g = v_f + x(v_g - v_f) = v_f + xv_{fg}$$

試題觀摩

1. 在水液-氣混合區（liquid-vapor mixture region），溫度為T＝125°C時，$u_f = 504.49\,kJ/kg, u_{fg} = 2025\,kJ/kg$，$v_f = 0.001065\,m^3/kg \cdot v_g = 0.7706\,m^3/kg$ 若u＝1719.49 kJ/kg，求(a)蒸氣乾度（steam quality），(b)比容v？

解析 (a)由 $u = u_f + xu_{fg} \Rightarrow 1719.49 = 504.49 + x(2025)$

　　　$x = 0.6$

　　(b) $v = v_f + xv_{fg} \Rightarrow v = 0.001065 + 0.6(0.7706 - 0.001065)$

　　　$v = 0.462786(m^3 / kg)$

2. 一固定體積的容器中，壓力為0.5MPa，體積為2m³，其中液體水（Liquid water）的體積為0.5m³，其餘體積則充滿水蒸氣（Vapor）。（100高考第3題）

(一)此氣液混合物的乾度（Quality;X）為何？

(二)現此容器內部受熱至450°C且導致體積變化，但加熱過程中壓力維持不變，根據下表數據計算出此容器最終體積及此過程所作的功。

$P_{sat.}=0.5MPa$ ($T_{sat.}=151.86°C$)	$v_f(kg/m^3)$	$v_g(kg/m^3)$
	0.001093	0.3749

$T=450°C$，$P=0.5MPa$ Superheated vapor	$v(kg/m^3)$
	0.6641

解析　(一)先求出混合物的比容

$$v=\frac{2}{\dfrac{0.5}{0.001093}+\dfrac{1.5}{0.3749}}=\frac{2}{457.457+4}=0.004334$$

$$v=v_f+xv_{fg}\Rightarrow v=0.001093+x(0.3749-0.001093)=0.004334$$

$$0.003241=0.373807x\Rightarrow x=0.00867$$

(二) $W=\int_1^2 PdV=P(V_2-V_1)=mP(v_2-v_1)$

$$=461.457\times500(0.6641-0.004334)=152226.82(kJ)$$

3. 一汽缸活塞之裝置，內含1kg、0.5m³、100kPa之H_2O，H_2O受熱後在等溫下緩慢膨脹，直到體積為原來的兩倍為止。請問過程中所需的熱傳量為何？（91高考第1題）

H_2O飽和表

壓力	飽和溫度(°C)	$v_f(m^3/kg)$	$v_g(m^3/kg)$	$h_f(kJ/kg)$	$h_g(kJ/kg)$
100kPa	99.63	0.001043	1.694	417.46	2675.5

v,h分別為比容（specific volume）與比焓（specific enthalpy）之值；足標f、g分別代表飽和液、汽態。

Hint：先求出開始的比容 $v_1 = \dfrac{0.5}{1} = 0.5(m^3/kg)$

解析　$0.5 = 0.001 + x_1(1.694 - 0.001) \Rightarrow x_1 = 0.2947$

$h_1 = 417.46 + 0.2947(2675.5 - 417.46) = 1082.9(kJ/kg)$

$1 = 0.001 + x_2(1.694 - 0.001) \Rightarrow x_2 = 0.59$

$h_2 = 417.46 + 0.59(2675.5 - 417.46) = 1749.7(kJ/kg)$

$Q = 1 \times (1749.7 - 1082.9) = 666.8(kJ)$

---

4. 有一活塞裝置內有$0.1 m^3$的液態水和$0.9 m^3$的水蒸氣，處於800kPa之平衡狀態，於等壓下加熱使得活塞內之溫度到達$350°C$。

(一)試求出水的最初溫度($°C$)

(二)試求出活塞內水的總質量(kg)

(三)試求出最後活塞之體積(m^3)

(四)於P-V圖中畫出其過程線

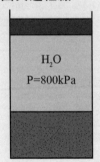

Superheated water			
T	v	u	h	s
°C	m^3/kg	kJ/kg	kJ/kg	kJ/(kg,K)
	P=0.80MPa(170.43°C)			
Sat.	0.2404	2576.6	2709.1	6.5628
200	0.2608	2630.0	2839.3	6.8158
250	0.2931	2715.2	2950.0	7.3364
300	0.3241	2797.2	3068.5	7.2328
350	0.3544	2878.2	3161.7	7.4089
400	0.3843	2959.7	3267.1	7.5716
500	0.4433	3126.0	2460.6	7.6673
600	0.5018	3297.9	3699.4	8.1333
700	0.6601	3476.2	3724.2	83770
800	0.6761	3661.1	4155.6	8.6033
900	0.6761	2852.8	4393.7	8.8160
1000	0.7340	4061.0	4638.7	9.0153
1100	0.7919	4255.6	4889.7	9.2050
1200	0.6497	4466.1	5156.9	9.3956
1300	0.9076	4681.8	5407.8	9.5575

解析　(一)開始時為液氣共存狀態，故溫度為800kPa之飽和溫度170.43°C

(二) $m = \dfrac{0.1}{0.001} + \dfrac{0.9}{0.2404} = 100 + 3.74 = 103.74(kg)$

(三)結束時為過熱蒸氣，查表得比容為$v=0.3544(m^3/kg)$，故體積

$V=0.3544 \times 103.74 = 36.765(m^3)$

(四)

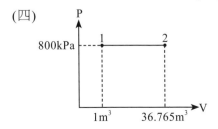

Saturated water-Pressure table

Press. kPa P	Sat. temp. °C T_{tt}	Specific volume m³/kg		Internal energy kJ/kg			Enthalpy kJ/kg			Entropy kJ/(kg·K)		
		Sat. liquid v_f	Sat. Vapor v_g	Sat. liquid u_f	Evap. u_{fg}	Sat. Vapor u_g	Sat. liquid h_f	Evap. h_{fg}	Sat. Vapor h_g	Sat. liquid s_f	Evap. s_{fg}	Sat. Vapor s_g
0.6113	0.01	0.001000	206.14	0.00	2375.3	2375.3	0.01	2501.3	2501.4	0.0000	9.1562	9.1562
1.0	6.96	0.001000	129.21	29.30	2355.7	2385.0	29.30	2484.9	2515.2	0.1059	8.5697	8.9758
1.5	13.03	0.001001	87.98	54.71	2338.6	2393.3	54.71	2470.6	2525.3	0.1957	8.6322	8.6279
2.0	17.50	0.001001	87.00	73.48	2326.0	2399.5	73.48	2460.0	2533.5	0.2607	8.4627	8.7237
2.5	21.08	0.001002	54.25	88.48	2315.9	2404.4	88.49	2451.6	2540.0	0.3120	8.3311	8.6432
3.0	24.08	0.001003	45.67	101.04	2307.5	2406.5	101.05	2444.5	2545.5	0.3545	8.2231	8.5776
4.0	28.96	0.001004	34.80	121.45	2293.7	2415.2	121.46	2432.9	2554.4	0.4226	8.0520	8.4746
5.0	32.88	0.001005	28.19	137.81	2282.7	2420.5	137.82	2423.7	2561.5	0.4764	7.9187	8.3951
7.5	40.29	0.001008	19.24	168.78	2261.7	2430.5	168.79	2406.0	2574.8	0.5704	7.6760	8.2515
10	45.81	0.001010	14.67	191.82	2246.1	2437.9	191.63	2397.8	2584.7	0.6493	7.5009	8.1502
15	53.97	0.001014	10.02	225.92	222.8	2448.7	225.94	2373.1	2599.1	0.7549	7.2536	8.0065
20	60.06	0.001017	7.649	251.38	2205.4	2456.7	251.40	2368.3	2609.7	0.8320	7.0766	7.9085
25	64.97	0.001020	6.204	271.90	2191.2	2463.1	271.93	2346.3	2618.2	0.8931	6.9383	7.8314
30	69.10	0.00022	5.229	289.20	2179.2	2468.4	289.23	2336.1	2629.3	0.9439	6.8247	7.7666
40	75.87	0.001027	3.993	317.53	2159.5	2477.0	317.58	2319.2	2636.8	1.0259	6.6441	7.6700
50	8.33	0.001030	3.240	340.44	2143.4	2461.9	340.49	2305.4	2645.9	1.0910	6.5029	7.5939
75	91.78	0.001037	2.217	384.31	2112.4	2496.7	384.39	2278.6	2663.0	1.2130	6.2434	7.4564

Press. MPa

Press. MPa P	Sat. temp. °C T_{tt}	Sat. liquid v_f	Sat. Vapor v_g	Sat. liquid u_f	Evap. u_{fg}	Sat. Vapor u_g	Sat. liquid h_f	Evap. h_{fg}	Sat. Vapor h_g	Sat. liquid s_f	Evap. s_{fg}	Sat. Vapor s_g
0.100	99.63	0.001043	1.6940	417.36	2088.7	2506.1	417.46	2258.0	2675.5	1.3026	6.0568	7.3594
0.125	105.99	0.001048	1.3749	444.19	2069.3	2513.5	444.32	2241.0	2685.4	1.3740	5.9104	7.2844
0.150	111.37	0.0015053	1.1593	466.94	2.52.7	2519.7	467.11	2226.5	2693.6	1.4336	5.7897	7.2233
0.175	116.06	0.001057	1.0036	486.80	2038.1	2524.9	486.99	2213.6	2700.6	1.4849	5.6868	7.1717
0.200	120.23	0.001061	0.8857	504.49	2025.0	2529.5	504.70	2201.9	2706.7	1.6301	5.5970	7.1271
0.225	124.00	0.001064	0.7933	520.47	2013.1	2533.6	520.72	2191.3	2712.1	1.5706	5.5173	7.0878
0.250	127.44	0.001067	0.7187	5385.10	2002.1	2537.2	535.37	2181.5	2716.9	13.6072	5.4455	7.0527
0.275	130.60	0.001070	0.6573	548.59	1991.9	2540.5	548.89	2172.4	2721.3	1.6408	5.3801	7.0209
0.300	133.55	0.001073	0.6058	561.15	1982.4	2543.6	561.47	2163.8	2725.3	1.6718	5.3201	6.9919
0.325	136.30	0.001076	0.5620	572.90	1973.5	2546.4	573.25	2155.8	2729.0	1.7006	5.2646	6.9652
0.350	138.88	0.001079	0.5243	583.95	1955.0	2548.9	584.33	2148.1	2732.4	1.7275	5.2130	6.9405
0.375	141.32	0.001081	0.4914	594.40	1956.9	2551.3	594.81	2140.8	2735.6	1.758	5.1647	6.9175
0.40	143.63	0.001084	0.4625	604.31	1949.3	2553.6	604.74	2133.8	2738.6	1.7765	5.1193	6.6959
0.45	147.93	0.001088	0.4140	522.77	1934.9	2557.6	623.25	2120.7	2743.9	1.8207	5.0359	6.8565
0.50	151.86	0.001093	0.3749	639.68	1921.6	2561.2	640.23	2108.5	2748.7	1.8607	4.9606	6.8213
0.55	155.48	0.001097	0.3427	655.32	1909.2	2564.5	665.93	2097.0	2753.0	1.8973	4.8920	6.7893
0.60	158.85	0.001101	0.3157	669.90	1897.5	2567.4	670.56	2066.3	2756.8	1.9312	4.8288	6.7600
0.65	162.01	0.001104	0.2927	683.56	1886.5	2570.1	684.28	2076.0	2760.3	1.9627	4.7703	6.7331
0.70	164.94	0.001108	0.2729	696.44	7876.1	2572.5	697.22	2066.3	2763.5	1.9922	4.7158	6.7080
0.75	167.78	0.001112	0.2556	708.64	1866.1	2574.7	709.47	2057.0	2766.4	2.0200	4.6647	6.6847
0.80	170.43	0.001115	0.2404	72.22	1856.6	2576.8	721.11	2048.0	2769.1	2.0462	4.6166	6.6620
0.85	172.96	0.001118	0.2270	731.27	1847.4	2578.7	732.22	2039.4	2771.6	2.0710	4.5711	6.6421
0.90	175.38	0.001121	0.2150	741.83	1838.6	2580.5	742.83	2031.1	2773.9	2.0946	4.5280	6.6226
0.95	177.69	0.001124	0.2042	751.95	1830.2	2582.1	753.02	2023.1	2776.1	2.1172	4.4869	6.60

第二章 ｜ 理想氣體

2-1 理想氣體方程式 ☆☆☆

> **考題方向** ▶ 理想氣體方程式是熱力學裡最重要的式子，它可求出各個熱力學特性量之間的關係，並學會混合氣體之溫度與壓力計算。

理想氣體方程式

在非常低的密度下，分子間的（Intermolecular, IM）平均距離極大，以至於 IM位能實際上會被忽略。在這種情況下，粒子彼此各自獨立，我們稱此狀態為理想氣體。在趨近理想氣體的情況下，由實驗觀察發現，極低密度氣體之行為非常符合理想氣體（ideal gas）狀態方程式

(一) $PV = nRT$，其中n是氣體的千莫耳（kmol）數，R是萬用氣體常數，對任

何氣體而言，其值皆為 $8.3145(\frac{kN \cdot m}{kmole \cdot K}) = 8.3145(\frac{kJ}{kmole \cdot K})$

(二) $PV = mRT$

$$R = 0.287(\frac{kN \cdot m}{kg \cdot K})$$

試題觀摩

( ) 1. 熱力學理想氣體之基本假設與敘述何者為真？　(A)不考慮分子引力　(B)考慮分子凡得瓦引力　(C)不考慮分子體積大小　(D)內能只是溫度函數。（104中鋼第37題）

解答與解析

1. **ACD** 理想氣體不考慮分子間之凡得瓦引力。

2. 車胎內之空氣初始溫度為－10°C，壓力190kPa。駕駛一陣子之後，空氣溫度升到10°C，求空氣之壓力？試著自己做個假設。

空氣

Hint：假設輪胎體積不變

解析 $\dfrac{P_2}{P_1}=\dfrac{P_2}{190}=\dfrac{T_2}{T_1}=\dfrac{10+273}{-10+273}=\dfrac{283}{263}\Rightarrow P_2=204.45(kPa)$

3. 容積為0.1m³的內燃機，其中含有227°C，壓力1000kPa的空氣。現在因燃燒，在等容過程中使空氣溫度達到1500K，試問空氣的質量與最終壓力為多少？

Hint：體積不變，壓力與溫度正比

解析 由 $PV=mRT\Rightarrow 1000\times0.1=m\times0.287\times500$
$\Rightarrow m=0.697(kg)$

$\dfrac{P_2}{P_1}=\dfrac{P_2}{1000}=\dfrac{1500}{500}\Rightarrow P_2=3000(kPa)$

4. 若空氣壓力為100kPa，溫度為25°C，則在6m×10m×5m的室內所含的空氣質量為何？

解析 由 $PV=mRT\Rightarrow 100\times300=m\times0.287\times298$
$\Rightarrow m=350.77(kg)$

5. 如一個儲槽的容積為0.5m³，且含有10kg的理想氣體，其分子量為24，若氣體的溫度為25°C，則其壓力為何？

解析 由 $PV=nRT\Rightarrow P\times0.5=\dfrac{10}{24}\times8.3145\times298\Rightarrow P=2064.7675(kPa)$

6. 圓柱狀之氣筒1m高，內徑為20cm，抽取真空後填充25°C的二氧化碳氣體。若筒內有1.2kg的二氧化碳，試問充氣後需達到之壓力為何？

Hint：二氧化碳分子量44

解析　由 $PV = nRT \Rightarrow P \times 1 \times \dfrac{1}{4} \times 3.14 \times 0.2^2 = \dfrac{1.2}{44} \times 8.3145 \times 298$

$\Rightarrow P = 2152(kPa)$

7. 一個氣壓缸（具空氣的活塞汽缸裝置）必須以500N的力量將門關閉，汽缸截面積為5cm^2，且容積為50cm^3。試問空氣壓力與質量為若干？

解析　$P = \dfrac{500}{0.0005} = 1000(kPa)$

$PV = mRT \Rightarrow 1000 \times 0.00005 = m \times 0.287 \times 298$

$\Rightarrow m = 5.846(kg)$

8. 如右圖所示，容積為1m^{3}剛性儲槽，具有100kPa、300K的丙烷，並經過閥件與另一個儲槽連接，該儲槽之容積為0.5m^3，且丙烷之壓力為250kPa，溫度為400K。將閥門打開，兩儲槽內的狀態達到均勻狀態，且溫度為325K。試問最終壓力為多少？

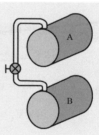

Hint：丙烷 C_3H_8 之分子量為44

解析　$P_A V_A = \dfrac{m_A}{44} \times 8.3145 \times T_A$

$100 \times 1 = \dfrac{m_A}{44} \times 8.3145 \times 300 \Rightarrow m_A = 1.764(kg)$

$P_B V_B = \dfrac{m_B}{44} \times 8.3145 \times T_B$

$250 \times 0.5 = \dfrac{m_B}{44} \times 8.3145 \times 400 \Rightarrow m_B = 1.654(kg)$

$$PV = \frac{m_A + m_B}{44} \times 8.3145 \times T$$

$$P \times 1.5 = \frac{1.764 + 1.654}{44} \times 8.3145 \times 325$$

$$P = 140(kPa)$$

9. 兩個具有絕熱之剛體桶（rigid tank），內裝一氧化碳之理想氣體，兩桶中間聯結一閥來連通。當閥關閉時，其中一桶內裝3公斤、0.5bar、100°C，另一桶內裝5公斤、1bar、25°C，當閥打開時兩桶達成平衡後，將一氧化碳其定容比熱視為常數，其值為0.745kJ/kg°K，試求下列結果：（101高考第1題）

(一)平衡溫度(°C)＝？

(二)平衡壓力(bar)＝？

(三)試求出此過程熵(entropy)之變化量？並說明過程之可行性。

Hint：一氧化碳之分子量為28

解析 (一)設平衡溫度T_f，可得 $3(100 - T_f) = 5(T_f - 25)$

$8T_f = 425 \Rightarrow T_f = 53.125(°C)$

(二) $P_A V_A = m_A \times 0.297 \times T_A$

$50 \times V_A = 3 \times 0.297 \times 373 \Rightarrow V_A = 6.647(m^3)$

$P_B V_B = m_B \times 0.297 \times T_B$

$100 \times V_B = 5 \times 0.297 \times 298 \Rightarrow V_B = 4.4253(m^3)$

$P_f(6.647 + 4.4253) = (3 + 5) \times 0.297 \times (53.125 + 273)$

$P_f \times 11.0723 = 8 \times 0.297 \times 326.125$

$P_f = 70(kPa)$

$$(\equiv) \; s_2 - s_1 = C_v \ln \frac{T_2}{T_1} + R \ln \frac{v_2}{v_1}$$

$$\Delta S = 3 \times 0.745 \ln \frac{326.125}{373} + 3 \times 0.297 \ln \frac{11.0723}{6.647} + 5 \times 0.745 \ln \frac{326.125}{298}$$

$$+ 5 \times 0.297 \ln \frac{11.0723}{4.4253}$$

$$\Delta S = -0.3 + 0.45466 + 0.336 + 1.362 = 1.85266(kJ\,/\,K)$$

---

10. 有一剛性絕緣容器（如下圖所示）由一隔板分成兩部分，一部分充有壓力為2bar、溫度120°C、質量0.04kmole之氮氣(N_2)；另一部分充有壓力為1bar、溫度40°C、質量為0.06kmole之氧氣(O_2)。若將隔板移開讓兩氣體充分混合，試求：[提示：氮氣的定容比熱C_v＝0.744kJ/ (kg·k)；氧氣的定容比熱C_v＝0.66kJ/(kg·k)；萬用氣體常數Ru＝0.08314(bar·m^3) / (kmole·k)]（計算至小數點後第2位，以下四捨五入）

(一)最後的平衡溫度(°C)

(二)最後的平衡壓力(bars)

（104經濟部第3題）

P_{O_2}＝1bar	P_{N_2}＝2bar
T_{O_2}＝40°C	T_{N_2}＝120°C
N_{O2}＝0.06kmole	N_{N2}＝0.04kmole

Hint：氧氣分子量32，氮氣分子量28

解析 (一) $60 \times 32(T_f - 40) = 40 \times 28(120 - T_f)$

$192T_f - 7680 = 13440 - 112T_f$

$304T_f = 21120 \Rightarrow T_f = 69.47(°C)$

(二) $1 \times V_{O_2} = 0.06 \times 0.08314 \times 313 \Rightarrow V_{O_2} = 1.56(m^3)$

$2 \times V_{N_2} = 0.04 \times 0.08314 \times 393 \Rightarrow V_{N_2} = 0.65(m^3)$

$P'_{O_2} \times (1.56 + 0.65) = 0.06 \times 0.08314 \times 342.47$

可得氧氣之分壓P'_{O_2}＝0.773(bar)

$P'_{N_2} \times (1.56 + 0.65) = 0.04 \times 0.08314 \times 342.47$

可得氮氣之分壓P'_{N_2}＝0.515(bar)

平衡壓力 $P' = P'_{O_2} + P'_{N_2} = 0.773 + 0.515 = 1.288(bar)$

（　）｜ 11. In Figure, two tanks are connected by a valve. One tank contains 2 kg of carbon monoxide at 77°C and 0.7 bar. The other tank holds 8 kg of the same gas at 27°C and 1.2bar. The

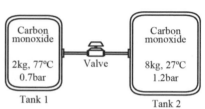

valve is opened and the gases are allowed to mix while receiving energy by heat transfer from surroundings. The final equilibrium temperature is 42°C. Using the ideal gas model $PV = mRT$ and the constant volume specific heat $Cv=0.745$ kJ/kg・K, which of the following statements is correct?

(A)The final equilibrium pressure is 5.0 bar,

(B)the final equilibrium pressure is 1.05 bar,

(C)the heat transfer rate is 37.25 kJ,

(D)the heat transfer rate is 47.25 kJ. （104中鋼第34題）

解答與解析

11. BC Hint：$R = 8.3145(\dfrac{kN \cdot m}{kmole \cdot K}) = 8.3145(\dfrac{kJ}{kmole \cdot K})$，一氧化碳分子量28

先算出絕熱平衡溫度T_f

$2(77 - T_f) = 8(T_f - 27) \Rightarrow 370 - 10T_f \Rightarrow T_f = 37(°C)$

熱傳量 $Q_{in} = 10 \times 0.745 \times (42 - 37) = 37.25(kJ)$

Tank 1體積：$70V_1 = \dfrac{2}{28} \times 8.3145 \times 350 \Rightarrow V_1 = 2.97(m^3)$

Tank 2體積：$120V_2 = \dfrac{8}{28} \times 8.3145 \times 300 \Rightarrow V_2 = 5.94(m^3)$

混合後之分壓和

$P' = \dfrac{1}{8.91} \times \dfrac{2}{28} \times 8.3145 \times 315 + \dfrac{1}{8.91} \times \dfrac{8}{28} \times 8.3145 \times 315$

$= 105(kPa) = 1.05(bar)$

12. 有一絕熱的堅固容器，其間以一隔板隔成左右兩半，體積均為5L，左室為300K，1bar之空氣，右室為真空。將隔板抽開，使左室的空氣充滿整個容器，假設空氣為理想氣體。

(一)請計算最後的溫度。

(二)請計算最後的熵變化量。

解析 先算出空氣之質量

$100 \times 0.005 = m \times 0.287 \times 300 \Rightarrow m = 0.0058(kg)$

(一)因為為絕熱過程溫度不變為300K

$(二) s_2 - s_1 = C_v \ln \dfrac{T_2}{T_1} + R \ln \dfrac{v_2}{v_1}$

$\Delta S = 0.0058 \times 0.287 \ln 2 = 0.007(kJ / K)$

13. 空氣在一6m×10m×4m的容器中，T＝25°C，重量為561kg，使用理想氣體公式，壓力為多少？（空氣的R＝0.287kNm/kgK）

解析 由 $PV = mRT$

$P \times 6 \times 10 \times 4 = 561 \times 0.287 \times 298$

$P = 200(kPa)$

14. 空氣在一240m^{3}的容器中，ρ＝0.1MPa，T＝25°C，使用理想氣體公式，其重量為多少kg。（空氣的R＝0.287kNm/kgK）

解析 由 $PV = mRT$

$100 \times 240 = m \times 0.287 \times 298$

$m = 280.6(kg)$

15. 在一個$5m \times 4m \times 2m$的空間可容納的空氣質量為多少？若空氣壓力為$100kPa$，溫度為$25°C$，氣體常數R為$8.314J/mol\text{-}K$，空氣密度為$28.97g/mol$。

解析　$100 \times 5 \times 4 \times 2 = \dfrac{m_A}{28.97} \times 8.3145 \times 298$

$m_A = 46.77(kg)$

16. $1kg$的某理想氣體，在一封閉系統內自$100kPa$、$27°C$，被可逆絕熱壓縮至$300kPa$。假設此氣體之比熱分別為$C_p = 0.997kJ/kg\text{-}K$、$C_v = 0.708\ kJ/kg\text{-}K$，試求：

(一)最初之容積(m^3)　　　(二)最後之容積(m^3)
(三)最後之溫度(K)　　　(四)功(kJ)。 （101經濟部第2題）

解析　$R = C_p - C_v = 0.997 - 0.708 = 0.289(kJ / kg \cdot K)$

$k = \dfrac{0.997}{0.708} = 1.4$

(一)由$PV_1 = mRT$

　　$100 \times V_1 = 1 \times 0.289 \times 300$

　　$V_1 = 0.867(m^3)$

(二)由$PV_2 = mRT$

　　$300 \times V_2 = 1 \times 0.289 \times 410.75$

　　$V_2 = 0.4(m^3)$

(三) $\dfrac{T_2}{T_1} = \left(\dfrac{P_2}{P_1}\right)^{\frac{R}{C_p}} = \left(\dfrac{P_2}{P_1}\right)^{\frac{C_p - C_v}{C_p}} = \left(\dfrac{P_2}{P_1}\right)^{1 - \frac{1}{k}}$

$\dfrac{T_2}{300} = \left(\dfrac{300}{100}\right)^{1 - \frac{1}{1.4}} \Rightarrow T_2 = 410.75(K)$

(四) $n \neq 1$ 時，$PV^n = C = P_1 V_1^n = P_2 V_2^n$

$W = \int_1^2 PdV = \int_1^2 CV^{-n}dV = \dfrac{1}{-n+1}CV^{-n+1}\Big|_1^2 = \dfrac{CV_2^{-n+1} - CV_1^{-n+1}}{-n+1} = \dfrac{P_2 V_2 - P_1 V_1}{-n+1}$

$= \dfrac{300 \times 0.4 - 100 \times 0.867}{-1.4+1} = \dfrac{120 - 86.7}{-0.4} = -83.25(kJ)$

2-2 壓縮性係數 ☆☆☆

考題方向 理解壓縮因子之物理意義,並應用於真實氣體之計算。

對理想氣體近似值的問題,另有一更具量化性的研究方式可執行,為此我們將介紹壓縮性係數(compressibility factor)Z的觀念,其定義為:

$$Pv = ZRT$$

下圖顯示氮的概略壓縮性圖,從此圖中我們可作三項觀察:第一,在所有的溫度之下,當P→0時,Z→1;亦即,當壓力趨近於零時,P–v–T行為會十分地接近理想氣體方程式所預測之行為。同時要注意,當溫度在300K及其以上時(也就是室溫及其以上),壓縮性係數接近於1,且壓力值可高達10MPa,這表示理想氣體狀態方程式在這個範圍內適用於氮氣(對空氣亦然),並具相當的準確性。

我們進一步注意到,在較低溫或極高壓下,壓縮性係數會很明顯地偏離理想氣體值;在較低溫的情況 Z < 1,在極高壓的情況 Z > 1。

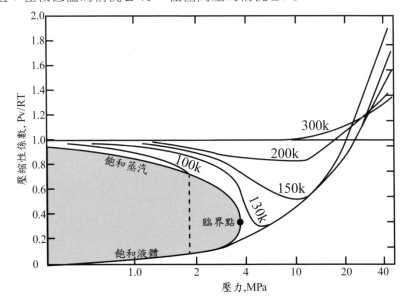

試題觀摩

1. 使用compressibility factor。若H_2O氣體壓力為200bars，溫度T＝520°C，compressibility factor Z＝0.83，問：specific volume為多少m^3/kg？（H_2O氣體的 $R = 4.62 \times 10^{-3}$ bar m^3/kg K）

解析 $Pv = ZRT \Rightarrow 200 \times v = 0.83 \times 4.62 \times 10^{-3} \times 793$
v=0.0152(m^3/kg)

2. 一封閉、堅固、絕熱容器中含有氧氣，容器之體積為$0.142m^3$，氧氣初始在100atm，5°C，在容器中有一攪拌器在攪拌，直到壓力變為300atm，試問氧氣最後之平衡溫度為幾度C？（氧氣之T_C＝154°K，P_C＝50.5bars）

Hint：1atm=101.3kPa

解析 $100atm \approx 10(MPa)$ ， $278(K)$ 查表得 $Z \approx 1$

$10130 \times 0.142 = m \times \dfrac{1}{32} \times 8.3145 \times 278 \Rightarrow m = 20(kg)$

先預測狀態二之 $Z \approx 1.2$

$30390 \times 0.142 = 1.2 \times 20 \times \dfrac{1}{32} \times 8.3145 \times T_2 \Rightarrow T_2 = 692(K)$

2-3 真實氣體之狀態方程式 ☆☆☆

> **考題方向**　理解真實氣體之狀態方程式。

表示氣體之物理行為除了使用理想氣體模型之外，或甚至使用一般的壓縮性圖，這些畢竟都只是近似值，我們還是希望有狀態方程式（equation of state）可精確地表示特定氣體在整個過熱蒸汽區域內的P–v–T行為。此方程式必然較為複雜，也因此較難以使用。現已提出許多這類的方程式，並用來與所觀察的氣體行為建立關聯性。現以典型相對簡單的立方狀態方程式（cubic equation of state）為例：

$$P = \frac{RT}{v-b} - \frac{a}{v^2 + cbv + db^2}$$

它使用四參數a、b、c、d表示（注意若所有參數為0，則此方程式簡化為理想氣體模型）。

第三章 ｜ 功與熱

3-1 移動邊界所作的功 ☆☆☆

考題方向　在本節中，我們將闡述熱力學等溫過程、多變過程及等熵過程，並計算活塞汽缸系統移動邊界及穩流系統所作的功。

有許多方式可以對系統或由系統作功，這些方式包括旋轉軸所作的功、電功、以及系統邊界移動所作的功，例如活塞在汽缸中移動所作的功。在這節當中，我們會考慮一個簡單壓縮系統在準平衡過程期間，在移動邊界所作的功。

移動邊界所作的功可表示為 $W = \int_1^2 PdV$ ....(1)

計算(1)式的積分時，必須謹記我們希望求出下圖中曲線下所圍的面積。關於這個觀念，我們分成下列二種問題。

1. 壓力與容積V間的關係可由實驗數據或圖形（例如示波器上的軌跡）來表示。因此(1)式的積分可由圖形或數值的方式來計算。

2. 壓力P與容積V間的關係若符合解析方程式，我們就可以直接積分。

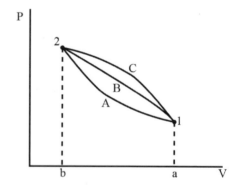

在第二種型態的函數關係式中，常見的例子是一種稱為多變過程（polytropic process）的過程，在此過程中符合PV^n=const

1. n=1時，$PV = P_1 V_1 = P_2 V_2$

$$W = \int_1^2 PdV = \int_1^2 \frac{P_1 V_1}{V} dV = P_1 V_1 (\ln V_2 - \ln V_1) = P_1 V_1 \ln \frac{V_2}{V_1}$$

2. $n \neq 1$時，$PV^n = C = P_1 V_1^n = P_2 V_2^n$

$$W = \int_1^2 PdV = \int_1^2 CV^{-n}dV = \frac{1}{-n+1} CV^{-n+1}\Big|_1^2 = \frac{CV_2^{-n+1} - CV_1^{-n+1}}{-n+1} = \frac{P_2 V_2 - P_1 V_1}{-n+1}$$

試題觀摩

1. 考慮如右圖所示，在汽缸內之氣體為一個系統。活塞裝置於汽缸內，其上放置一些小重物。初始壓力為200 kPa且初始容積為0.04 m³。

   (1)在汽缸之下放置一個本生燈，若壓力保持固定，使氣體容積增加為0.1m³。試計算此過程中系統所作的功。

   (2)考慮相同的系統與初始狀態，但是當本生燈放在汽缸之下，活塞舉起的同時，將重物從活塞上移開，重物移開的速率為使得過程變化中的氣體溫度保持固定。

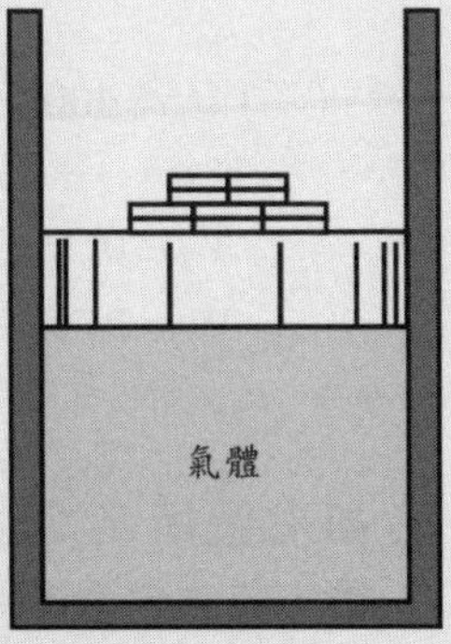

   氣體

解析 (1) $W = \int_1^2 PdV = P(V_2 - V_1) = 200 \times (0.1 - 0.04) = 12(kJ)$

   (2) $W = \int_1^2 PdV = \int_1^2 \frac{P_1 V_1}{V} dV = P_1 V_1 \ln \frac{V_2}{V_1} = 200 \times 0.04 \ln \frac{0.1}{0.04}$

   $= 8 \ln 2.5 = 7.33(kJ)$

2. 起初為1MPa和$500°C$的氣體，包含在初始容積為0.1m^3的活塞／汽缸裝置內。然後氣體根據$PV=$常數的關係慢慢地膨脹，達到最終壓力為100kPa。求過程中所作的功。

解析　$W = \int_1^2 PdV = \int_1^2 \dfrac{P_1 V_1}{V} dV = P_1 V_1 \ln \dfrac{V_2}{V_1}$

　　　　$= 1000 \times 0.1 \ln 10 = 100 \times 2.3 = 230(\text{kJ})$

3. 一個定壓的活塞／汽缸包含0.2kg壓力為400kPa的飽和水蒸汽，現在將其冷卻，使得水佔有原來質量的一半，試求過程中熱量變化及所作的功。

解析　(一)400kPa的飽和水蒸汽$h_g = 2738.6(\text{kJ/kg})$

　　　　冷卻後乾度為0.5，焓為

　　　　$h = 604.74 + 0.5 \times 2133.8 = 1671.64(\text{kJ/kg})$

　　　　$Q = 0.2(1671.64 - 2738.6) = -213.4(\text{kJ})$

　　　　(二)查表$400\text{kPa} \begin{cases} v_g = 0.4625 \\ v_f = 0.001084 \end{cases}$，可得$V_1 = 0.2 \times 0.4625 = 0.0925(\text{m}^3)$

　　　　$V_2 = 0.1 \times 0.4625 + 0.1 \times 0.001 = 0.04635(\text{m}^3)$

　　　　$W = P(V_2 - V_1) = 400(0.04635 - 0.0925) = -18.46(\text{kJ})$

4. 如右圖所示之活塞／汽缸裝置，其中包含0.1kg、1000kPa、$500°C$的水。現在以固定的力量作用在活塞上將水冷卻，直到水的容積為初始值的一半。在

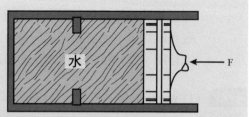

此之後，當活塞抵住擋板時，水溫降至$25°C$。試求水的最終壓力與整個過程中所作的功？

Hint：這是一個兩段過程，一段是等壓過程而一個是等容過程。

解析 由 $\begin{cases} P = 1MPa \\ T = 500°C \end{cases}$ 壓縮液 $\Rightarrow v_1 = 0.35411(m^3/kg)$

$W = P(V_2 - V_1) = Pm(v_2 - v_1) = 1000 \times (0.17706 - 0.35411)$

$\quad = -17.7(kJ)$

5. A piston/cylinder arrangement shown in Fig. initially contains air at 150 kPa and 400°C. The setup is allowed to cool to the ambient temperature of 20°C.
(1)Is the piston resting on the stops in the final state? What is the final pressure in the cylinder?
(2)What is the specific work done by the air during the process?

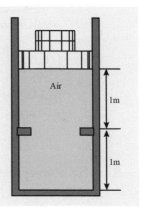

Air

1m

1m

Hint：此為等壓過程

解析 (1)設汽缸內空氣1kg，可估算開始的體積

$150 \times V_1 = 1 \times 0.287 \times 673 \Rightarrow V_1 = 1.288(m^3)$

估算末壓力

$P_2 \times \dfrac{1}{2} \times 1.288 = 1 \times 0.287 \times 293 \Rightarrow P_2 = 130.576(kPa)$

因末壓力小於150kPa，故活塞停止在栓上

(2) $W = P(V_2 - V_1) = 150 \times (0.644 - 1.288) = -96.6(kJ/kg)$

6. 一個活塞汽缸裝置內含600kPa、290K的空氣，空氣之容積為0.01m³。經過等壓過程得到18kJ功輸出，試求空氣的最終容積與溫度。

解析 $W = P\Delta V \Rightarrow 18 = 600\Delta V \Rightarrow \Delta V = 0.03(m^3)$

$V_2 = V_1 + \Delta V = 0.01 + 0.03 = 0.04(m^3)$

由理想氣體方程式之定壓下空氣之溫度與體積成正比，故體積變為4倍，溫度亦變為4倍為$T_2 = 290 \times 4 = 1160(K)$

7. 一個活塞汽缸裝置含有0.1kg、100kPa、27°C的氮，現以n＝1.25的多變過程將其壓縮至250kPa，試問所作的功為多少？

解析 $P_1V_1=mRT_1 \Rightarrow 100V_1=0.1\times0.287\times300 \Rightarrow V_1=0.0861(m^3)$

由 $PV^{1.25} = C = P_1V_1^{1.25} = P_2V_2^{1.25} \Rightarrow 100\times0.0861^{1.25} = 250V_2^{1.25}$

$V_2^{1.25} = 0.018656 \Rightarrow V_2 = (0.018656)^{0.8} = 0.04137(m^3)$

$W = \int_1^2 PdV = \dfrac{P_2V_2 - P_1V_1}{-n+1} = \dfrac{250\times0.04137 - 100\times0.0861}{-1.25+1}$

$= \dfrac{10.34177 - 8.61}{-0.25} = -6.927(kJ)$

8. 一個piston-cylinder裝置。其壓力與體積遵循$PV^{1.3}=costant$的關係。若起始壓力為200kPa，起始體積為0.04m^3，起始溫度為300K；最終體積0.1m^3。在這過程中，對外作多少功？

解析 $200\times0.04^{1.3} = P_2\times0.1^{1.3} \Rightarrow 3.046 = P_2\times0.05 \Rightarrow P_2 = 60.92(kPa)$

$W = \int_1^2 PdV = \dfrac{P_2V_2 - P_1V_1}{-n+1} = \dfrac{60.92\times0.1 - 200\times0.04}{-1.3+1}$

$= \dfrac{6.92 - 8}{-0.3} = 19.747(kJ)$

9. 有氣缸與活塞的系統，體積為1.0L，裝有25°C、1bar的空氣，將此系統壓縮至0.3L，在壓縮過程中維持$PV^{1.3}$=常數，請計算作功量。

解析 $100\times0.001^{1.3} = P_2\times0.0003^{1.3} \Rightarrow 0.01259 = P_2\times0.00002632$

$\Rightarrow P_2=478.34(kPa)$

$W = \int_1^2 PdV = \dfrac{P_2V_2 - P_1V_1}{-n+1} = \dfrac{478.34\times0.0003 - 100\times0.001}{-1.3+1}$

$= \dfrac{0.1435 - 0.1}{-0.3} = -0.145(kJ)$

10. Nitrogen is compressed in a reversible process in a cylinder from 100 kPa, 20°C, to 500kPa. During the compression process the relation between pressure and volume is $PV^{1.3}$=constant. Calculate the work and heat transfer per kilogram, and show this process on P-v and T-s diagrams.(R=0.2968kJ/kg)

Hint：nitrogen為氮氣，C_p=1.039(kJ/kg·K)

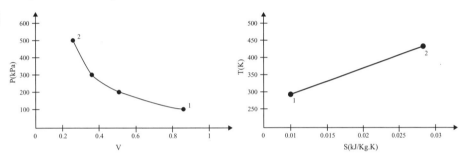

由理想氣體方程式

$$100 \times V_1 = 1 \times 0.2968 \times 293 \Rightarrow V_1 = 0.87(m^3)$$

$$100 \times 0.87^{1.3} = 500 \times V_2^{1.3} \Rightarrow V_2^{1.3} = 0.167 \Rightarrow V_2 = 0.252(m^3)$$

$$W = \int_1^2 PdV = \frac{P_2V_2 - P_1V_1}{-n+1} = \frac{500 \times 0.252 - 100 \times 0.87}{-1.3+1}$$

$$= \frac{126 - 87}{-0.3} = -130(kJ)$$

由理想氣體方程式

$$500 \times 0.252 = 1 \times 0.2968 \times T_2 \Rightarrow T_2 = 424.53(K)$$

由熱力學第一定律

$$Q - (-130) = 1.039(424.53 - 293) \Rightarrow Q = 6.66(kJ)$$

11. 以一具壓縮機將空氣加壓，已知入口空氣為300K，1bar，出口壓力為50bar。若此壓縮過程為Polytropic過程，其中n＝1.3。請計算壓加壓的功及熱傳量，假設空氣為理想氣體，且比熱為常數。

解析 由理想氣體方程式

$100 \times V_1 = 1 \times 0.287 \times 300 \Rightarrow V_1 = 0.861 (m^3)$

$100 \times 0.861^{1.3} = 5000 \times V_2^{1.3} \Rightarrow V_2^{1.3} = 0.0165 \Rightarrow V_2 = 0.0424 (m^3)$

$Pv^{1.3} = C = P_1 v_1^{1.3} = P_2 v_2^{1.3}$

$W = -\int_1^2 v dP = -\int_1^2 C^{\frac{1}{1.3}} P^{-\frac{1}{1.3}} dP = -4.33 C^{0.769} P^{0.231} \Big|_1^2$

$\quad = -4.33 \times 100^{0.769} \times 0.861 (5000^{0.231} - 100^{0.231})$

$\quad = -128.674(7.15 - 2.9) = -546.865 (kJ/kg)$

由理想氣體方程式

$5000 \times 0.0424 = 1 \times 0.287 \times T_2 \Rightarrow T_2 = 738.68 (K)$

由熱力學第一定律

$Q - (-546.865) = 1.0045(738.68 - 300) \Rightarrow Q = -106.21 (kJ/kg)$

12. 有一流體機械，不知其為空氣壓縮機或空氣渦輪機，只知一端為600kPa，450K的空氣，另一端為100kPa，300K的空氣。已知此機械為絕熱，假設空氣為理想氣體，且比熱為常數，cp=1.0045 kJ/kg·K。

(一) 請判斷其為壓縮機或渦輪機。

(二) 請計算此流體機械的效率。

解析 由理想氣體方程式 $600 \times V_1 = 1 \times 0.287 \times 450 \Rightarrow V_1 = 0.2153 (m^3)$

$100 \times V_2 = 1 \times 0.287 \times 300 \Rightarrow V_2 = 0.861 (m^3)$

(一)每一公斤體積變大，故為渦輪機

(二)假設為可逆過程

$\dfrac{450}{T_2} = \left(\dfrac{600}{100}\right)^{1-\frac{1}{k}}$ ，k=1.4　　　　$\dfrac{450}{T_2} = 1.67 \Rightarrow T_2 = 269.5 (K)$

$\eta = \dfrac{450 - 300}{450 - 269.5} = \dfrac{150}{180.5} = 0.831$

13. 有一燃氣渦輪機，已知入口為1500K的空氣，出口壓力為100kPa，輸出功為300kJ/kg，渦輪機效率為85%，請計算入口壓力。假設空氣為理想氣體，比熱為固定值，$C_P=1.0045$ kJ/kg·K。

解析 $\dfrac{300}{0.85}=1.0045(1500-T_2)\Rightarrow T_2=1148.64(K)$

$\dfrac{1500}{1148.64}=\left(\dfrac{P_1}{100}\right)^{1-\frac{1}{k}}$，k=1.4

$\dfrac{P_1}{100}=2.545\Rightarrow P_1=254.5(kPa)$

14. 一理想氣體系統，若膨脹作功，分別在(a)等溫(b)等壓及(c)isentropic adiabatic過程下，由狀態1至狀態2，求個別作功為何？（假設C_p為常數）

解析 (a) $W=\int_1^2 PdV=\int_1^2\dfrac{P_1V_1}{V}dV=P_1V_1(\ln V_2-\ln V_1)=P_1V_1\ln\dfrac{V_2}{V_1}$

(b) $W=\int_1^2 PdV=P(V_2-V_1)$

(c)$PV^k=C$稱為等熵方程式

$PV^k=C=P_1V_1^k=P_2V_2^k$

$W=\int_1^2 PdV=\int_1^2 CV^{-k}dV=\dfrac{1}{-k+1}CV^{-k+1}\Big|_1^2$

$=\dfrac{CV_2^{-k+1}-CV_1^{-k+1}}{-k+1}=\dfrac{P_2V_2-P_1V_1}{-k+1}$

15. 一個piston-cylinder裝置，其壓力與體積遵循PV＝costant的關係。若起始壓力為1.0MPa，起始體積為0.02m³，起始溫度為300K；最終體積為0.4m³。在這過程中，對外作多少功？

解析 $W=\int_1^2 PdV=\int_1^2\dfrac{P_1V_1}{V}dV=P_1V_1(\ln V_2-\ln V_1)=P_1V_1\ln\dfrac{V_2}{V_1}$

$W=1000\times0.02\ln\dfrac{0.4}{0.02}=20\ln 20=60(kJ)$

16. 一個piston-cylinder裝置，內有5kg的氣體。其壓力與體積遵循p＝costant的關係。若起始壓力為200kPa，起始體積為0.04m³，起始溫度為300K；最終體積為0.1m³。在這過程中，對外作多少功？

解析 $W = \int_1^2 PdV = P(V_2 - V_1) = 200(0.1 - 0.04) = 12(kJ)$

17. 有一個活塞—汽缸機構裝置，利用空氣膨脹推動活塞做功。空氣在汽缸內的初始體積為0.01m³、初始壓力為3MPa、初始溫度為600°C。空氣膨脹推動活塞做功直到空氣壓力降低至150kPa為止。在空氣膨脹推動過程中，維持空氣的溫度不變。請計算空氣推動活塞過程的熱傳量以及熵的變化。（高考）

Hint：此過程為等溫過程

解析 n=1時，$PV = P_1V_1 = P_2V_2$

$$W = \int_1^2 PdV = \int_1^2 \frac{P_1V_1}{V}dV = P_1V_1(\ln V_2 - \ln V_1) = P_1V_1 \ln \frac{V_2}{V_1}$$

$$= 3000 \times 0.01 \ln \frac{3000}{150} = 89.9(kJ)$$

因為等溫過程，內能不變，代入熱力學第一定律

$$Q - W = 0 \Rightarrow Q - 89.9 = 0 \Rightarrow Q = 89.9(kJ)$$

$$S_2 - S_1 = m_A R \ln 20 = \frac{P_1V_1}{T_1} \ln 20 = \frac{3000 \times 0.01}{873} \ln 20 = 0.103(kJ / K)$$

18. 某剛性容器內含0.4m³之空氣，壓力為400kPa溫度30°C此容器經由一氣閥連接至一活塞汽缸組。初始時活塞於汽缸之最下端。汽缸之壓力須達200kPa始能移動活塞。現將氣閥微開讓剛性容器內之空氣流入汽缸直到剛性容器內壓力降至200kPa止。在此過程中空氣與周圍環境作熱交換讓空氣一直保持在30°C。求此過程之熱傳量。（空氣氣體常數R＝0.287 kJ/kg·K）（高考）

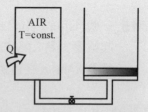

Hint：此過程為等溫過程

解析　n=1時，　$PV = P_1V_1 = P_2V_2$

$$W = \int_1^2 PdV = \int_1^2 \frac{P_1V_1}{V} dV = P_1V_1(\ln V_2 - \ln V_1) = P_1V_1 \ln \frac{V_2}{V_1}$$

$$= 400 \times 0.4 \ln \frac{0.8}{0.4} = 110.9 \text{(kJ)}$$

因為等溫過程，內能不變，代入熱力學第一定律

$$Q - W = 0 \Rightarrow Q - 110.9 = 0 \Rightarrow Q = 110.9 \text{(kJ)}$$

---

19. 如圖所示，左側有一剛性密閉容器，內含 $0.4m^3$、400kPa、30°C之空氣；右側則為尚無任何空氣進入之汽缸，而此汽缸之活塞須有200kPa之壓力方能將之推動。今將中間的閥門緩慢打開直到左側容器的壓力降至200kPa為止，假設過程中整個空氣（左右兩側）均維持在30°C，請問過程中容器內的空氣與外界的熱傳量為何？（假設空氣為理想氣體）（高考）

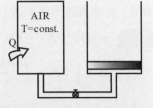

Hint：此過程為等溫過程

解析　n=1時，　$PV = P_1V_1 = P_2V_2$

$$W = \int_1^2 PdV = \int_1^2 \frac{P_1V_1}{V} dV = P_1V_1(\ln V_2 - \ln V_1) = P_1V_1 \ln \frac{V_2}{V_1}$$

$$= 400 \times 0.4 \ln \frac{0.8}{0.4} = 110.9 \text{(kJ)}$$

因為等溫過程，內能不變，代入熱力學第一定律

$$Q - W = 0 \Rightarrow Q - 110.9 = 0 \Rightarrow Q = 110.9 \text{(kJ)}$$

20. Tank A shown in Figure has a volume of 400L and contains argon gas at 350kPa, 30°C.Cylinder B contains a frictions a frictionless piston of a mass such that a pressure of 100 kPa inside the cylinder 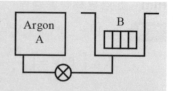 is requires to raise the piston. The valve connecting the two is now opened, allowing gas to flow into the cylinder. Eventually the argon reaches a uniform state of 100 kPa, 30°C throughout. Calculate the work done by the argon and the heat transfer during this process.

（Hint:for argon R=0.20813 kJ/kg・K,C$_P$=0.5203 kJ/kg・K）

Hint：此過程為等溫過程

解析　n=1時，$PV = P_1V_1 = P_2V_2$

$$W = \int_1^2 PdV = \int_1^2 \frac{P_1V_1}{V}dV = P_1V_1(\ln V_2 - \ln V_1) = P_1V_1 \ln \frac{V_2}{V_1}$$

$$= 350 \times 0.4 \ln 3.5 = 175.4(kJ)$$

因為等溫過程，內能不變，代入熱力學第一定律

$$Q - W = 0 \Rightarrow Q - 175.4 = 0 \Rightarrow Q = 175.4(kJ)$$

21. 如右圖所示經由可逆壓縮機將空氣由進口端，壓力 $P_1 = 100kPa$、溫度 $T_1 = 300°k$，穩定壓縮到出口端，壓力 $P_2 = 900kPa$，試求：[提示：氣體常數 $R = 0.287kJ/(kg・k)$、Pvn=C]（計算至小數點後第2位，以下四捨五入）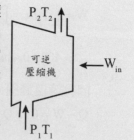

(一)等熵壓縮（isentropic compression），n＝K ＝1.4，每單位質量的壓縮功 W_{in} 為何？

(二)等溫壓縮（isothermal compression），n＝1，每單位質量的壓縮功 W_{in}＝為何？（104經濟部）

Hint：可逆穩流功為 $w = -\int_1^2 vdP$

解析 $Pv=RT \Rightarrow 100v_1=0.287\times300 \Rightarrow v_1=0.861(m^3/kg)$

(一)$Pv^k = C$ 稱為等熵方程式

$$Pv^k = C = P_1 v_1^k = P_2 v_2^k$$

$$W = -\int_1^2 vdP = -\int_1^2 C^{\frac{1}{k}} P^{-\frac{1}{k}} dP = -3.5C^{0.714}P^{0.286}\Big|_1^2$$

$$= -3.5\times100^{0.714}\times0.861(900^{0.286}-100^{0.286})$$

$$= -80.737(7-3.7325) = -263.81(kJ/kg)$$

(二)n=1時， $Pv = P_1 v_1 = P_2 v_2$

$$W = -\int_1^2 vdP = -\int_1^2 \frac{P_1 v_1}{P} dP = P_1 v_1(\ln P_1 - \ln P_2) = P_1 v_1 \ln\frac{P_1}{P_2}$$

$$= 100\times0.861\ln\frac{100}{900} = -189.2(kJ/kg)$$

22. 有一水泵，已知入口為1bar，30°C的水，出口壓力為50bars，水泵效率為60%，水的流量為6kg/min，請計算所需功率。

Hint：可逆穩流功為 $w = -\int_1^2 vdP$

解析 $w = -\int_1^2 vdP = -0.001(5000-100) = -4.9(kJ/kg)$

$$w_{true} = -\frac{4.9}{0.6} = -8.17(kJ/kg)$$

$$\dot{W}_{true} = \dot{m}w_{true} = \frac{6}{60}\times(-8.17) = -0.817(kW)$$

23. 以一具壓縮機將空氣加壓，入口空氣為300K，1bar，流量為0.1m³/sec，出口壓力為50bar。已知加壓過程為等溫過程，假設空氣為理想氣體，請計算加壓的熱傳量。

解析 $Pv=RT \Rightarrow 100v_1=0.287\times300 \Rightarrow v_1=0.861(m^3/kg)$

n=1時，$Pv = P_1v_1 = P_2v_2$

$$W = -\int_1^2 vdP = -\int_1^2 \frac{P_1v_1}{P} dP = P_1v_1(\ln P_1 - \ln P_2) = P_1v_1 \ln\frac{P_1}{P_2}$$

$$= 100\times0.861\ln\frac{100}{5000} = -336.8(kJ/kg)$$

因溫度不變 $Q - (-336.8) = 0 \Rightarrow Q = -336.8(kJ/kg)$

$\dot{Q} = 0.1\times1000\times(-336.8) = -33680(kJ/s)$

24. (一)一杯60℃的熱咖啡放在周圍溫度為20℃的桌上，根據熱力學第一定律，此杯咖啡可否變得更熱？為什麼？實際上會發生嗎？為什麼？

(二)何謂熱（heat）？何謂內能（internal energy）？並說明其差異。

（高考）

解析 (一)熱會由高溫傳向低溫處，必須作功咖啡才會變得更熱。

(二)熱為能量的一種形式，內能為物體具有的能量。

25. 如右圖所示之活塞－汽缸裝置，若汽缸內最初之壓力為300kPa，體積為0.1m³，此時兩只彈簧並未受力變形（若彈簧為線性且彈性係數接為200kN/m），當汽缸內氣體被加熱後，活塞上升且壓縮兩只彈簧直到汽缸體積變為最初體積之3倍，兩只彈簧變形量相同且活塞截面積為0.4m²，活塞重量忽略不計，試求：

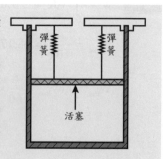

(一)兩只彈簧所做之功？

(二)活塞所做之功？（100經濟部）

解析　先算出彈簧之變形量 $x = \dfrac{0.2}{0.4} = 0.5(m)$

彈簧儲存之彈力位能 $2 \times \dfrac{1}{2} \times 200 \times (0.5)^2 = 50(kJ)$

(一)彈簧所作之功 $-50(kJ)$

(二)末壓力 $P_2 = 300 + \dfrac{2 \times 200 \times 0.5}{0.4} = 800(kPa)$

　　活塞所作之功即為P-V圖曲線下面積

$W = \dfrac{1}{2} \times (300 + 800) \times (0.3 - 0.1)$

　　$= 110(kJ)$

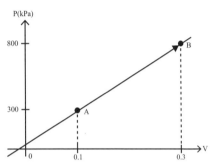

26. The Fig. below shows a piston-cylinder assembly fitted with a spring. The cylinder contains water, initially at 1000°F, and the spring is in a vacuum. The piston face, which has an area of 20 in.^{2}, is initially at x_1=20 in. The water is cooled until the piston face is at x_2=16 in. The force exerted by the spring varies linearly with x according to F_{Spring}=kx, where k =200 lbf/in. Friction between the piston and cylinder is negligible. For the water, determine the work in Btu.

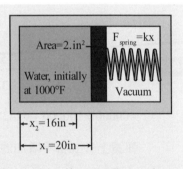

Hint：水所作的功即為P-V圖曲線下面積

解析　$P_1 = \dfrac{200 \times 20}{20} = 200(lbf / in^2)$

　　　$P_2 = \dfrac{200 \times 16}{20} = 160(lbf / in^2)$

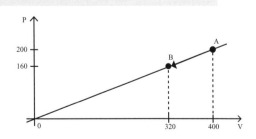

$$W = \frac{1}{2} \times (200+160) \times 80 = 14400(\text{lbf-in})$$

又 $1\text{Btu} = 778$ to 782 ft-lbf(呎磅，呎磅力)

$$W = -14400(\text{lbf-in}) = -1200(\text{lbf-ft}) \approx 1.54(\text{Btu})$$

---

27. A 5kg piston in a cylinder with a diameter of 100 mm is loaded with a linear spring and the outside atmospheric pressure is 100 kPa, as shown in Fig. below. The spring exerts no force on the piston when it is at the bottom of the cylinder, and for the state shown, the pressure is 400 kPa with volume 0.4 L. The valve is opened to let some air in, causing the piston to rise 2 cm. The air constant R is 0.287 kJ/kg·K, and find the new pressure.

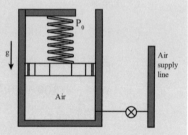

Hint：先求彈簧之彈力常數

解析

$$400000 = 100000 + \frac{5 \times 9.8}{\frac{1}{4} \times 3.14 \times 0.1^2} + \frac{k\left(\dfrac{400}{\frac{1}{4} \times 3.14 \times 10^2}\right)}{\frac{1}{4} \times 3.14 \times 0.1^2}$$

$$400000 = 100000 + 6242 + 649.1k \Rightarrow k = 452.56(\text{N}/\text{cm})$$

彈簧上升2cm所增加的壓力 $\Delta P = \dfrac{452.56 \times 2}{\frac{1}{4} \times 3.14 \times 0.1^2} = 115.3(\text{kPa})$

$$P_2 = P_1 + \Delta P = 400 + 115.3 = 515.3(\text{kPa})$$

28. A 5-kg piston in a cylinder with diameter of 100 mm is loaded with a linear spring and the outside atmospheric pressure of 100 kPa as shown in Fig. below. The spring exerts no force on the piston when it is at the bottom of the cylinder, and for the state shown, the pressure is 400 kPa with volume 0.4 L. The valve is opened to let some air in, causing the piston to rise 1.5 cm, Find the new pressure.

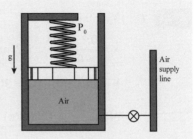

Hint：先求彈簧之彈力常數

解析

$$400000 = 100000 + \frac{5 \times 9.8}{\frac{1}{4} \times 3.14 \times 0.1^2} + \frac{k\left(\frac{400}{\frac{1}{4} \times 3.14 \times 10^2}\right)}{\frac{1}{4} \times 3.14 \times 0.1^2}$$

$$400000 = 100000 + 6242 + 649.1k \Rightarrow k = 452.56(\text{N}/\text{cm})$$

彈簧上升1.5cm所增加的壓力 $\Delta P = \dfrac{452.56 \times 1.5}{\frac{1}{4} \times 3.14 \times 0.1^2} = 86.476(\text{kPa})$

$$P_2 = P_1 + \Delta P = 400 + 86.476 = 486.476(\text{kPa})$$

29. 一組活塞－汽缸裝置內含200kPa、0.05m³的氣體，此時，一個線性彈簧（彈簧常數為150kN/m）置於活塞上方，但與活塞之間沒有接觸力。此時，熱從外界傳入汽缸，使得汽缸內氣體膨脹，並壓縮彈簧，直至汽缸內體積增加為原來的兩倍。假設汽缸的截面為0.25m²，試求：

(一)最後狀態的汽缸壓力。

(二)氣體對外界所作的總功。

(三)被彈簧吸收的功。

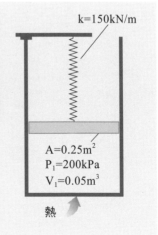

解析 （一）$V_2 = 0.05 \times 2 = 0.1$

$x = \dfrac{0.1 - 0.05}{0.25} = 0.2(m)$

$F = kx = 150 \times 0.2 = 30(kN)$

$\Delta P = \dfrac{30}{0.25} = 120(kPa)$

$P_2 = 200 + 120 = 320(kPa)$

（二）$W = P - V$ 圖曲線下面積

$= \dfrac{(200 + 320)}{2} \times (0.1 - 0.05) = 13(kJ)$

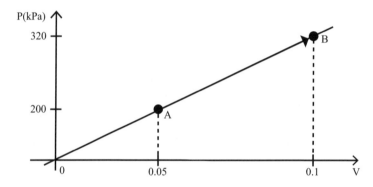

（三）$W_{spring} = \dfrac{1}{2} \times 150 \times 0.2^2 = 3(kJ)$

30. 1kg的某理想氣體，在一密閉系統內自100kPa、27°C，被可逆絕熱壓縮至300kPa。假設此氣體之比熱分別為C_p＝0.997kJ/kg－K、C_v＝0.708kJ/kg－K，試求：

(一)最初之容積（m^3）。　　　(二)最後之容積（m^3）。

(三)最後之溫度（K）。　　　(四)功（kJ）。（101經濟部）

解析　$R = C_p - C_v = 0.997 - 0.708 = 0.289(kJ / kg \cdot K)$

$k = \dfrac{0.997}{0.708} = 1.4$

(一)由$PV_1 = mRT$

$100 \times V_1 = 1 \times 0.289 \times 300 \Rightarrow V_1 = 0.867(m^3)$

(二)由$PV_2 = mRT$

$300 \times V_2 = 1 \times 0.289 \times 410.75 \Rightarrow V_2 = 0.4(m^3)$

(三)$\dfrac{T_2}{T_1} = \left(\dfrac{P_2}{P_1}\right)^{\frac{R}{C_p}} = \left(\dfrac{P_2}{P_1}\right)^{\frac{C_p - C_v}{C_p}} = \left(\dfrac{P_2}{P_1}\right)^{1-\frac{1}{k}}$

$\dfrac{T_2}{300} = \left(\dfrac{300}{100}\right)^{1-\frac{1}{1.4}} \Rightarrow T_2 = 410.75(K)$

(四)解法一：

$n \neq 1$ 時，$PV^n = C = P_1 V_1^n = P_2 V_2^n$

$W = \displaystyle\int_1^2 PdV = \int_1^2 CV^{-n}dV = \dfrac{1}{-n+1}CV^{-n+1}\Big|_1^2 = \dfrac{CV_2^{-n+1} - CV_1^{-n+1}}{-n+1} = \dfrac{P_2 V_2 - P_1 V_1}{-n+1}$

$= \dfrac{300 \times 0.4 - 100 \times 0.867}{-1.4 + 1} = \dfrac{120 - 86.7}{-0.4} = -83.25(kJ)$

解法二：

因為絕熱過程，故所輸入功等於氣體之內能變化

$U_2 - U_1 = C_v(T_2 - T_1) = 0.708 \times (410.75 - 300) = 78.411(kJ)$

$W = -78.411(kJ)$

3-2 熱傳方法 ☆☆☆

考題方向 在本節中，我們將闡述熱力學之熱傳方法，包括熱傳導、熱對流及熱輻射，詳細之內容將在熱傳學中論述。

一、熱傳導

熱傳量的變化率乃是與傳導係數k，總面積A，以及溫度梯度成比例。其中的負號代表熱傳的方向乃是從高溫區到低溫區。當數學或數值的方法無法用來計算梯度時，則使用溫差除以距離來計算。

$$\dot{Q} = -kA\frac{dT}{dx}$$

傳導係數k 的數值大小可從金屬的100W/m K的範圍、像是玻璃、冰與石頭等非金屬固體的1到10W/mK的範圍、液體的0.1到10的範圍、對絕熱材料約為0.1W/mK的範圍以及氣體的範圍從0.1W/mK到更小的值。

二、熱對流

另一種不同模式的熱傳稱為對流（convective），那是當介質可流動時所發生的熱傳。在這種模式中，物質流動以不同的溫度移開在接近表面或表面上不同溫度的物體。現在藉由傳導的熱傳則是因流動使兩物質接觸或非常接近的方式所支配。這種例子包括風吹過一棟建築物或氣流通過熱交換器，這可以是空氣流過或經過散熱管中有水流動的散熱器。整體的熱傳和牛頓的冷卻定律有代表性的關聯。

$$\dot{Q} = Ah\Delta T$$

其中所有的傳遞性質都併入熱傳率係數h，然後h成為介質性質、流動狀況與幾何形狀的函數。更為詳細的整體過程之流體力學和熱傳觀念的研究則需要對已知情況評估其熱傳係數。

對流係數典型的值（所有單位皆為W/m^2K）如下

自然對流 h＝5~25，氣體 ； h＝50~1000，液體

強制對流 h＝25~250，氣體 ； h＝50~20000，液體

沸騰相變化 h＝2500~100000

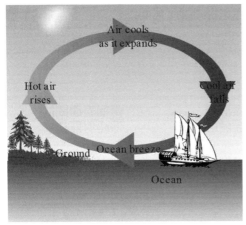

(a)白天陸地及海洋之對流現象　　　(b)晚上陸地及海洋之對流現象

三、熱輻射

熱傳的最後一種模式是輻射（radiation），乃是以空間中的電磁波傳導能量。這種傳遞可以在真空中發生而並不需要任何物質，但是輻的放射（產生）和吸收確實需要有物質的存在。表面放射通常寫成一個完全黑體放射的分率，放射率ε，為

$$\dot{Q} = \varepsilon \sigma A T_s^{\ 4}$$

其中Ts為表面溫度，σ是史蒂芬一波茲曼常數。放射係數的大小可從非金屬表面的0.92到非拋光金屬表面的0.6～0.9，以及高度拋光金屬表面低於0.1的範圍。輻射熱能分佈在光譜的波長之中，並由不同物體的表面放射和吸收，而描述其放射與吸收的原理則於本書後面章節說明。

圖中Visible表示可看見的；Infrared
表示紅外線的，UV（Ultraviolet）
表示紫外線；Ozone表示臭氧。

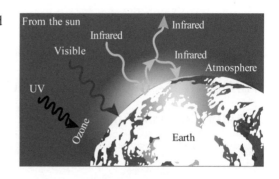

(一) 傳導對流輻射的比較

透過一固體或 固定流體的傳導	從表面到 一移動流體的對流	兩個表面間的 淨輻射熱交換
T_1　$T_1 > T_2$　T_2 q''	$T_s > T_\infty$ Moving fluid, T_∞ q'' T_1	Surface, T_1 Surface, T_2 q_1'' q_2''

(二) 熱與功的比較

到目前為止，很明顯地熱與功有許多的相似性。

1. 熱和功兩者都是暫態現象，系統從未擁有熱或功，但當系統進行狀態的
改變時，其一或兩者皆越過系統邊界。

2. 熱與功兩者皆為邊界現象，兩者都只能在系統邊界觀察出來，且都代表
越過系統邊界的能量。

3. 熱和功都是路徑函數，且為不定微分。
同時應該注意在我們慣用的符號中，＋Q代表熱傳至系統，因此能量進
入系統，而＋W代表由系統作功，因此表示能量離開系統。

試題觀摩

1. 考慮屋內20°C的暖房經由玻璃窗傳出能量 到−10°C的室外冷空氣中，如右圖所示。由 室外傳導熱傳層顯示，室外窗玻璃表面所顯 現的溫度因距離產生變化，但是室內沒有這 樣的熱傳層（簡化之故）。玻璃窗厚5mm

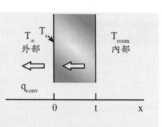

（0.005m），傳導係數為1.4W/mK，總表面積為0.5m^2。因外面風吹， 故其對流熱傳係數為100W/m^{2}K。以外面的玻璃表面溫度為12.1°C，試 求玻璃的熱傳導率及熱對流率。

解析
$$\dot{Q}_{cond} = -kA\frac{dT}{dx} = -1.4 \times 0.5 \times \frac{12.1-20}{0.005} = 1106(W)$$

$$\dot{Q}_{conv} = Ah\Delta T = 0.5 \times 100 \times [12.1-(-10)] = 1105(W)$$

2. As shown in Fig. below, an oven wall of a 2.5-in-thick layer of steel (k_s=8.7 Btu/h·ft·°R) and a layer of brick (k_b=0.42 Btu/h·ft·°R). At steady state, a temperature decrease of 1.2°F occurs over the steel layer. The inner temperature of the steel layer is 540°F. If the temperature of

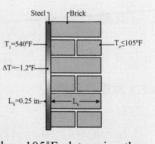

the outer surface of the brick must be no greater than 105°F, determine the minimum thickness of the brick, in inch, that ensures this limit is met.

Hint：鐵片熱傳量等於磚塊熱傳量

解析　設磚塊處厚度為x
$$8.7 \times \frac{1.2}{0.25} = 0.42 \times \frac{540-1.2-105}{x}$$

$$41.76 = 0.42 \times \frac{433.8}{x}$$

$$x = 4.363(in)$$

3-3 能量之計算與熱力學第一定律 ☆☆☆

考題方向　在本節中，我們將介紹動能、位能之計算方法，熱力學之重要性質－內能及焓與等容比熱、等壓比熱之關係，並介紹熱力學第一定律。

一、內能與焓變化與比熱之關係

(一) **總能量**：$E = U + KE + PE = mu + \dfrac{1}{2}mV^2 + mgz$

(二) **動能**：$KE = \dfrac{1}{2}mV^2$

(三) **位能**：$PE = mgz$

(四) **比能**：$e = u + \dfrac{1}{2}V^2 + gz$

(五) **焓**：$h = u + Pv$

(六) **比熱**：

　1. 等容比熱：$C_v = \left(\dfrac{\partial u}{\partial T}\right)_v$　　　　2. 等壓比熱：$C_p = \left(\dfrac{\partial h}{\partial T}\right)_p$

(七) **固體與液體**

　1. $C = C_v = C_p$　　　　　　　　2. $u_2 - u_1 = C(T_2 - T_1)$

　3. $h_2 - h_1 = u_2 - u_1 + v(P_2 - P_1)$

(八) **理想氣體**

　1. $h = u + Pv = u + RT$　　　　2. $C_v = \left(\dfrac{\partial u}{\partial T}\right)_v$ ；$C_p = \left(\dfrac{\partial h}{\partial T}\right)_p = C_v + R$

　3. $u_2 - u_1 = \displaystyle\int_1^2 C_v dT = C_v(T_2 - T_1)$　　　4. $h_2 - h_1 = \displaystyle\int_1^2 C_p dT = C_p(T_2 - T_1)$

(九) **能量方程式**：$\Delta E = Q - W$

(十) **熱力學第一定律**：在一過程中能量無法產生也無法消失，能量只會改變形式

$$\begin{Bmatrix} \text{Total energy} \\ \text{entering the} \\ \text{system} \end{Bmatrix} - \begin{Bmatrix} \text{Total energy} \\ \text{leaving the} \\ \text{system} \end{Bmatrix} = \begin{Bmatrix} \text{Change in the} \\ \text{total energy of} \\ \text{the system} \end{Bmatrix}$$

(十一)**作為變化率方程式之第一定律**（The First Law as a Rate Equation）：

$$\frac{dE}{dt} = \dot{Q} - \dot{W}$$

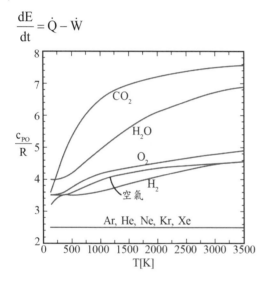

二、氣體比熱隨溫度變化的情形

問題分析與解題技巧

(一) 何謂控制質量或控制容積？選擇不只一個系統是否有用或必要？此時繪製系統之示意圖、說明所有功與熱的流動、並標示出如外界壓力與重力等力，將很有助益。

(二) 關於起始狀態，我們知道什麼（亦即，哪些性質為已知）？

(三) 關於最終狀態，我們知道什麼？

(四) 關於發生的過程，我們知道什麼？有哪些條件為常數或零？在兩性質間存在有某種函數關係嗎？

(五) 將在步驟(二)至(四)中之資料繪製成圖形（例如，T-v或P-v圖），是否有幫助？

(六) 適用於該物質行為的熱力模型為何（例如，水蒸汽表、理想氣體，等等）。

(七) 針對該問題的分析為何（亦即，是否檢視各種功模式的控制表面，或利用第一定律或質量守恆定律）？

(八) 解題技巧為何？換言之，由目前已完成之步驟(一)～(七)中，如何找出任何我們想要的？有必要採用試誤法嗎？

試題觀摩

1. 在公制（SI）單位中，1卡為何？又如何稱1N-m？

解析 $1(cal) = 4.184(J)$，又稱為熱功當量

$1(N-m) = 1(J)$

2. 當系統達到恆穩態（Steady state）時，系統動量不隨下列何者改變？
(A)壓力　(B)位置　(C)溫度　(D)時間。（104中鋼化工）

解析 D。穩態時系統特性量不隨時間改變

3. 下列何者屬於狀態函數？　(A)內能　(B)焓　(C)功　(D)熵。
（104中鋼化工）

Hint：了解路徑函數與狀態函數

解析 ABD。功為路徑函數，內能、焓、熵為狀態函數（點函數）

4. 質量1000kg之小汽車以某速度驅動，使得該車具有動能400kJ（見圖）。試求此車之速度。若在標準重力場中，將該車以起重機舉起，試問須舉至何種高度，才能使其位能等於動能？

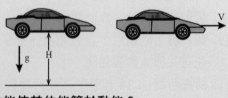

解析 (一) $KE = \dfrac{1}{2}mV^2 \Rightarrow 400000 = \dfrac{1}{2} \times 1000 \times V^2 \Rightarrow V = 28.28(m/s)$

(二) $PE = mgz \Rightarrow 400000 = 1000 \times 9.8 \times z \Rightarrow z = 40.8(m)$

5. 某汽車修護廠之起重機頂起1750kg重之汽車1.8m。油壓泵作用在其活塞上之固定壓力為800kPa。試問汽車之位能增加多少？又泵之排量容積須為多少，方能傳遞等量之功？

解析 (一) $PE = mgz = 1750 \times 9.8 \times 1.8 \Rightarrow PE = 30870(J)$

(二) $W = P(V_2 - V_1) = 800000 \Delta V = 30870 \Rightarrow \Delta V = 0.0386(m^3)$

6. 重1200kg之汽車在5s內，自30km/h被加速至50km/h。試問該功量為何？若在5s內由50加速至70km/h，試問該功量是否相同？

解析 (一) $V_1 = \dfrac{30000}{3600} = 8.33(m/s)$ ， $V_2 = \dfrac{50000}{3600} = 13.89(m/s)$

$W = \dfrac{1}{2} \times 1200 \times (13.89^2 - 8.33^2) = 600(193 - 69.4) = 74160(J)$

(二)不相同

7. 在P＝C條件下，將某10K的氣體加熱。試問在表A.2中，哪一種氣體需要最多能量？為什麼？

解析 查表可得氫氣之$C_{v0} = 10.183(kJ/kg \cdot k)$為最大，故需要最多能量

8. 試求當1kg的氧由300K被加熱至1500K時，其焓值的變化量。假設氧遵循理想氣體行為。

解析 $h_2 - h_1 = \displaystyle\int_1^2 C_p dT = C_{p@300K}(T_2 - T_1) = 0.922(1500 - 300) = 1106.4(kJ/kg)$

查理想氣體表可得$h_{2@1500K} = 1540.2(kJ/kg)$，$h_{1@300K} = 273.2(kJ/kg)$

$h_2 - h_1 = 1540.2 - 273.2 = 1267(kJ/kg)$

9. 溫度為120°C、乾度為25%之2kg水，以等容過程將其溫度升高20°C。試問新乾度及輸入熱量為何？

Hint：含有1.5kg之液態水及0.5kg之水蒸氣

解析 新乾度為100%

$$Q = 1.5u_{fg} + 2C_{vh2o} \times 20$$

$$Q = 1.5 \times 2025.8 + 2 \times 1.4108 \times 20 = 3038.7 + 56.432 = 3095.132(kJ)$$

10. 壓力在200kPa、乾度為25%之2kg水，以等壓過程將其溫度升高20°C。試問其焓值的變化為何？

Hint：含有1.5kg之液態水及0.5kg之水蒸氣

解析 $Q = 1.5 \times h_{fg} + 2 \times C_{ph2o} \times 20$

$Q = 1.5 \times 2201.9 + 2 \times 1.8723 \times 20 = 3302.85 + 74.892 = 3377.742(kJ)$

11. 某裝置有活塞之汽缸，其起始體積為0.1m³，內含在150kPa，25°C狀態下之氮。當活塞移動，將氮壓縮直到壓力為1MPa且溫度為150°C。在此壓縮過程期間，熱由氮向外傳，且作用在氮上的功為20kJ。試求此熱傳量。

Hint：熱力學第一定律之應用

解析 $m = \dfrac{PV}{RT} = \dfrac{150 \times 0.1}{0.2968 \times 298} = 0.1695(kg)$

$Q - W = m(u_2 - u_1) = mC_{v@300K}(T_2 - T_1)$

$Q + 20 = 0.1695 \times 0.745 \times (150 - 25) = 15.8$

$Q = -4.2(kJ)$，可得熱往外傳4.2kJ

12. 如右圖所示，熱由瓶中傳出，試估算瓶中之內能變化？

Specific heat=c_v
Mass=m
Initial temp=T_1
Final temp=T_2

Q

解析　$u_2 - u_1 = \int_1^2 C_v dT = C_v(T_2 - T_1)$

$U_2 - U_1 = mC_v(T_2 - T_1)$

13. 反應槽內盛有30kg的水（比熱4.18kJ/kg・K），溫度30°C，槽內通過一條加熱用的蛇形管，管內通入110°C的水蒸氣（凝結熱2345kJ/kg），凝結水溫度保持在110°C，請問要使水溫升高至87°C，需要水蒸氣多少kg？（假設熱損失可忽略）　(A)2.21　(B)3.05　(C)4.38　(D)5.36。（104中鋼化工）

解析　**B**。設水蒸氣 m(kg)

$2345m = 30 \times 4.18 \times (87 - 30) \Rightarrow m = 3.05(kg)$

14. 在蓄電池的充電過程中，電流i為10A且電壓為12.8V。該電池的散熱率為10W。試問內能增加率為何？

Hint：作為變化率方程式之第一定律

解析　$\dot{W} = -10 \times 12.8 = -128(W)$

$\dfrac{dU}{dt} = \dot{Q} - \dot{W} = -10 - (-128) = 118(W)$

15. 如右圖25kg鑄鐵製燒材爐，內含5kg軟松木及1kg
的空氣。所有質量均處於20°C的室溫及101kPa
的壓力下。現將木材點燃，並將所有質量均勻加
熱，釋出1500瓦的熱。忽略任何空氣流動及質量
變化和熱損失。試求溫度變化率（dT/dt），並估
算欲達到75°C所需之時間。

Hint：$C_{vair} = 0.717(kJ / kg \cdot K)$ ， $C_{wood} = 1.38(kJ / kg \cdot K)$ ， $C_{iron} = 0.42(kJ / kg \cdot K)$

解析　$\dfrac{dU}{dt} = \dot{Q} - \dot{W} = 1500$

$(m_{air}C_{vair} + m_{wood}C_{wood} + m_{iron}C_{iron})\dfrac{dT}{dt} = 1.5$

$(1 \times 0.717 + 5 \times 1.38 + 25 \times 0.42)\dfrac{dT}{dt} = 1.5$

$\dfrac{dT}{dt} = \dfrac{1.5}{0.717 + 6.9 + 10.5} = \dfrac{1.5}{18.117} = 0.0828(K / s)$

$\Delta t = \dfrac{75 - 20}{0.0828} = 664.25(s) = 11(min)$

16. 當一個蓄電池充電時，電流為20安培，電壓為12.8伏特。電池對外
之傳熱率為10瓦，請計算電池內能的增加率。

解析　$\dfrac{dU}{dt} = \dot{Q} - \dot{W} = -10 - (-20 \times 12.8) = -10 + 256 = 246(W)$

17.有一個1200W的吹風機，進口的空氣狀態為100kPa，25°C；出口為45°C，吹風機出口面積為60cm²，出口空氣的壓力仍為100kPa。請問
(一)空氣流量為多少？
(二)出口的空氣速度為多少？（空氣的氣體常數R＝0.287kPa·m³/kg·K，定壓比熱C_p＝1.0kJ/kg·K）（高考）

Hint：假設空氣密度1.2(kg/m³)

解析　(一)$1200 = \dot{m} \times 1000 \times (45-25) \Rightarrow \dot{m} = 0.06(kg/s)$

(二)$v_e \times 0.006 \times 1.2 = 0.06 \Rightarrow v_e = 8.33(m/s)$

18. For a system undergoing a thermodynamic cycle consisting of four processes in series. The kinetic and potential energy can be neglected.

Determin, (a) The missing table entries, each in kJ.

(b) whether the cycle is a power or a refrigeration cycle?

Process	U(kJ)	Q(kJ)	W(kJ)
1-2	600	?	-600
2-3	?	?	-1300
3-4	-700	0	?
4-1	?	500	700

Hint：填表問題

解析

Process	U(kJ)	Q(kJ)	W(kJ)
1-2	600	0	-600
2-3	300	-1000	-1300
3-4	-700	0	700
4-1	-200	500	700

由上表可知，W_{net}＝－500(kJ)

放出的熱＝吸收的熱＋輸入淨功，故知此循環為冷凍循環

19. A closed system undergoes four consecutive processes (1-2), (2-3), (3-4), (4-1). Part of the information for each process is given in the Table. Complete the table and calculate the work done by the system and the heat transfer after one cycle. (Note: Both of the work done by the system and heat transfer into the system are considered positive.)

Process	ΔE	Q	W
(1-2)	-100	100	?
(2-3)	?	0	100
(3-4)	150	?	-100
(4-1)	?	?	-180

Hint：填表問題

解析

Process	ΔE	Q	W
(1-2)	-100	100	200
(2-3)	-100	0	100
(3-4)	150	50	-100
(4-1)	50	-130	-180

20. 在一密閉系統內進行一個循環，由狀態1→狀態2→狀態3→狀態1。現令Q為熱(Heat)，W為功(Work)，E為總能量(Total energy)。已知 $_1Q_2 = 30$，$_2Q_3 = 10$，$_1W_2 = 5$，$_3W_1 = 25$，$\Delta_3E_1 = 15$，根據這些已知的數據來決定 $_3Q_1$，$_2W_3$，Δ_1E_2 及 Δ_2E_3。（100高考）

解析　$_3Q_1 - 25 = 15 \Rightarrow {}_3Q_1 = 40$　$30 - 5 = \Delta_1E_2 = 25$

$\Delta_1E_2 + \Delta_2E_3 + \Delta_3E_1 = 0 \Rightarrow 25 + \Delta_2E_3 + 15 = 0 \Rightarrow \Delta_2E_3 = -40$

$10 - {}_2W_3 = -40 \Rightarrow {}_2W_3 = 50$

21. 理想氣體歷經下列圖示的循環：假設 $path_{A-B}$ 是絕熱的過程；$path_{B-C}$ 是定壓的過程，期間從周遭環境吸收了100kJ的熱量；$path_{C-D}$ 是等溫的過程，$path_{D-A}$ 亦是定壓的過程，期間釋放出150kJ的熱量。求內能的改變量 $E_{int,B}-E_{int,A}$。（提示：為了計算方便，取 $1atm = 10^5 Pa$，其中 $1Pa = 1N/m^2$。）

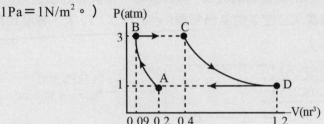

Hint：P-v圖底下的面積為所作的功

解析　$W_{BC} = 3 \times 10^5 \times (0.4 - 0.09) = 93(kJ)$

$U_{BC} = 100 - 93 = 7(kJ)$

$C \to D$ 為等溫過程，內能不變

$W_{DA} = -1 \times 10^5 \times (1.2 - 0.2) = -100(kJ)$

$U_{DA} = -150 - (-100) = -50(kJ)$

歷經一個循環 $U_{AB} + U_{BC} + U_{CD} + U_{DA} = 0$

$U_{AB} + 7 + 0 - 50 = 0 \Rightarrow U_{AB} = 43(kJ)$

22. 試證明一理想氣體，其等壓比熱 C_P 與等容比熱 C_V 滿足下式：$C_P - C_V = R$ 其中R為氣體常數。

Hint：等壓比熱與等容比熱之關係

解析　$h = u + Pv = u + RT$

$C_p = \left(\dfrac{\partial h}{\partial T}\right)_p = \left(\dfrac{\partial u}{\partial T}\right)_v + R = C_v + R$

23. 如圖所示，流量1kg/s，200°C，287kPa，100m/s的空氣由進口1進入系統，而由進口2進入系統之空氣狀態為287kPa，10°C，速度幾乎為零。出口面積為54.6cm²，出口空氣狀態為143.5kPa，0°C。這系統每秒鐘散失25kJ的能量及對外做150kJ的功。請計算經由進口2進入系統的空氣流量。（空氣的氣體常數R＝0.287kJ/kg-K，等壓比熱c_P＝1.00kJ/kg-K）

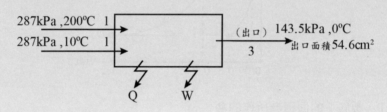

Hint：假設空氣密度1.2(kg/m³)

解析　假設進口2質量流率 $\dot{m}_2(kg/s)$ ，出口3質量流率為 $\dot{m}_2 + 1(kg/s)$ ，

出口速度 $\dfrac{\dot{m}_2 + 1}{1.2 \times 0.00546}$

列出熱力學第一定律關係式：

$$1 \times (1 \times 473 + \frac{100^2}{2 \times 1000}) + \dot{m}_2(1 \times 283)$$

$$= (\dot{m}_2 + 1)\left(1 \times 273 + \frac{1}{2 \times 1000}(\frac{\dot{m}_2 + 1}{1.2 \times 0.00546})^2\right) + 25 + 150$$

$$478 + 283\dot{m}_2 = 273\dot{m}_2 + 273 + \frac{(\dot{m}_2 + 1)^3}{0.086} + 175$$

$$10\dot{m}_2 + 30 = 11.628(\dot{m}_2 + 1)^3$$

直接觀察知，可得 $\dot{m}_2 \approx 0.4(kg/s)$

24. (一)請在圖中標出a,b,c各曲線所代表的熱力過程,並分別寫出其對應
曲線的方程式。

(二)請分別比較圖中1,2,3三種熱力過程之功(W)、內能(E)、和熱(Q)
的大小。

(三)請計算出熱力過程1所做的功。 （105文化大學化工研究所）

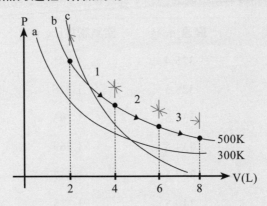

解析 (一)a、b為等溫過程,$PV = C$,c為絕熱過程,$PV^k = C$

(二)1、2、3為等溫過程內能不變

$W = \int PdV$,為曲線下面積,故知$W_1 > W_2 > W_3$

由熱力學第一定律知$Q_1 > Q_2 > Q_3$

(三) $W = \int_1^2 PdV = \int_1^2 \frac{P_1V_1}{V} dV = P_1V_1(\ln V_2 - \ln V_1) = P_1V_1 \ln \frac{V_2}{V_1}$

假設氣體為1kg,可得$P_1V_1 = 1 \times 0.287 \times 500 = 143.5 (kJ)$

$W = 143.5\ln2 = 99.47 (kJ)$

熱力學知識點

空氣的密度

空氣是指地球大氣層中的氣體混合。它主要由78%的氮氣、21%氧氣、還有1%的稀有氣體和雜質組成的混合物。在標準狀況下空氣密度為1.293kg/m³

溫度[°C]	聲速[m/s]	空氣密度[kg·m⁻³]	聲阻抗[N·s·m⁻³]
- 10	325.4	1.341	436.5
- 5	328.5	1.316	432.4
0	331.5	1.293	428.3
+ 5	334.5	1.269	424.5
+ 10	337.5	1.247	420.7
+ 15	340.5	1.225	417.0
+ 20	343.4	1.204	413.5
+ 25	346.3	1.184	410.0
+ 30	349.2	1.164	406.6

第四章 | 熵與熱力學第二定律

4-1 熵的定義及計算 ☆☆☆

考題方向 在本節中，我們將介紹熱力學之重要性質－熵、由 Tds 關係式推導出理想氣體之熵變化及等熵過程為必考焦點，並學會看 T-S 圖。

熵(S)為系統的外延性質，稱為總熵，其單位為kJ/K。
單位質量的熵(s)為內涵性質，即s = S/m，其單位為kJ/kg×K。
在系統最初與最後狀態之間，將熵的改變量dS作積分得

$$\Delta S = S_2 - S_1 = \int_1^2 \left(\frac{\delta Q}{T}\right)_{內部可逆} \quad (KJ/K)$$

上式僅定義熵的改變，故可在任意選定的參考狀態，指定物質的熵為零。
因為熵為系統的性質，故在兩個指定的狀態之間，不論過程的路徑為何，$\Delta S = S_2 - S_1$相同。
將熱傳至系統會增加系統的熵，而從系統移走熱可減少系統的熵。
損失熱為系統減少熵的唯一方法。
令不可逆過程1-2中增加的熵為S_{gen}，則

$$\Delta S = S_2 - S_1 = \int_1^2 \left(\frac{\delta Q}{T}\right) + S_{gen}$$

試題觀摩

（　）　在對於熵(entropy)的敘述，下列何者正確？　(A)可以直接使用儀器測量熵(entropy)的數值大小　(B)熵為一個系統的狀態函數　(C)熵為一個系統的路徑函數　(D)表示一個熱力學系統中的能量品質狀態。（104中鋼第36題）

解答與解析

BD　熵為一個系統的狀態函數，與路徑無關。

一、純物質的熵改變

熵為一性質，當系統的狀態固定，系統的熵值亦固定。熵可以由p, v, u, h及T等性質計算（或查表）。

性質表中的熵為相對於一參考狀態的值，例如水在0.01°C的熵設為零，而冷媒R-134a在–40°C的熵設為零。

熵的比性質s為內函性質，在飽和狀態下：

$$s = s_f + x s_{fg} \ (kJ/kg \cdot K)$$

壓縮液體的熵可用同溫度之飽和液體的熵來近似

$$s_{@T,P} \approx s_{f@T} \ (kJ/kg \cdot K)$$

二、等熵過程

在內部可逆與絕熱過程中，固定質量的物質其熵不變。過程中熵維持不變的過程，稱為等熵過程：

$$\Delta s = 0 \ 或 \ s_2 = s_1 \ (kJ/kg \cdot K)$$

許多工程裝置，因工作時熱損失相對地小（絕熱），若摩擦等不可逆因素可以忽略，可視為等熵裝置，例如：泵、渦輪機、噴嘴與升壓器。

可逆絕熱過程必定是等熵的，但是任一等熵過程未必是可逆絕熱的，因為熱損失可抵消熵增加。

三、熵的性質圖

考慮熵的定義：$\delta Q_{內部可逆} = TdS$，因為熵是物質的性質，故將T對S作圖，可得曲線下的面積為內部可逆過程中的總熱傳遞。

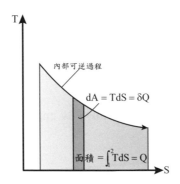

四、Tds關係式

由第一定律$\delta Q - \delta W = dU$，熵改變$dS = \delta Q/T$，邊界功$\delta W = PdV$，以及焓的定義$h = u + Pv$，可推得物質的TdS關係式為

$$Tds = du + Pdv \Rightarrow Tds = dh - dPv + Pdv = dh - vdP - Pdv + Pdv$$

$$與\ Tds = dh - vdP$$

上述關係式對於可逆及不可逆過程，和密閉與開放系統均有效。

由Tds關係式計算S時，需知道du或dh與溫度的關係，以及物質的狀態方程式，例如理想氣體$du = C_v dT$，$dh = C_p dT$，狀態方程式為$Pv = RT$

試題觀摩

1. 下列敘述何者錯誤？　(A)熱機(heat engine)是將熱轉換成力學功的裝置，如：蒸汽機、汽油機和柴油機　(B)熱機在一完整的循環中，系統回復到起始狀態，所以內能沒有改變　(C)經過不可逆過程後，系統不可能不改變環境而回到它最初的狀態　(D)沒有操作在兩給定熱庫間的可逆引擎有相同的效率　(E)熵的變化，和最初和最終之平衡態有關，也和熱力學的路徑有關。

解析　**E**。因為熵為系統的性質，故在兩個指定的狀態之間，不論過程的路徑為何，$\Delta S = S_2 - S_1$相同。

2. From two Tds equations, Tds=du+Pdv and Tds = dh − vdP, Show that
(1)T=$(\partial U / \partial S)_u$
(2)v=$(\partial h / \partial P)_p$

Hint：須注意為等容過程或等壓過程

解析　(1)等容過程Tds關係式變為 $Tds = du \Rightarrow T = \dfrac{du}{ds} = \left(\dfrac{\partial u}{\partial s}\right)_v$

(2)等壓過程Tds關係式變為 $Tds = dh \Rightarrow T = \dfrac{dh}{ds} = \left(\dfrac{\partial h}{\partial s}\right)_p$

3. (1)$\delta q=du+\delta w$,(2)$\delta q=du+pdv$, (3)$Tds=du+\delta w$, (4)$Tds=du+pdv$, (5)$ds=\delta Q/T$ and (6)$C_P-C_V=R$ for a pure substance, Please answer ture or false for the following questions and state BRIEFLY the reasons.

　a. Equation (1) is a statement of the first law, applicable to any system.

　b. Equation (2) is a statement of the first law, It is used in reversible processes for a closes system.

　c. Equation (2) can be applied to frictionless processes of a fluid flowing through an open system.

　d. Equation (3) is applicable to reversible processes of any system.

　e. Equation (4) is valid for all processes between equilibrium states.

　f. pdv is always equal to δ_w.

　g. Equation (5) is valid for all processes.

　h. Equation (6) is valid for thermally perfect gas.

解析　(a)正確　　　　　　　(b)正確
　　　　(c)正確　　　　　　　(d)正確
　　　　(e)正確　　　　　　　(f)錯誤，open system之 $\delta w = -vdP$
　　　　(g)正確　　　　　　　(h)正確

4. 1kg的水，由100°C的液體，等壓加熱成為100°C的氣體，問：entropy 增加多少？

Table：H_2O (u、h單位：kJ/kg，s單位：kJ/kg·K)

T(°C)	P(kPa)	u_f	u_g	h_f	h_g
100	101.3	418.91	2506.50	419.02	2676.05

解析　由 $Tds = dh - vdP$ 等壓過程，$ds = \dfrac{dh}{T} \Rightarrow S_2 - S_1 = \dfrac{m}{T}(h_g - h_f)$

$$S_2 - S_1 = \frac{1}{373}(2676.05 - 419.02) = 6.051(kJ / K)$$

5. 水在溫度20℃、1標準大氣壓下之熵s＝0.296kJ/kg-K，當水在定壓下溫度由20℃升溫至100℃仍保持液相且其比熱亦不變時，利用【表1】試求：

(一)推導在定壓過程中，TdS方程式可以TdS＝dH表示。

(二)在1標準大氣壓定壓狀態下，水由20℃升至100℃之平均比熱(kJ/kg-K)。(提示：已知$C_p＝dh/dT$)

(三)水在1標準大氣壓、100℃情況下之熵(kJ/kg-K)。

(101經濟部)

【表1】

	比容v(m³/kg)	內能u(kJ/kg)	焓h(kJ/kg)
Water at 20℃	0.001	83.9	83.9
Water at 100℃	0.001	419.0	419.1

解析 (一)由Tds＝dh－vdP等壓過程Tds＝dh

(二)$C_p = \dfrac{dh}{dT} = \dfrac{419.1 - 83.9}{100 - 20} = \dfrac{335.2}{80} = 4.19(kJ / kg \cdot K)$

(三)$s_2 - s_1 = C_p \ln \dfrac{T_2}{T_1} - R \ln \dfrac{P_2}{P_1}$

$s_2 - 0.296 = 4.19 \ln \dfrac{373}{293} = 1.0115$

$s_2 ＝ 1.31(kJ/kg \cdot K)$

6. What mechanisms can cause the entropy of a control volume to change?

(A)Heat interaction   (B)Work interaction

(C) Irreversibility   (D)Mass flow in or out (104中鋼)

解析 **ACD**。熱傳、不可逆性及質量流率均會造成熵變化。

7. 冷凍廠往復壓縮機之冷媒壓力，在壓縮開始時為2.01bar，乾飽和狀態。依照多變過程(polytropic process)$pv^{1\cdot1}$＝constant可逆壓縮至壓力10bar。使用下表之冷媒性質，試求在過程中比熵(specific entropic)s的變化為多少$kJ/kg \cdot K$？

p為壓力，v為比容，s為比熵，T為溫度。

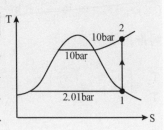

	飽和值		在10bar過熱值	
p_g	v_g	s_g	v	s
(bar)	(m^3/kg)	$(kJ/kg \cdot K)$	(m^3/kg)	$(kJ/kg \cdot K)$
2.01	0.0978	1.7189	0.0222	1.7564
10	0.0202	1.7033	0.0233	1.7847

解析 先查表得s_1=1.7189$(kJ/kg \cdot K)$，v_1=0.0978(m^3/kg)

$$2.01 \times 0.0978^{1.1} = 10 v_2^{1.1} \Rightarrow v_2^{1.1} = 0.01558 \Rightarrow v_2 = 0.02266 (m^3/kg)$$

由內插法得 $\dfrac{0.02266 - 0.0222}{0.0233 - 0.0222} = \dfrac{s_2 - 1.7564}{1.7847 - 1.7564}$

$$\frac{0.00046}{0.0011} = \frac{s_2 - 1.7564}{0.0283} \Rightarrow s_2 = 1.7682 (kJ/kg \cdot K)$$

$$s_2 - s_1 = 1.7682 - 1.7189 = 0.049 (kJ/kg \cdot K)$$

五、理想氣體的熵改變

由$ds = du/T + Pdv/T$，取$du＝C_v dT$且$P/T = R/v$，得理想氣體的熵改變為

$$ds = \frac{C_v dT}{T} + \frac{Rdv}{v}$$

又由$ds = dh/T - vdP/T$，取$dh＝C_p dT$且$v/T = R/P$，得理想氣體的熵改變為

$$ds = \frac{C_p dT}{T} - \frac{RdP}{P}$$

單原子氣體之比熱C_p及C_v為定值，與溫度無關。

一般氣體之比熱為溫度T的函數：$C_P(T)$及$C_v(T)$

固定比熱（近似處理）：

(一) $s_2 - s_1 = C_v \ln \dfrac{T_2}{T_1} + R \ln \dfrac{v_2}{v_1}$

(二) $s_2 - s_1 = C_p \ln \dfrac{T_2}{T_1} - R \ln \dfrac{P_2}{P_1}$

可推得等熵過程：

$$\frac{T_2}{T_1} = \left(\frac{v_1}{v_2}\right)^{\frac{R}{C_v}} = \left(\frac{v_1}{v_2}\right)^{\frac{C_p - C_v}{C_v}} = \left(\frac{v_1}{v_2}\right)^{k-1}$$

$$\frac{T_2}{T_1} = \left(\frac{P_2}{P_1}\right)^{\frac{R}{C_p}} = \left(\frac{P_2}{P_1}\right)^{\frac{C_p - C_v}{C_p}} = \left(\frac{P_2}{P_1}\right)^{1-\frac{1}{k}}$$

試題觀摩

1. 有一$0.5 m^3$的絕熱剛體槽，內裝有$0.9 kg$、$100 kPa$的二氧化碳，現有攪拌葉輪對系統做功，直到壓力上升到$120 kPa$。試求在此過程中二氧化碳的熵變化量為若干？假設為定比熱。

Hint：因為封閉系統，故比容不變，由理想氣體方程式，$\dfrac{T_2}{T_1} = \dfrac{P_2}{P_1}$

解析　$s_2 - s_1 = C_v \ln \dfrac{T_2}{T_1} + R \ln \dfrac{v_2}{v_1} = C_v \ln \dfrac{P_2}{P_1} = 0.657 \ln \dfrac{120}{100}$

$\qquad\qquad = 0.657 \times 0.182 = 0.12 (kJ / kg \cdot K)$

$\qquad S_2 - S_1 = 0.9 \times 0.12 = 0.108 (kJ / K)$

2. 有一活塞－汽缸的組合，內裝120kPa、27°C的氮氣1.2kg。現將氮氣以$PV^{1.3}$＝constant的多變過程緩慢壓縮，直到體積變為原來的一半為止。試求在此過程中，氮氣的熵變化量為若干？

解析 由$PV^{1.3}$＝C，體積變0.5倍，壓力變2.463倍

由PV＝mRT，可知溫度變1.2315倍

$$s_2 - s_1 = C_v \ln\frac{T_2}{T_1} + R\ln\frac{V_2}{V_1} = 0.743\ln 1.2315 + 0.2968\ln 0.5$$

$$= 0.743 \times 0.2108 + 0.2968 \times (-0.693) = 0.1566 - 0.2057 = -0.05(kJ/kg \cdot K)$$

$$S_2 - S_1 = 1.2 \times (-0.05) = -0.06(kJ/K)$$

3. 空氣被一活塞和汽缸的組合所壓縮，進行從90kPa、20°C變化到400kPa的可逆等溫過程，試求(1)空氣的熵變化量，(2)所做的功。

解析 $(1)\, s_2 - s_1 = C_p\ln\frac{T_2}{T_1} - R\ln\frac{P_2}{P_1} = -R\ln\frac{P_2}{P_1} = -0.287\ln\frac{400}{90}$

$$= -0.287 \times 1.49 = -0.4276(KJ/kg \cdot K)$$

$(2)\, W = \int_1^2 PdV = \int_1^2 \frac{P_1 V_1}{V}dV = P_1 V_1 \ln\frac{V_2}{V_1}$

此題缺少條件V_1，故所作的功無法計算

4. a mass of 3kg of helium undergoes a process from an initial state of $v = 3m^3/kg$ and $T_1 = 20°C$ to a final state of $v_1 = 1m^3/kg$ and the pressure becomes a half of the initial one. Assume the helium gas is an ideal gas and have $C_p = 5.1926kJ/(kg\ K)$，$R = 2.0769kJ/(kg\ K)$. If the process is reversible, find (a) the change of entropy.

解析　$s_2 - s_1 = C_p \ln \dfrac{T_2}{T_1} - R \ln \dfrac{P_2}{P_1}$

$P_1 \times 3 = 2.0769 \times 293 \Rightarrow P_1 = 202.844 (kPa)$

$P_2 = 101.422 (kPa)$

$101.422 \times 1 = 2.0769 \times T_2 \Rightarrow T_2 = 48.83 (K)$

$s_2 - s_1 = 5.1926 \ln \dfrac{48.83}{293} - 2.0769 \ln 0.5 = -9.3 + 1.44 = -7.86 (kJ / kg \cdot K)$

$S_2 - S_1 = 3 \times (-7.86) = -23.58 (kJ / K)$

5. 有關氣體的被壓縮或是膨脹原理，下列敘述何者正確？

(1)若在定溫下進行，稱為等壓過程

(2)若在無摩擦及絕熱下進行，稱為等熵過程

(3)等溫過程表示為 $\dfrac{p}{\rho}$ = 常數，p為壓力，ρ 為密度

(4)等熵過程表示為 $\dfrac{p}{\rho^{\frac{1}{k}}}$ = 常數，k為定壓比熱與定容比熱的比值

（104中鋼）

解析　(1)再定溫下進行，稱為等溫過程

(2)可逆絕熱過程為等熵過程

(3) $\dfrac{P}{\rho} = Pv = const.$

(4) $\left(\dfrac{v_1}{v_2} \right)^{k-1} = \left(\dfrac{P_2}{P_1} \right)^{\frac{k-1}{k}}$

$\left(\dfrac{v_1}{v_2} \right)^{k} = \left(\dfrac{P_2}{P_1} \right) \Rightarrow P_1 v_1^k = P_2 v_2^k \Rightarrow Pv^k = const. \Rightarrow \dfrac{P}{\rho^k} = const.$

稱為等熵方程式

綜上，答案為(2)和(3)。

6. Mark all of the following conditions which are implied by the equation (i.e. entropy change in terms of temperature and pressure ratios in a process from state 1 to state 2).

$$s_2 - s_1 = C_p \ln(\frac{T_2}{T_1}) - R\ln(\frac{P_2}{P_1})$$

(a) Ideal gas　　　　　　　　(b) Process is reversible

(c) Closed system　　　　　　(d) Constant volume

(e) Constant C_p

解析　須做的假設有

(a)理想氣體

(e)固定等壓比熱C_p

7. 一個絕熱容器分割成兩個相同體積的空間，其中一個裝A氣體，另一個裝B氣體，A氣體與B氣體均為理想氣體，且溫度相同，現在將中間隔板移開，請計算熵(S)的增加量。

Hint：設A氣體重m_A，B氣體重m_B

解析　A氣體與B氣體比容均變2倍

$$s_2 - s_1 = C_v \ln \frac{T_2}{T_1} + R \ln \frac{v_2}{v_1}$$

$$S_2 - S_1 = m_A R \ln 2 + m_B R \ln 2$$

8. 理想氣體原先在壓力P_1，經由等溫過程使體積減少一半：

(一)證明熵(entropy)的變化與氣體種類無關。

(二)此過程是否違反熱力學第二定律？

(三)如何判斷此過程是否為內部可逆(internally reversible)過程？請簡單討論其判別標準。

解析　$s_2 - s_1 = C_v \ln \dfrac{T_2}{T_1} + R \ln \dfrac{v_2}{v_1}$

$S_2 - S_1 = mR \ln 0.5 = -0.693mR$

系統熵會減少，並不違反熱力學第二定律，此為內可逆過程

---

9. 若無質量之流入與流出，系統之entropy在何種狀況下可能減少？

解析　當熱由系統傳出時，熵會減少

---

10. 一個有piston的cylinder中有一$-5°C$的飽和氣態R-134a。若此氣體經reversible adiabatic的過程，最後的壓力是1.0MPa，問：每一kg的R-134a作功多少？

Table1：飽和R-134a(u、h單位：kJ/kg，s單位：kJ/kg·K)

T(°C)	P(kPa)	u_f	u_g	h_f	h_g	s_f	s_g
-5	244.2	193.14	375.15	193.32	395.34	0.9755	1.7288

Table2：superheated R-134a(u、h單位：kJ/kg，s單位：kJ/kg·K)

T(°C)	P(MPa)	u	h	s
40	1	400.11	420.25	1.7418
50	1	405.25	431.24	1.7494

Hint：狀態1至狀態2為等熵過程

解析　$\dfrac{268}{T_2} = \left(\dfrac{244.2}{1000}\right)^{1-\frac{1}{k}}$，k=1.4

$\dfrac{268}{T_2} = 0.668 \Rightarrow T_2 = 401.2(K) = 128.2(°C)$ 依據table 2，使用外插法

$\dfrac{u_2 - 400.11}{405.25 - 400.11} = \dfrac{128.2 - 40}{50 - 40}$

$u_2 - 445.445(kJ/kg)$

$w = 375.15 - 445.445 = -70.295(kJ / kg)$

每公斤R134-a需輸入功70.295(kJ)

11. 有一理想氣體1莫耳，起始狀態為壓力5atm，溫度300K。求此氣體在下列情況熵的變化量($\triangle S$)：(1)等溫降壓到一個大氣壓；(2)絕熱可逆的降壓到一個大氣壓。

Hint：$R = 8.3145(\dfrac{kN \cdot m}{kmole \cdot K}) = 8.3145(\dfrac{kJ}{kmole \cdot K})$

解析 $(1)s_2 - s_1 = C_p \ln\dfrac{T_2}{T_1} - R \ln\dfrac{P_2}{P_1} = -8.3145 \ln\dfrac{1}{5} = 13.38(J / mole \cdot K)$

$S_2 - S_1 = 1 \times 13.38 = 13.38(J / K)$

(2)因為等熵過程，故 $S_2 - S_1 = 0$

12. 空氣進入一噴嘴，入口壓力250kPa、溫度747°C，速度90m/s，出口壓力為80kPa。假如其等熵效率(isentropic efficiency)為90%，求(一)出口速度，(二)出口溫度。(空氣之比熱$c_p = 1.075kJ/kg \cdot K$，比熱比k $= 1.364$) (高考)

解析 假設為等熵過程

$$\dfrac{T_2}{T_1} = \left(\dfrac{P_2}{P_1}\right)^{\frac{R}{C_p}} = \left(\dfrac{P_2}{P_1}\right)^{\frac{C_p - C_v}{C_p}} = \left(\dfrac{P_2}{P_1}\right)^{1-\frac{1}{k}}$$

$$\dfrac{T_2}{1020} = \left(\dfrac{80}{250}\right)^{1-0.733} \Rightarrow T_2 = 752.446(K)$$

實際過程之出口溫度T_e

$0.9C_p(1020 - 752.446) = C_p(1020 - T_e)$

$T_e = 779.8(K)$

$$1.075(1020-779.8)=\frac{v_e^2}{2\times1000}-\frac{90^2}{2\times1000}$$

$$258.215=\frac{v_e^2}{2000}-4.05$$

$v_e=724.24(m/s)$

13. 理想空氣靜止下，以200kPa與950K進入絕熱噴嘴，且以80kPa流出，整體過程之等熵效率值為92%。試問：

(一)實際出口溫度（K）＝？實際出口速度（m/sec）＝？

(二)熵之變化為何（kJ/kgK）＝？是否違背熱力學第二定律？

（105高考三級）

解析　$\dfrac{T_2}{T_1}=(\dfrac{P_2}{P_1})^{\frac{R}{C_P}}=(\dfrac{P_2}{P_1})^{\frac{C_P-C_V}{C_P}}=(\dfrac{P_2}{P_1})^{1-\frac{1}{k}}$

$$\frac{T_2}{950}=\left(\frac{80}{200}\right)^{1-\frac{1}{1.4}}\Rightarrow T_2=731(K)$$

因為絕熱過程，焓轉變為空氣動能的增加量

$$h_i-h_e=\frac{V_e^2}{2\times1000}-\frac{V_i^2}{2\times1000}=C_P(T_i-T_e)$$

查表得知$C_p=1.0045(kJ/kg\cdot K)$

(一) $0.92(T_i-T_e)=T_i-T_e'$

$\quad\quad 0.92(950-731)=950-T_e'\Rightarrow T_e'=748.52(K)$

$\quad\quad h_i-h_e=\dfrac{V_e^2}{2\times1000}=0.92\times1.0045(950-731)$

$\quad\quad V_e=636.22(m/s)$

(二) $s_2-s_1=C_p\ln\dfrac{T_2}{T_1}-R\ln\dfrac{P_2}{P_1}=1.0045\ln\dfrac{748.52}{950}-0.287\ln\dfrac{80}{200}$

$$=-0.24+0.263=0.023(kJ/kg\cdot K)$$

符合熵增原理，故不違反熱力學第二定律

14. A tank with an internal volume of 1 m³ contains air at 800 kPa and 25°C. A valve on the tank is opened allowing air to escape and the pressure inside quickly drops to 150 kPa, at which point the valve is closed. Assume there is negligible heat transfer from the tank to the air left in the tank. Calculate the mass withdrawn during the process. (gas constant of air is 0.287 kPa·m³/kg·K；$C_p=1.005$kJ/kg·K；$C_v=0.718$kJ/kg·K；k=1.4)

Hint： $\dfrac{m_2}{m_1}=\left(\dfrac{T_2}{T_1}\right)^{\frac{1}{k-1}}$, $\dfrac{m_2}{m_1}=\left(\dfrac{P_2}{P_1}\right)^{\frac{1}{k}}$ ，排氣過程溫度必然下降

解析　$800\times1=m_1\times0.287\times298\Rightarrow m_1=9.354(kg)$

$$\dfrac{m_2}{m_1}=\left(\dfrac{P_2}{P_1}\right)^{\frac{1}{k}}=\left(\dfrac{150}{800}\right)^{0.7143}=\dfrac{m_2}{9.354}\Rightarrow m_2=2.83(kg)$$

15. 有一鋼瓶，其容積為100L，內有25°C，1bar之空氣。今以50°C的空氣注入。若預計注滿後鋼瓶內有1.5kg之空氣，則壓力為何時應停止注入？假設此過程為絕熱，空氣為理想氣體，比熱為固定值，$C_p=1.0045$ kJ/kg-K。

Hint： $Q_{in}+h_{in}(m_f-m_i)=m_f u_f-m_i u_i$

解析　$100\times0.1=m_i\times0.287\times298\Rightarrow m_i=0.117(kg)$

再算出空氣混合後之溫度

$0.117\times0.718\times298+(1.5-0.117)\times1.005\times323=1.5\times0.718T_f$

$25.034+448.94=1.077T_f\Rightarrow T_f=440.1(K)$

$P_f\times0.1=1.5\times0.287\times440.1\Rightarrow P_f=1894.63(kPa)$

16. 有一鋼瓶，其容積為100L，內有25°C，1bar之空氣。今以50°C的空氣注入。假設此過程為絕熱，空氣為理想氣體，比熱為固體值。若預計注滿後鋼瓶內有1.5kg之空氣，則壓力為何時應停止注入？

Hint：$Q_{in} + h_{in}(m_f - m_i) = m_f u_f - m_i u_i$

解析　$200 \times 0.1 = m_i \times 0.287 \times 298 \Rightarrow m_i = 0.234(kg)$

再算出空氣混合後之溫度

$0.234 \times 0.718 \times 298 + (1.2 - 0.234) \times 1.005 \times 323 = 1.2 \times 0.718 T_f$

$50.07 + 313.58 = 0.8616 T_f \Rightarrow T_f = 422.06(K)$

$P_f \times 0.1 = 1.2 \times 0.287 \times 422.06 \Rightarrow P_f = 1453.57(kPa)$

17. A bottle containing 100 liters air at 5 bars and 25°C is filled with compressed air at 25°C until a pressure of 50 bars is reached. Suppose the process is adiabatic and air is an ideal gas with constant heat capacity, find the amount of air injected into the bottle.
The heat capacity of air is $c_p = 1.0045kJ/kg\text{-}K$.

Hint：$Q_{in} + h_{in}(m_f - m_i) = m_f u_f - m_i u_i$

解析　$500 \times 0.1 = m_i \times 0.287 \times 298 \Rightarrow m_i = 0.5846(kg)$

再算出空氣混合後之溫度

$0.5846 \times 0.7175 \times 298 + (m_f - 0.5846) \times 1.0045 \times 298 = m_f \times 0.7175 T_f$ ....(1)

$50.07 + 313.58 = 0.8616 T_f \Rightarrow T_f = 422.06(K)$

$5000 \times 0.1 = m_f \times 0.287 \times T_f \Rightarrow T_f = \dfrac{1742.16}{m_f}(K)$ ....(2)

將(2)式代入(1)式

$0.5846 \times 0.7175 \times 298 + (m_f - 0.5846) \times 1.0045 \times 298 = 1250$

$125 + 299.341 m_f - 175 = 1250 \Rightarrow m_f = 4.3429(kg)$

可算出注入空氣 $4.3429 - 0.5846 = 3.7583\text{(kg)}$

可算出最後溫度 $T_f = \dfrac{1742.16}{4.3429} = 401.15\text{(K)} = 128.15\text{(°C)}$，

可得充氣過程溫度必然上升

---

18. A tank of volume V is to be filled with an ideal gas. Initially the tank is at P_1 and T_1. The port is regulated with a valve and its properties are constantly at T_{in}. The charging process is adiabatic.

a. Write down the equation for conservation of mass.

b. Write down the equation for conservation of energy.

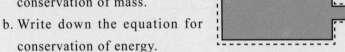

c. Determine the final temperature T_2 to obtain P_2.

d. Derive the relation between T_2 and T_{in} if P_2 is much greater than P_1.

Hint：此為充氣過程

解析 (b) $Q_{in} + h_{in}(m_f - m_i) = m_f u_f - m_i u_i$

(d) $m_i \times C_v \times T_1 + (m_f - m_i) \times C_p \times T_{in} = m_f C_v T_2$

(c) $P_2 V = m_f R T_2 \Rightarrow P_2 = \dfrac{m_f R T_2}{V}$

4-2 固體與液體的熵改變 ☆☆☆

考題方向 在本節中，我們將介紹熱力學之重要性質 ── 熵，由 Tds 關係式推導出固體與液體之熵變化為必考焦點。

固體與液體的熵改變

當液體與固體可被近似為不可壓縮的物質（即$dv \approx 0$）時，$C_p = C_v = C$，熵改變為：

$$ds = \frac{du}{T} = \frac{CdT}{T}$$

以平均比熱C_{av}近似，熵改變為：

$$s_2 - s_1 = C_{av} \ln \frac{T_2}{T_1}$$

等熵過程：$s_2 - s_1 = 0$，因此$T_2 = T_1$，故等熵過程中，不可壓縮物質的等熵過程必為等溫過程。

試題觀摩

1. 一個50kg的鐵塊與一個20kg的銅塊，起始時溫度皆為80°C。現在將他們丟入一個15°C的大湖中，經過一段時間之後，由於固體與湖水間的熱傳，最後將達成熱平衡。試求此過程之總體熵變化量。

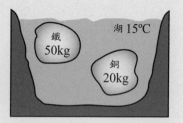

Hint：$C_{Cu} = 0.386(kJ / kg \cdot °C)$ ， $C_{Fe} = 0.45(kJ / kg \cdot °C)$

解析 $S_2 - S_1 = 20 \times 0.386 \ln \dfrac{288}{353} + 50 \times 0.45 \ln \dfrac{288}{353}$

$$= 20 \times 0.386 \times (-0.2035) + 50 \times 0.45 \times (-0.2035)$$

$$= -1.571 - 4.58 = -6.151 (kJ / K)$$

2. 正常的蛋可看成直徑大約$5.5\,cm$的圓球，蛋起初溫度為$8\,°C$，隨後被丟至$97\,°C$沸水中，蛋的性質為$[\rho=1020kg/m^3$ $C_p=3.32kJ/(kg \cdot °C)]$，當蛋的溫度被加熱至$70\,°C$時，試求有多少熱傳給了蛋？熱傳過程的熵生成率？

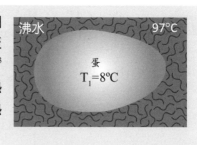
沸水   97°C
蛋
$T_1=8ºC$

解析 (1) $Q = \dfrac{4}{3} \times 3.14 \times (\dfrac{0.055}{2})^3 \times 1020 \times 3.32 \times (70 - 8) = 0.089 \times 3.32 \times 62$

$\quad = 18.32 (kJ)$

(2) $s_2 - s_1 = C_{av} \ln \dfrac{T_2}{T_1} = 3.32 \ln \dfrac{343}{281} = 3.32 \times 0.2 = 0.664 (kJ / kg \cdot K)$

$S_2 - S_1 = 0.089 \times 0.664 = 0.06 (kJ / K)$

3. 兩杯質樣同為m，其水溫各為T_1與T_2，在等壓絕熱下混合，證明周遭熵的變化為$2mC_p \ln \dfrac{(T_2 + T_2)/2}{\sqrt{T_1 T_2}}$，並證明其熵值為增加。

Hint：混合後溫度為$\dfrac{T_1 + T_2}{2}$

解析 $S_2 - S_1 = mC_p \ln \dfrac{\dfrac{T_1 + T_2}{2}}{T_1} + mC_p \ln \dfrac{\dfrac{T_1 + T_2}{2}}{T_2}$

$S_2 - S_1 = mC_p \ln \dfrac{(\dfrac{T_1 + T_2}{2})^2}{T_1 T_2}$ $S_2 - S_1 = 2mC_p \ln \dfrac{(\dfrac{T_1 + T_2}{2})}{\sqrt{T_1 T_2}}$

4. 已知鑽石定容摩爾比熱為$C_v=3R\dfrac{4\pi^4}{5}(\dfrac{T}{\theta})^3$，求質量1.2克的鑽石在定體積下，從10K加熱至350K，它的熵變化多少R？$C=12g/mol$，$\theta=2230K$

Hint：此題假設比熱隨溫度變化

解析　$ds=\dfrac{du}{T}=\dfrac{CdT}{T}=3R\dfrac{4\pi^4}{5}\dfrac{T^2}{2230^3}dT$

$S_2-S_1=nR\dfrac{4\pi^4}{5}\dfrac{T^3}{2230^3}\Big|_{283}^{623}$

$S_2-S_1=0.1R\dfrac{4(97.21)}{5}\times\dfrac{1}{11089567000}(623^3-283^3)$

$S_2-S_1=7.01\times10^{-10}R(241804367-22665187)$

$S_2-S_1=0.1536R(J/K)$

5. (1)一個與環境隔絕的系統中有兩塊質量為850g和700g、溫度分別為325K和285K的銅塊相接觸後，求兩銅塊的平衡溫度，以及此系統的熵值變化ΔS為何？假設銅的比熱為C。

(2)在絕熱自由膨脹中，一莫耳之理想氣體體積膨脹至原來的8倍，則此氣體之熵值變化量與環境的ΔS分別為何？

解析　(1)設平衡溫度為T_f

$850C(325-T_f)=700C(T_f-285)$

$276250+199500=1550T_f=475750$

$T_f=307(K)$

$S_2-S_1=0.85C\ln\dfrac{307}{325}+0.7C\ln\dfrac{307}{285}=-0.0484C+0.052C=0.0036C$

(2) $S_2-S_1=nR\ln 8=R\ln 8$

因為絕熱過程，故環境的熵變化 $\Delta S_{surround}=-\dfrac{Q_{in}}{T_R}=0$

6. 1500克，100°C的鉛置於25°C，100克的絕熱水系統中，請計算其系統之最後溫度，及整個系統之熵的總變化量。水的C_p＝75.44J/K；鉛的C_p＝26.7J/K；水的分子量＝18；鉛的分子量＝207

解析　設平衡溫度為T_f

$$\frac{1500}{207} \times 26.7(100 - T_f) = \frac{100}{18} \times 75.44(T_f - 25)$$

$$19347.8 + 10477.8 = (193.5 + 419.1)T_f = 29825.6$$

$$T_f = 48.687(°C) = 321.687(K)$$

$$S_2 - S_1 = \frac{1500}{207} \times 26.7 \ln\frac{321.687}{373} + \frac{100}{18} \times 75.44 \ln\frac{321.687}{298}$$

$$= -28.63 + 32.056 = 3.426(J/K)$$

7. 有一個溫度為80°C的40kg銅塊，現放入一個絕熱容器中，此絕熱容器內有25°C的水100公升，請求出(一)此絕熱系統的平衡溫度。(二)此過程前後的熵變化？(水的密度ρ＝997kg/m³，定壓比熱C_p＝4.18kJ/kg·K；銅的定壓比熱C_P＝0.386kJ/kg·K)（高考）

解析　(一)設平衡溫度為T_f

$$40 \times 0.386 \times (80 - T_f) = 100 \times 4.18 \times (T_f - 25)$$

$$1235.2 + 10450 = 433.44T_f \Rightarrow T_f = 27(°C) = 300(K)$$

(二) $S_2 - S_1 = 40 \times 0.386 \ln\frac{300}{353} + 100 \times 4.18 \ln\frac{300}{298}$

$$= -2.512 + 2.796 = 0.284(kJ/K)$$

8. 一車輛散熱器（radiator）使用乙二醇（ethylene glycol）為冷媒，如圖所示。乙二醇之質量流率為2.2kg/s，進入散熱器之溫度為65°C，離開之溫度為26°C。壓力為1atm，溫度為20°C及體積流率為270m³/min之空氣吹過散熱器，將熱量帶走。乙二醇之等壓比熱為2.85kJ/kg·K，空氣之平均等壓比熱為1.05kJ/kg·K，試求空氣出口之溫度以及此熱交換過程之熵產生量（entropy generation）。

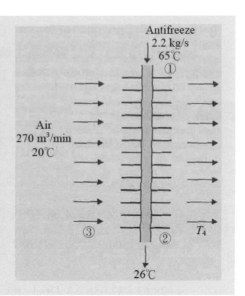

解析 假設空氣密度1.293kg/m³

$$2.2 \times 2.85(65-26) = 4.5 \times 1.293 \times 1.05(T_2 - 20)$$
$$T_2 = 60°C$$

乙二醇的熵變化

$$s_2 - s_1 = C_{av}\ln\frac{T_2}{T_1} = 2.85\ln\frac{299}{338} = -0.35\text{kJ}/\text{kg}\cdot\text{K}$$

$$2.2 \times (-0.35) = -0.77\text{kJ}/\text{d}\cdot\text{K}$$

空氣的熵變化

$$s_2 - s_1 = C_p\ln\frac{T_2}{T_1} - R\ln\frac{P_2}{P_1} = 1.05\ln\frac{333}{293} = 0.134$$

$$4.5 \times 1.293 \times (0.134) = 0.78\text{kJ}/\text{s}\cdot\text{K}$$

總熵變化

$$-0.77 + 0.78 = 0.01\text{kJ}/\text{s}\cdot\text{K}$$

9. 有一塊金屬溫度為800°C，比熱為0.9kJ/kg-K，質量為20kg，將該塊金屬放入一桶水中，水溫25°C，水量100L，直到金屬與水溫度相等為止，請計算此過程的熵變化量。

Hint：水的比熱4.18(kJ/kg·K)

解析　(一)設平衡溫度為T_f

$$20 \times 0.9 \times (800 - T_f) = 100 \times 4.18 \times (T_f - 25)$$

$$14400 + 10450 = 436T_f \Rightarrow T_f = 57(°C) = 330(K)$$

(二)$S_2 - S_1 = 20 \times 0.9 \ln\dfrac{330}{1073} + 100 \times 4.18 \ln\dfrac{330}{298}$

$$= -21.224 + 42.636 = 21.412(kJ/K)$$

10. 兩塊質料相同的銅，第一塊質量為1kg，溫度為200°C，另一塊質量為5kg，溫度為440°C。將此兩塊銅放入真空絕熱容器內，經一段時間達成熱平衡，比熱為0.407kJ/kg-°K，試問：

(一)熱平衡後的溫度。

(二)每塊銅熵的變化及總熵變化。

解析　(一)設平衡溫度為T_f

$$5 \times (440 - T_f) = 1 \times (T_f - 200)$$

$$2200 + 200 = 6T_f \Rightarrow T_f = 400(°C) = 673(K)$$

(二)$S_2 - S_1 = 1 \times 0.407 \ln\dfrac{673}{713} + 1 \times 0.407 \ln\dfrac{673}{473}$

$$= -0.0235 + 0.1435 = 0.12(kJ/K)$$

11. (一)在絕熱自由膨脹中，一莫耳之理想氣體體積膨脹至原來的8倍，
求此氣體之熵值變化量△S(J/K)；和環境的△S(J/K)。

(二)在100個色球中，50個為綠50個為紅。今連取6球，求在所出現
的顏色狀態中，最大的熵值S(J/K)。（105文化大學化工研究所）

解析 (一) $s_2 - s_1 = C_v \ln \dfrac{T_2}{T_1} + R \ln \dfrac{v_2}{v_1}$　　$\Delta S_{air} = 1 \times 8.31 \times \ln 8 + 17.28 (J/K)$

因無熱量傳至環境，故$\Delta S_{surrounding} = 0 (J/K)$

(二) 1. 亂度與機率有關。假設有一個系統經歷某種程序之後會得到
許多種可能的狀態，其中，最多管道可達成的狀態，是最可
能發生的狀態。出現機率最高的狀態擁有最大的亂度。

2. 現在我們透過亂度函數S的定義，把亂度和機率的量連結在
一起：$S = k_B \ln \Omega$

3. 注1：K_B＝Boltzmann's常數＝1.38066×10^{-23} J/K，這是每1個
分子的氣體常數（R/N_A），因此K_B是指每個分子每1度標準
溫度的能量。

4. 注2：Ω＝特定狀態的微觀狀態數值（達成某個狀態到底有
多少組合數量），包括位置與能量。

5. 最大熵值為三紅三綠，$S = 1.38 \times 10^{-23} \times \ln(C_3^{50} C_3^{50} \times \dfrac{6!}{3! \times 3!})$

$S = 1.38 \times 10^{-23} \times \ln(19600^2 \times 20) = 1.38 \times 10^{-23} \times 22.76$

$= 31.41 \times 10^{-23} = 3.14 \times 10^{-22} (J/K)$

🎈熱力學知識點

1. **熵是甚麼**：熵為視為分子**失序程度**（或**亂度**）的量度，當系統變得更失序，熵即增加。

   由統計熱力學，可證明熵與分子可能的微觀狀態總數p有關，即波茲曼關係式：$S = k_B \ln p$

   其中$k_B = 1.3806 \times 10^{-23}$ J/K為波茲曼常數（Boltzmann constant）；p也稱為熱力學機率。

   氣相中分子動能很大，卻無法直接推動容器中的翼輪而產生功，因為其能量是無組織的。

2. **熵的平衡**

   對一般的穩流過程可簡化為 $\dot{S}_{gen} + \sum \dfrac{\dot{Q}_k}{T_k} = \sum \dot{m}_e s_e - \sum \dot{m}_i s_i$

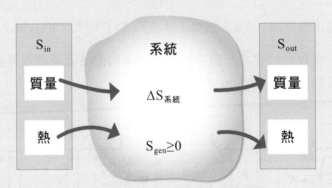

3. Maxwell equation

   熱力學的四個重要關係式

   ① $du = Tds - Pdv$　　②$dh = Tds + vdP$

   ③ $da = -Pdv - sdT$　　④$dg = vdP - sdT$

   經微分之正合關係，可得4個Maxwell equation

   $$\left(\frac{\partial T}{\partial v}\right)_s = -\left(\frac{\partial P}{\partial s}\right)_v \qquad \left(\frac{\partial T}{\partial P}\right)_s = \left(\frac{\partial v}{\partial s}\right)_P$$

   $$\left(\frac{\partial P}{\partial T}\right)_v = \left(\frac{\partial s}{\partial v}\right)_T \qquad \left(\frac{\partial v}{\partial T}\right)_P = -\left(\frac{\partial s}{\partial P}\right)_T$$

4-3 熱機與熱力學第二定律 ☆☆☆

> **考題方向**　在本節中，我們將說明熱力學第二定律，並學會計算熱機之熱效率。

一、熱機

輸入熱量給系統，而系統將功輸出，此種將熱轉換為功的機器稱之為熱機（heat engines）。

熱力學第二定律：我們不可能製造出一個連續操作的熱機，可將所輸入之熱量全部轉為功輸出。

即不可能造出效率為100%的熱機！（克耳文-普朗克，Kelvin-Planck）

如果沒有其他變化的存在，熱不可能由低溫物體傳遞至高溫物體，完全冷機不存在。（克勞休斯，Clausius）

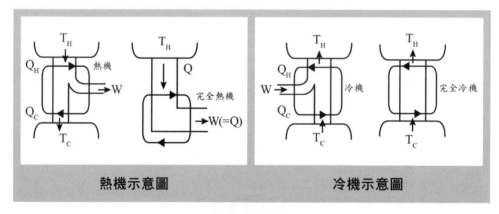

熱機示意圖　　　　　　　　冷機示意圖

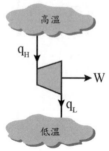

二、熱機的熱效率

$$\eta = \frac{\text{輸出功}}{\text{輸入熱量}} = \frac{w_{out}}{q_{in}} = \frac{q_H - q_L}{q_H} = 1 - \frac{q_L}{q_H}$$

三、冷凍機的性能係數COP（Coefficient of performance）

$$COP = \frac{\text{吸收的熱}}{\text{輸入功}} = \frac{q_L}{q_H - q_L}$$

可逆與不可逆循環

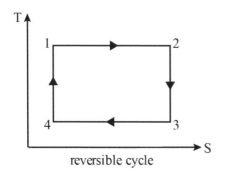

reversible cycle

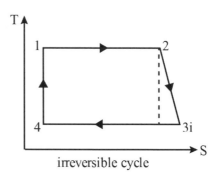

irreversible cycle

試題觀摩

1. 飽和蒸汽於800kPa壓力進入輪機，離開時壓力為60kPa，如輪機絕熱效率為90%，試求每單位質量的蒸汽輸出功為多少，並決定出口蒸汽為濕蒸汽或過熱蒸汽？

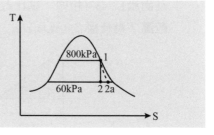

Hint：$h_1 = 2769.1(kJ/kg)$，$s_1 = 6.6628(kJ/kg \cdot K) = s_2$

解析　$6.6628 = 1.1398 + x_2(7.5389 - 1.1398) \Rightarrow x_2 = 0.863$

$h_2 = 358.05 + 0.863(2652.7 - 358.05) = 233808(kJ/kg)$

$(w)_{rev} = h_1 - h_2 = 2769.1 - 2338.8 = 430.8(kJ/kg)$

$\eta_T = \dfrac{w_a}{w_{rev}} = \dfrac{w_a}{430.8} = 0.9 \Rightarrow w_a = 387.7(kJ/kg)$

$h_{2a} = h_1 - w_a = 2769.1 - 387.7 = 2381.4(kJ/kg)$

$\because h_{2a} < h_g = 2652.7$，故知出口為濕蒸氣

---

2. 如右圖依據熱力學第二定律，試決定熱傳的方向？

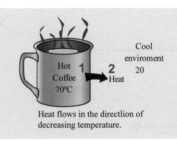

解析　根據熱力學第二定律，熱傳之方向必須為溫度下降之方向，故熱傳之方向為1→2

---

3. 下面為2種動力循環的T-S圖（溫-熵圖），若循環(a)與(b)兩者的比例尺及面積1-2-3-1相同，試比較循環(a)與(b)兩者所作功及何者循環熱效率較高？為什麼？（鐵路）

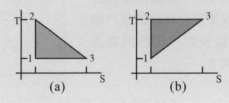

解析　$\eta = \dfrac{輸出功}{輸入熱量} = \dfrac{w_{out}}{q_{in}} = \dfrac{w_{out}}{w_{out} + q_{out}}$

觀察溫熵圖知，(b)之q_{out}較大，故(a)之熱效率較高

4. An ideal gas cycle with four reversible processes is sketched in the T-s diagram below. In each process, temperature and entropy are linearly related. The specific heat at constant pressure is assumed constant, $C_p = 1kJ/kg \cdot K$, and the gas constant is $R = 0.3kJ/kg \cdot K$. Determine：
(1)the cycle thermal efficiency
(2)the pressure ratio, P_3/P_1.

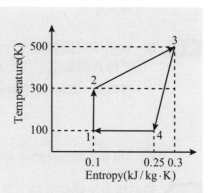

解析　$\eta = \dfrac{輸出功}{輸入熱量} = \dfrac{w_{out}}{q_{in}} = \dfrac{\dfrac{1}{2} \times 0.2(300+500) - \dfrac{1}{2} \times 0.05(100+500) - 0.15 \times 100}{\dfrac{1}{2} \times 0.2(300+500)}$

$= \dfrac{80-15-15}{80} = 0.625$

5. 100MW的熱輸入一熱機（heat engine），如果此熱機之廢熱排放為60MW，請決定此熱機之：
(一)淨功率輸出（net power output）
(二)熱效率（thermal efficiency）（高考）

解析　(一)$w_{out} = q_{in} - q_{out} = 100 - 60 = 40(MW)$

(二)$\eta = \dfrac{w_{out}}{q_{in}} = \dfrac{40}{100} = 0.4$

6. 任何一個熱力機械設備，只與一個熱能儲存槽進行熱交換，要穩定進行
循環並輸出功，此循環是：
(A)可能存在　　　　　　　　　　(B)不可能存在
(C)有條件存在　　　　　　　　　(D)卡諾循環。（104中鋼）

解析　**B**。我們不可能製造出一個連續操作的熱機，可將所輸入之熱量全
部轉為功輸出。即不可能造出效率為100%的熱機！（克耳文－
普朗克，Kelvin-Planck）

7. What are the differences among compressors, pumps and fans?

解析　壓縮機用來壓縮氣體，泵用來壓縮液體，風扇用來增加氣體速度。

4-4 不可逆性量 ☆☆

考題方向 ▶ 了解不可逆性量之物理意義。

一過程之不可逆性I定義為可逆功與有用功之間的差值，即

$$I = W_{rev,out} - W_{u,out}$$

試題觀摩

熱機從1200K的熱源獲得500kJ/s的熱，並將廢熱傳至300K的環境中，如圖所示。此熱機的輸出功為180kW，試求出此過程的可逆功大小與不可逆性。

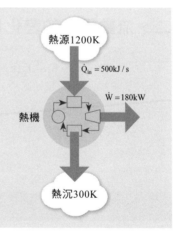

解析　$\dot{W}_{rev} = 500(1 - \dfrac{300}{1200}) = 375(kW)$

$\dot{I} = 375 - 180 = 195(kW)$

4-5 可用性量 ☆☆☆

考題方向 了解可用性量之物理意義，可用性量可用來計算系統之可逆功。

一、封閉系統用值的變化量

$$\Delta X = U_2 - U_1 + P_0(V_2 - V_1) - T_0(S_2 - S_1)$$
$$\Delta \varphi = u_2 - u_1 + P_0(v_2 - v_1) - T_0(s_2 - s_1)$$

二、流動用值的變化量

$$\Delta \psi = h_2 - h_1 - T_0(s_2 - s_1)$$

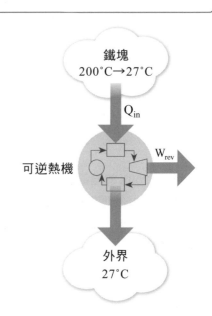

鐵塊
200˚C→27˚C

Q_{in}

可逆熱機

W_{rev}

外界
27˚C

試題觀摩

1. 一200m³的剛槽內有1MPa、300K的壓縮空氣。如果環境的狀態為100kPa、300K，試求有多少功。

Hint：一剛槽內裝有壓縮空氣，計算此壓縮空氣作功的能力

解析
$$P_0(v_1 - v_0) = P_0(\frac{RT_0}{P_1} - \frac{RT_0}{P_0}) = RT_0(\frac{P_0}{P_1} - 1)$$

$$T_0(s_1 - s_0) = T_0(c_p \ln \frac{T_1}{T_0} - R \ln \frac{P_1}{P_0}) = -RT_0 \ln \frac{P_1}{P_0}$$

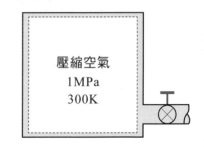

壓縮空氣
1MPa
300K

$$\varphi_1 = RT_0(\frac{P_0}{P_1} - 1) + RT_0 \ln \frac{P_1}{P_0} = RT_0(\ln \frac{P_1}{P_0} + \frac{P_0}{P_1} - 1)$$

$$\varphi_1 = 0.287 \times 300(\ln \frac{1000}{100} + \frac{100}{1000} - 1) = 120.76(kJ / kg)$$

$$m_1 = \frac{P_1 V}{RT_1} = \frac{1000 \times 200}{0.287 \times 300} = 2323(kg)$$

$$X_1 = 2323 \times 120.76 = 280525(kJ) = 281(MJ)$$

2. 一壓縮機將冷媒R-134a從0.14MPa、-10°C穩定至0.8MPa、50°C。環境狀態為20°C、95kPa。試求在這個壓縮過程中冷媒的焓變化,以及冷媒每單位質量為最小需輸入多少功給壓縮機。

Hint:冷媒R-134a在壓縮過程中,需要的最小功率為出入口的焓變化量。

解析 查表得

h₁=246.36kJ/kg,s₁=0.9724kJ/kg‧K

h₂=286.69kJ/kg,s₂=0.9802kJ/kg‧K

$$\Delta\psi = h_2 - h_1 - T_0(s_2 - s_1)$$

$$\Delta\psi = 286.69 - 246.36 - 293(0.9802 - 0.9724)$$

$$\Delta\varphi = 38kJ / kg$$

壓縮機的最小輸入功即為用值的變化量

38kJ/kg

$T_0=20°C$

$T_2=50°C$
$P_2=0.8MPa$

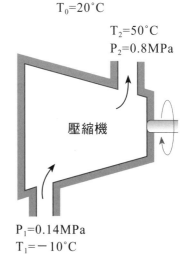

壓縮機

$P_1=0.14MPa$
$T_1=-10°C$

3. 如圖所示，利用一絕熱之空壓機（compressor），將狀態為100kPa，25°C之大氣填充至體積為0.5m³之剛性容器（tank）。容器之初始壓力及溫度分別為100kPa及25°C。

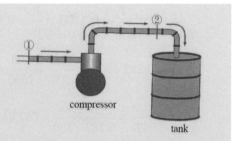

compressor

tank

在此填充過程中，容器內空氣與其外界環境之熱傳，使得容器內空氣溫度維持為25°C。試求當容器內空氣壓力為1000kPa時，壓縮機所需之最小功為何？假設空氣之等壓比熱為1.005kJ/kg・K。 （106高考三級）

解析
$$P_0(v_1 - v_0) = P_0(\frac{RT_0}{P_1} - \frac{RT_0}{P_0}) = RT_0(\frac{P_0}{P_1} - 1)$$

$$T_0(s_1 - s_0) = T_0(c_p \ln \frac{T_1}{T_0} - R \ln \frac{P_1}{P_0}) = -RT_0 \ln \frac{P_1}{P_0}$$

$$\varphi_1 = RT_0(\frac{P_0}{P_1} - 1) + RT_0 \ln \frac{P_1}{P_0} = RT_0(\ln \frac{P_1}{P_0} + \frac{P_0}{P_1} - 1)$$

$$\varphi_1 = 0.287 \times 298(\ln \frac{100}{100} + \frac{100}{100} - 1) = 0(kJ / kg)$$

$$X_1 = 0(kJ)$$

$$\varphi_2 = RT_0(\frac{P_0}{P_2} - 1) + RT_0 \ln \frac{P_2}{P_0} = RT_0(\ln \frac{P_2}{P_0} + \frac{P_0}{P_2} - 1)$$

$$\varphi_2 = 0.287 \times 298(\ln \frac{1000}{100} + \frac{100}{1000} - 1) = 120(kJ / kg)$$

$$m_2 = \frac{P_2 V}{RT_2} = \frac{1000 \times 0.5}{0.287 \times 298} = 5.846(kg)$$

$$X_2 = 5.846 \times 120 = 701.52(kJ)$$

壓縮機所需之最小功為701.52(kJ)

第五章 | 蒸氣動力循環

5-1 卡諾循環 ☆☆☆

> **考題方向** 在本節中,我們將介紹卡諾循環,並學會計算熱機之熱效率。

蒸氣動力循環

理想熱機,通常在兩熱源(一高溫熱源,另一為低溫熱槽)間運轉。

在蒸氣動力循環(steam power cycle)中,高溫熱源指的就是鍋爐,低溫熱淵就是冷凝器。

早期的紐可門蒸氣機熱效率遠低於1%,目前在蒸氣動力廠中,蒸氣循環的熱效率大約在35%

(一) 卡諾循環

1→2 在鍋爐中等溫加熱　　　　　2→3 可逆絕熱膨脹
3→4 在凝結器中等溫排熱　　　　4→1 可逆絕熱壓縮

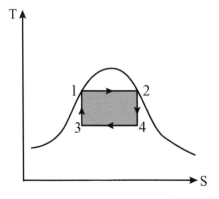

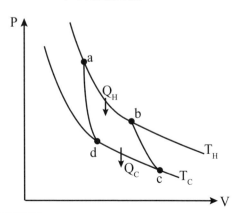

卡諾循環的限制

卡諾循環是一理想狀況，因為

1. 在卡諾循環中，狀態4為液氣混合物，狀態1則為飽和液，要利用泵達成以上相變化是困難的。

2. 冷凝過程難以控制剛好使濕蒸氣達到狀態4。

將卡諾循環加以修正：在冷凝過程使濕蒸氣變成水，再利用泵將水加壓並送入鍋爐，而這就是朗肯循環（Rankine Cycle）。

(二) **克勞修斯不等式**：克勞秀士定理（英語：Clausius theorem）也稱為克勞修斯不等式，是德國科學家魯道夫‧克勞修斯在1855年提出的熱力學不等式，描述在熱力學循環中，系統熱的變化及溫度之間的關係：

$$\oint \frac{\delta Q}{T} \le 0$$

其中，δQ是系統熱的變化，吸熱為正，放熱為負。若是在可逆過程中，上式中的等號成立，其中小於符號則是對應不可逆過程。克勞秀士定理可用來定義狀態函數熵。

試題觀摩

1. 一座以卡諾循環運轉的蒸汽廠，鍋爐壓力1MPa，冷凝器壓力20kPa，試求此蒸汽廠的熱效率及比輸出功。

解析 1MPa：$T_H = 179.9°C = 452.9K$

20kPa：$T_L = 60.1°C = 333.1K$

$\eta = 1 - \dfrac{T_L}{T_H} = 1 - \dfrac{333.1}{452.9} = 0.265$

1MPa：$q_{in} = h_2 - h_1 = h_g - h_f = h_{fg} = 2015.3(kJ/kg)$

$w_{net} = \eta q_{in} = 0.265(2015.3) = 534.1(kJ/kg)$

2. The pressure volume diagram of a
Carnot power cycle executed by an
ideal gas with constant specific heat
ratio k is shown in Fig. Find the re-
lation for V_1, V_2, V_3, V_4.

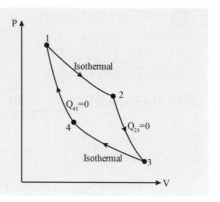

解析　1→2 在鍋爐中等溫加熱
　　　2→3 可逆絕熱膨脹
　　　3→4 在凝結器中等溫排熱
　　　4→1 可逆絕熱壓縮

$$P_1 V_1 = P_2 V_2 \qquad \left(\frac{P_3}{P_2}\right)^{\frac{1}{k}} = \left(\frac{V_2}{V_3}\right)$$

$$P_3 V_3 = P_4 V_4 \qquad \left(\frac{P_1}{P_4}\right)^{\frac{1}{k}} = \left(\frac{V_4}{V_1}\right)$$

3. The pressure-volume diagram of a Carnot
power cycle executed by an ideal gas air with
constant specific heat ratio, k, in a piston
cylinder is shown in the following figure. The
entropy remains constant from 4 to 1 and 2 to 3.
According to that, prove (a) and (b), and solve
for (c).

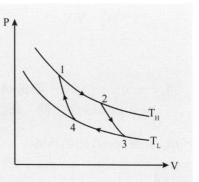

(a) $\dfrac{T_3}{T_2} = \left(\dfrac{P_3}{P_2}\right)^{(k-1)/k}$ 　　(b) $V_4 V_2 = V_1 V_3$

解析 (a)因2→3為等熵過程

$$\frac{T_3}{T_2} = \left(\frac{P_3}{P_2}\right)^{\frac{R}{C_p}} = \left(\frac{P_3}{P_2}\right)^{\frac{C_p - C_v}{C_p}} = \left(\frac{P_3}{P_2}\right)^{1 - \frac{1}{k}}$$

(b) $P_1 V_1 = P_2 V_2$ ....(1)

$$\left(\frac{P_3}{P_2}\right)^{\frac{1}{k}} = \left(\frac{V_2}{V_3}\right)$$

$P_3 V_3 = P_4 V_4$ ....(2)

$$\left(\frac{P_1}{P_4}\right)^{\frac{1}{k}} = \left(\frac{V_4}{V_1}\right)$$

由(1)÷(2)得 $\dfrac{P_2}{P_3} \dfrac{V_2}{V_3} = \dfrac{P_1}{P_4} \dfrac{V_1}{V_4}$

$$(\frac{V_3}{V_2})^k \frac{V_2}{V_3} = (\frac{V_4}{V_1})^k \frac{V_1}{V_4}$$

$$(\frac{V_3}{V_2})^{k-1} = (\frac{V_4}{V_1})^{k-1}$$

$$\frac{V_3}{V_2} = \frac{V_4}{V_1}$$

$$V_4 V_2 = V_3 V_1$$

4. 一Carnot Cycle，熱由400°C之Heat Reservoir傳入，傳出至200°C之 Heat Reservoir，問：此Cycle之效率為多少？

Hint：heat reservoir為熱儲

解析 $\eta = 1 - \dfrac{T_L}{T_H} = 1 - \dfrac{200 + 273}{400 + 273} = 1 - 0.703 = 0.297$

5. 一個Heat Engine，熱源由溫度是400°C之鍋爐傳入熱，作功後放出廢熱至200°C的環境中。理論上，這個cycle最大的效率是多少？

解析　$\eta = 1 - \dfrac{T_L}{T_H} = 1 - \dfrac{200 + 273}{400 + 273} = 1 - 0.703 = 0.297$

6. A Carnot power cycle receives 1000kJ of energy by heat transfer from a reservoir at 400°C and discharges energy by heat transfer to a reservoir at 200°C. What is the efficiency of the cycle?

解析　$\eta = 1 - \dfrac{T_L}{T_H} = 1 - \dfrac{200 + 273}{400 + 273} = 1 - 0.703 = 0.297$

7. 在1200°C和300°C間運轉的熱機(heat engine)。如果提供熱機的功率為200 kJ/s，請問下列何者為熱機的可能輸出功率？　(A)78 kW　(B)122 kW　(C)150 kW　(D)200 kW。（104中鋼）

解析　**AB**。

可算出卡諾循環熱效率 $\eta = 1 - \dfrac{T_L}{T_H} = 1 - \dfrac{300 + 273}{1200 + 273} = 1 - 0.39 = 0.61$

可得最大輸出功 w_{max}=200×0.61=122(kW)，

輸出功必小於最大輸出功，故選(A)(B)

8. 在一理想卡諾循環（Carnot Cycle）中，它於700°C熱儲體（Reservoir），獲得150kJ的熱（heat），另外它在25°C的熱沉（Heat Sink）處散熱。求：
(一)其在熱沉處之熵（entropy）的變化量。
(二)其熱力效率（thermodynamic efficiency）。（103高考）

解析　$\eta = \dfrac{w_{net}}{q_{in}} = \dfrac{q_{in} - q_{out}}{q_{in}} = \dfrac{150 - q_{out}}{150} = 1 - \dfrac{298}{973} = 0.694$

q_{out}=150－104.1=45.9(kJ)

$\Delta S = \dfrac{-45.9}{298} = -0.154(kJ\,/\,K)$

9. 若一卡諾（Carnot）引擎在溫度450°C及30°C間運轉，對外輸出500kJ之功，則所需輸入之熱量為多少kJ？（100經濟部）

解析　$\eta = \dfrac{w_{net}}{q_{in}} = \dfrac{500}{q_{in}} = 1 - \dfrac{303}{723} = 0.58$

　　　$q_{in} = 862.1(kJ)$

10. 下列有關卡諾定律與卡諾效率何者為真？　(A)最高效率　(B)不適用理想氣體　(C)只適用閉合系統　(D)高低溫槽傳熱量比值與高低溫槽絕對溫度比值其兩者比值相等。（104中鋼）

解析　**AC**。卡諾定律為最高效率，可適用於開放系統

11. 若有一熱機（Heat Engine），由1000°K之高溫熱源獲得500kJ之熱量，並將此熱量轉換成150kJ之淨功，餘熱則排放至750°K之低溫熱源，如右圖所示。

試以：

(一)克勞休斯不等式（The Clausius Inequality）

(二)卡諾原理（The Carnot Principe）

判斷其是否符合熱力學第二定律。（100經濟部）

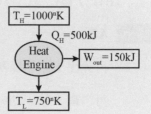

解析　(一) $\oint \dfrac{\delta Q}{T} = \dfrac{500}{1000} - \dfrac{350}{750} = 0.5 - 0.47 = 0.03 \geq 0$

　　　　不符合克勞修斯不等式

　　　(二) $\eta_{max} = 1 - \dfrac{T_L}{T_H} = 1 - \dfrac{750}{1000} = 0.25$

　　　　　$\eta = \dfrac{w_{net}}{q_{in}} = \dfrac{150}{500} = 0.3$

　　　　因 $\eta > \eta_{max}$，故此過程不可能發生

5-2 朗肯循環 ☆☆☆☆

> **考題方向** 在本節中，我們將介紹朗肯循環，包括基本朗肯循環、朗肯循環再發展、重熱朗肯循環，並學會計算熱機之熱效率。

一、朗肯循環

1→2 在鍋爐中**等壓加熱**

2→3 可逆絕熱膨脹

3→4 在凝結器中**等溫排熱**至飽和液狀態

4→1 可逆絕熱壓縮

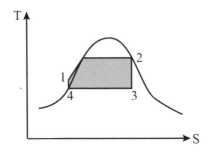

渦輪機作功：$w_{23} = h_2 - h_3$

泵輸入功：$v(P_1 - P_4)$

鍋爐吸熱：$h_2 - h_1$

循環熱效率：$\eta = \dfrac{w_{net}}{q_{in}} = \dfrac{h_2 - h_3 - v(P_1 - P_4)}{h_2 - h_1}$

試題觀摩

1. 一熱機操作於溫度為T_H的高溫熱庫與溫度為T_L的低溫熱庫之間。假設它的熱機效益為$1 - T_L/T_H$，下列何者正確？　(A)它的工作物質為理想氣體　(B)它是一台可逆的熱機　(C)它歷經一個準靜（quasi-static）過程　(D)它歷經一個奧圖循環（an Otto cycle）　(E)以上皆是。

解析 **B**。$\eta = 1 - \dfrac{T_L}{T_H}$，此為卡諾循環之熱效率，故為一台可逆熱機

2. 一座以朗肯循環運轉的蒸汽廠，鍋爐壓力1MPa，冷凝器壓力20kPa，試求此蒸汽廠的熱效率及比輸出功。假設蒸汽離開鍋爐時為飽和蒸汽。

解析　狀態2：1MPa，$h_2=2778.1kJ$，$s_2=6.5865kJ/kg\cdot K$

狀態3：$s_3=s_2=6.5865kJ/kg\cdot K$

20kPa，$6.5865=0.8320+x(7.0766)\Rightarrow x=0.813$

$h_3=251.4+0.813(2358.3)=2168.7(kJ/kg)$

狀態4：$h_4=251.4(kJ/kg)$

$w_{41}=v(P_1-P_4)=0.001(1000-20)=0.98(kJ/kg)$

$h_1=h_4+w_{41}=251.4+0.98=252.4(kJ/kg)$

$$\eta=\frac{w_{net}}{q_{in}}=\frac{h_2-h_3-v(P_1-P_4)}{h_2-h_1}=\frac{2778.1-2168.7-0.98}{2778.1-252.4}=\frac{608.4}{2525.7}=0.241$$

$w_{net}=608.4(kJ/kg)$

由例題7.1（h=0.265）及7.2（h=0.241）的結果比較可以得知在相同的鍋爐及冷凝器壓力下，卡諾循環的熱效率高於朗肯循環的熱效率。在狀態1的飽和水溫度低於鍋爐的飽和溫度，雖然朗肯循環的熱效率較低，但相對的，它的比輸出功有608 kJ/kg卻比卡諾循環的534 kJ/kg來得高，主要原因在於對朗肯循環而言，輸入泵的功為0.98 kJ/kg遠比卡諾循環中輸入到壓縮器的功為77 kJ/kg（請自己驗證此數據）來得小。

3. (1)蒸汽動力廠（Vapor Power Plant）常採用朗肯循環（Rankine Cycle）的設計而不使用效率較高的卡諾循環（Carnot Cycle），請說明其原因。

(2)為什麼在蒸汽動力循環時，我們常須將離開蒸汽渦輪（Steam Turbine）的水蒸氣冷卻成液態的水，然後再送到鍋爐加熱成蒸汽？請說明其原因。（鐵路）

解析 (1)由例題7.1（h=0.265）及7.2（h=0.241）的結果比較可以得知在相同的鍋爐及冷凝器壓力下，卡諾循環的熱效率高於朗肯循環的熱效率。

(2)在狀態1的飽和水溫度低於鍋爐的飽和溫度，雖然朗肯循環的熱效率較低，但相對的，它的比輸出功有608kJ/kg卻比卡諾循環的534kJ/kg來得高，主要原因在於對朗肯循環而言，輸入泵的功為0.98kJ/kg遠比卡諾循環中輸入到壓縮器的功為77kJ/kg（請自己驗證此數據）來得小。

4. 一以蒸氣為工作流質（working medium）的蒸汽動力循環，於10MPa及20kPa之壓力區間操作，其工質之性質列於下表；若此蒸汽動力循環為理想朗肯循環（ideal Rankine cycle）時，試求：

(一)繪製此循環之溫度-熵（T-s）循環曲線圖

(二)其渦輪機所作之功（kJ/kg）

(三)冷凝器之放熱量（kJ/kg）

(四)此蒸汽動力循環之淨功（kJ/kg）

飽和蒸汽性質表

Press.(MPa)	Temp.(℃)	v, m³/kg	u, kJ/kg	h, kJ/kg	s, kJ/kg-K
10	Sat. 311.00	0.018028	2545.2	2725.5	5.6159

飽和狀態性質表

Press.(kPa)	Temp.(℃)	Specific volume, m³/kg		Internal energy, kJ/kg		Enthalpy, kJ/kg		Entropy, kJ/kg-K	
		v_f	v_g	u_f	u_g	h_f	h_g	s_f	s_g
10	45.81	0.001010	14.670	191.79	2437.2	191.81	2583.9	0.6492	8.1488
20	60.06	0.001017	7.6481	251.40	2456.0	251.42	2608.9	0.8320	7.9073

解析 （一）

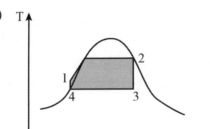

(二)狀態2：10MPa，$h_2 = 2725.5 kJ/kg$，$s_2 = 5.616 kJ/kg \cdot K$

　　狀態3：$s_3 = s_2 = 5.616 kJ/kg \cdot K$

　　　　　20kPa，$5.616 = 0.8320 + x(7.0753) \Rightarrow x = 0.676$

　　　　　$h_3 = 251.4 + 0.676(2357.7) = 1845.2 (kJ/kg)$

　　狀態4：$h_4 = 251.4 (kJ/kg)$

　　　　　$w_{41} = v(P_1 - P_4) = 0.001(10000 - 20) = 9.98 (kJ/kg)$

　　　　　$h_1 = h_4 + w_{41} = 251.4 + 9.98 = 261.38 (kJ/kg)$

　　　　　$\eta = \dfrac{w_{net}}{q_{in}} = \dfrac{h_2 - h_3 - v(P_1 - P_4)}{h_2 - h_1} = \dfrac{2725.5 - 1845.2 - 9.98}{2725.5 - 261.38}$

　　　　　$= \dfrac{870.32}{2464.12} = 0.353$

　　　　　$w_{tur} = h_2 - h_3 = 880.3 (kJ/kg)$

(三)$q_{condenser} = h_3 - h_4 = 1593.8 (kJ/kg)$

(四)$w_{net} = 870.32 (kJ/kg)$

5. 現在的蒸氣發電廠主要以朗肯循環（Rankine Cycle）為主，其以水為工作流體，包括有鍋爐（Boiler）、渦輪機（Turbine）、冷凝器（Condenser）、泵浦（Pump）等之循環流程示意圖如下所示。現鍋爐受到1800kJ/kg的熱傳量，而渦輪機所產生的功中的60%用來去驅動泵浦，且工作流體流經鍋爐

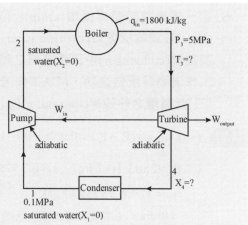

及冷凝器的前後並未產生壓力變化。根據這些條件（含下圖及下表），求出進入渦輪機前蒸氣溫度（T_3）及離開渦輪機後的蒸氣乾度（X_4）。

（100高考）

Saturated Steam	v_f (kg/m³)	v_g (kg/m³)	h_f (kJ/kg)	h_g (kJ/kg)	s_f (kJ/kg·K)	s_g (kJ/kg·K)
P=0.1kPa	0.001043	1.6940	417.46	2675.5	1.3026	7.3594
P= 5MPa	0.001286	0.03944	1154.23	2794.37	2.9202	5.9734

解析　5MPa飽和氣，h_3=2794.37(kJ/kg)，s_3=5.9734(kJ/kg·K)

$s_4 = s_3 = 5.9734$(kJ/kg·K)

0.1MPa，$5.9734 = 1.3026 + x(7.3594 - 1.3026)$

$4.6708 = x \cdot 6.0568 \Rightarrow x = 0.771$

h_4=417.46+0.771(2675.5－417.46)=2158.4(kJ/kg)

6. 在一簡單理想朗肯循環(simple ideal Rankine cycle)中，工作流體 (H_2O)在渦輪機進口(turbine inlet)之狀態為25bars之飽和蒸汽，而在凝結器(condenser)中工作流體之壓力為0.1bars，試求出(一)泵在壓縮工作流體時所做之功，(二)工作流體離開渦輪機之乾度(quality)，及(三)此循環之熱效率(thermal efficiency)（高考）

解析 (一) $w_{41} = v(P_1 - P_4) = 0.001(2500 - 10) = 2.49(kJ / kg)$

(二)$h_2 = 2803.1(kJ/kg)$，$s_2 = 6.2575(kJ/kg \cdot K)$

$s_3 = s_2 = 6.2575 kJ/kg \cdot K$

$10kPa$，$6.2755 = 0.6493 + x(8.1502 - 0.6493) \Rightarrow x = 0.75$

$h_3 = 191.83 + 0.75(2392.8) = 1986.43(kJ/kg)$

$h_4 = 191.83(kJ/kg)$

(三)$h_1 = h_4 + w_{41} = 191.83 + 2.49 = 194.32(kJ/kg)$

$$\eta = \frac{w_{net}}{q_{in}} = \frac{h_2 - h_3 - v(P_1 - P_4)}{h_2 - h_1} = \frac{2803.1 - 1986.43 - 2.49}{2803.1 - 194.32}$$

$$= \frac{814.18}{2608.78} = 0.312$$

Properties of saturated water: Pressure Table

(v, m³/kg; u, kJ/kg; h, kJ/kg; s, kJ/(kg·K); 1 bar＝0.1 MPa)										
Press., bars P	Temp., °C T	Specific Volume		Internal Energy		Enthalpy			Entropy	
		Sat. Liquid vf×10³	Sat. Vapor vt	Sat. Liquid uf	Sat. Vapor ug	Sat. Liquid hf	Evap. hfg	Sat. Vapor hg	Sat. Liquid sf	Sat. Vapor sg
.040	28.96	1.0040	34.800	121.45	2415.2	121.46	2432.9	2554.4	.4226	8.4746
.060	36.16	1.0064	23.739	151.53	2425.0	151.33	2415.9	2567.4	.5210	8.3304
.080	41.51	1.0084	18.103	173.87	2432.2	173.88	2403.1	2577.0	.5926	8.2287
0.10	45.81	1.0102	14.674	191.82	2437.9	191.83	2392.8	2584.7	.6493	8.1502
0.20	60.06	1.0172	7.649	251.38	2456.7	251.40	2358.3	2609.7	.8320	7.9085
0.30	69.10	1.0223	5.229	289.20	2468.4	289.23	2336.1	2625.3	.9439	7.7686
0.40	75.87	1.0265	3.993	317.53	2477.0	317.58	2319.2	2636.8	1.0259	7.6700
0.50	81.33	1.0300	3.240	340.44	2483.9	340.49	2305.4	2645.9	1.0910	7.5939
0.60	85.94	1.0331	2.732	359.79	2489.6	359.86	2293.6	2653.5	1.1453	7.5320
0.70	89.95	1.0360	2.365	376.63	2494.5	376.70	2283.3	2660.0	1.1919	7.4797
0.80	93.50	1.0380	2.087	391.58	2498.8	391.66	2274.1	2665.8	1.2329	7.4346
0.90	96.71	1.0410	1.869	405.06	2502.6	405.15	2265.7	2670.9	1.2695	7.3949
1.00	99.63	1.0432	1.694	417.36	2506.1	417.46	2258.0	2675.5	1.3026	7.3594
1.50	111.4	1.0528	1.159	466.94	2519.7	467.11	2226.5	2693.6	1.4336	7.2233
2.00	120.2	1.0605	0.8857	504.49	2529.5	504.70	2201.9	2706.7	1.5301	7.1271

(v, m³/kg; u, kJ/kg; h, kJ/kg; s, kJ/(kg・K); 1 bar＝0.1 MPa)									
Press., bars P	Temp., °C T	Specific Volume		Internal Energy		Enthalpy			Entropy	
		Sat. Liquid vf×10³	Sat. Vapor vt	Sat. Liquid uf	Sat. Vapor ug	Sat. Liquid hf	Evap. hfg	Sat. Vapor hg	Sat. Liquid sf	Sat. Vapor sg
2.50	127.4	1.0672	0.7187	535.10	2537.2	535.37	2171.5	2716.9	1.6072	7.0527
3.00	133.6	1.0732	0.6058	561.15	2543.6	561.47	2163.8	2725.3	1.6718	6.9919
3.50	138.9	1.0786	0.5243	583.95	2546.9	584.33	2148.1	2732.4	1.7275	6.9405
4.00	143.6	1.0836	0.4625	604.31	2553.6	604.74	2133.8	2738.6	1.7766	6.8959
4.50	147.9	1.0882	0.4140	622.25	2557.6	623.25	2120.7	2743.9	1.8207	6.8565
5.00	151.9	1.0926	0.3749	639.68	2561.2	640.23	2108.5	2748.7	1.8607	6.8212
6.00	158.9	1.1006	0.3157	669.90	2567.4	670.56	2086.3	2756.8	1.9312	6.7600
7.00	165.0	1.1080	0.2729	696.44	2572.5	697.22	2066.3	2763.5	1.9922	6.7080
8.00	170.4	1.1148	0.2404	720.22	2576.8	721.11	2048.0	2769.1	2.0462	6.6628
9.00	175.4	1.1212	0.2150	741.83	2580.5	742.83	2031.1	2773.9	2.0946	6.6226
10.0	179.9	1.1273	0.1944	761.68	2583.6	762.81	2015.3	2778.1	2.1387	6.5863
15.0	198.3	1.1539	0.1318	843.16	2594.5	844.84	1947.3	2792.2	2.3150	6.4448
20.0	212.4	1.1767	0.09963	906.44	2600.3	908.79	1890.7	2799.5	2.4474	6.3409
25.0	224.0	1.1973	0.07998	959.11	2603.1	962.11	1841.0	2803.1	2.5547	6.2575
30.0	233.9	1.2165	0.06668	1004.8	2604.1	1008.4	1795.7	2804.2	2.6457	6.1869
35.0	242.6	1.2347	0.05707	1045.4	2603.7	1049.8	1753.7	2803.4	2.7253	6.1253
40.0	250.4	1.2522	0.04978	1082.3	2602.3	1087.3	1714.1	2801.4	2.7964	6.0701
45.0	257.5	1.2692	0.04406	1116.2	2600.1	1121.9	1676.4	2798.3	2.8610	6.0199
50.0	264.0	1.2859	0.03944	1147.8	2597.1	1154.2	1640.1	2794.3	2.9202	5.9734

7. 考慮以水蒸汽為工作流體且無過熱(Superheating)的朗肯循環(Rankine cycle)。如圖所示，鍋爐(Boiler)的壓力為45bar，冷凝器(Condenser)的壓力為0.06bar，假設輪機(Turbine)及泵(Pump)的等熵效率(Isentropic efficiency)各為0.9及0.6。如果此循環的淨輸出功為100MW，試求：

(一)此循環的熱效率。

(二)水蒸汽的質量流率(kg/h)。

(三)鍋爐給工作流體的熱傳率(MW)。

飽和H_2O的性質(下標f代表水，g代表水蒸汽)

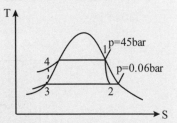

壓力 (bar)	溫度 (°C)	比容(m³/kg)		焓(kJ/kg)		熵(kJ/kg°K)	
P	T	v_f	v_g	H_f	H_g	S_f	S_g
0.06	36.16	0.0010064	23.739	151.53	2567.4	0.5210	8.3304
45	257.5	0.001269	0.04406	1121.9	2798.3	2.8610	6.0199

解析 $h_1 = 2798.3(kJ/kg)$，$s_2 = s_1 = 6.0199(kJ/kg \cdot K)$

$6.0199 = 0.5210 + x(8.3301 - 0.5210)$

$5.4989 = 7.8094x \Rightarrow x = 0.704$

$h_2 = 151.53 + 0.704 \times (2567.4 - 151.53) = 1852.3(kJ/kg)$

$w_{out} = 2798.3 - 1852.3 = 946(kJ/kg)$

$w_{out'} = 0.9 \times 946 = 851.4(kJ/kg)$

$h_{2'} = 2798.3 - 851.4 = 1946.9(kJ/kg)$

$h_3 = 151.53(kJ/kg)$

$w_{in} = 0.001(4500 - 6) = 4.494(kJ/kg)$

$w_{in'} = \dfrac{4.494}{0.6} = 7.49(kJ/kg)$

$h_{4'} = 151.53 + 7.49 = 159.02(kJ/kg)$

（一）$\eta = \dfrac{w_{net}}{q_{in}} = \dfrac{851.4 - 7.49}{2798.3 - 159.02} = \dfrac{843.91}{2639.28} = 0.32$

（二）$\dot{W}_{net} = \dot{m}w_{net} = 843.91\dot{m} = 100000 \Rightarrow \dot{m} = 118.5(kg/s)$

（三）$\dot{Q}_{in} = \dot{m}q_{in} = 118.5 \times 2639.28 = 312.75(MW)$

---

8. 針對理想的Rankine Cycle（如圖）而言，下列敘述何者正確？　(A)2-3為等容過程　(B)3-4是等壓過程　(C)渦輪作正功　(D)幫浦作正功。
（104中鋼）

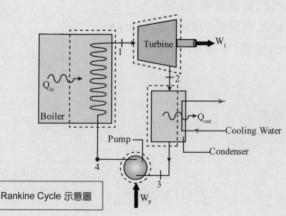

Rankine Cycle 示意圖

解析　**C**。(A) 2→3等溫排熱
　　　(B) 3→4等熵壓縮
　　　(D) pump作負功
$$\left(\frac{\partial v}{\partial T}\right)_P = -\left(\frac{\partial s}{\partial P}\right)_T$$

二、紐可門蒸氣機

紐可門是英國工程師，蒸氣機發明人之一。1663年生於達特茅斯一個商人家庭，1729年在倫敦去世。紐可門幼年僅受過初等教育，少年時代做過鍛工。17世紀80年代與卡利合夥經營鐵器，後來共同研製蒸氣機，並於1705年取得「冷凝進入活塞下部的蒸氣和把活塞與連桿聯接以產生運動」的專利權。

此後，紐可門繼續改進蒸氣機，於1712年首次製成可供實用的大氣式蒸氣機，被稱為紐可門蒸氣機。這台蒸氣機的汽缸活塞直徑為30.48厘米，每分鐘往復12次，功率為5.5馬力。但熱效率低，燃料消耗量很大，僅適用於煤礦等燃料充足的地方。

紐可門蒸氣機被廣泛應用了60多年，在瓦特改善蒸氣機的發明後很長時間還在使用。紐可門蒸氣機是第一個實用的蒸氣機，也為後來蒸氣機的發展奠定了基礎。

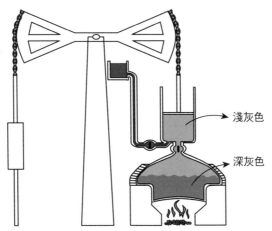

淺灰色

深灰色

Newcomen steam engine (atmospheric engine)
–蒸氣為淺灰色，液態水為深灰色

三、朗肯循環再發展

狀態2的過熱溫度愈高，狀態3就愈乾燥！

狀態2也不可超過600°C，否則一般輪機無法承受！

目前使用石化燃料的動力廠大多以565°C的過熱
溫度運轉。

$w_{23} = h_2 - h_3$

$w_{net} = w_{23} + w_{41}$，典型的蒸氣動力廠$|w_{41}| < 0.01 w_{23}$

$\therefore w_{net} = w_{23}$，$h_1 \approx h_4 \Rightarrow q_{12} = h_2 - h_1 = h_2 - h_4$

$\eta = \dfrac{w_{net}}{q_{in}} = \dfrac{h_2 - h_3}{h_2 - h_4}$

試題觀摩

1. 一蒸汽動力廠離開鍋爐的蒸汽壓力為1MPa，溫度300°C，若冷凝器
壓力20kPa，試求此蒸汽廠的熱效率及比輸出功。假設提供給泵的功
可忽略。

解析

$\begin{cases} 1MPa \\ 300°C \end{cases} \Rightarrow h_2 = 3051.2 kJ/kg, s_2 = 7.1229 kJ/kg \cdot K = s_3$

$20kPa：7.1229 = 0.8320 + x(7.0766) \Rightarrow x = 0.889$

$h_3 = 251.4 + 0.889 \times 2358.3 = 2347.9 kJ/kg$

$h_4 = 251.4 (kJ/kg)$

$\eta = \dfrac{w_{net}}{q_{in}} = \dfrac{h_2 - h_3}{h_2 - h_4} = \dfrac{3051.2 - 2347.9}{3051.2 - 251.4} = 0.251$

本例題$\eta = 0.251$高於例題5.2，$\eta = 0.241$，且

本例題$w_{net} = 703.3$ kJ/kg 高於例題5.2，$w_{net} = 608.4$ kJ/kg。

2. 一簡單水蒸汽動力廠，在穩態穩流下，其主要設備進出口壓力、溫度或乾度(Quality)狀態如圖所示。已知$h_2 = 3002.5$kJ/kg、$h_4 = 188.5$kJ/kg，試求下列熱傳量或功：(計算至小數點後第1位，以下四捨五入)

(一)鍋爐與渦輪機間管線的熱傳量(kJ/kg)。

(二)渦輪機所做的功(kJ/kg)。

(三)冷凝器中的熱傳量(kJ/kg)。

(四)鍋爐中的熱傳量(kJ/kg)。　〔103經濟部第6題〕

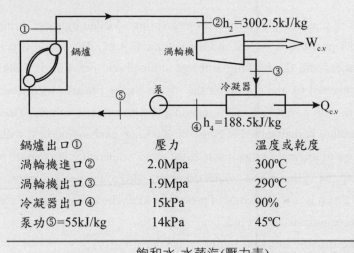

鍋爐出口①	壓力	溫度或乾度
渦輪機進口②	2.0Mpa	300°C
渦輪機出口③	1.9Mpa	290°C
冷凝器出口④	15kPa	90%
泵功⑤=55kJ/kg	14kPa	45°C

飽和水-水蒸汽(壓力表)

壓力 (kPa)	飽和溫度 (°C)	比容v(m³/kg)		比內能u(kJ/kg)		比焓h(kJ/kg)	
		v_f	v_g	u_f	u_g	h_f	h_g
15	53.97	0.001	10	225.9	2448.7	226	2599.1

過熱水蒸汽

2.0MPa(飽和溫度212.42°C)			
飽和溫度(°C)	比容v(m³/kg)	比內能u(kJ/kg)	比焓h(kJ/kg)
300	0.1255	2772.6	3023.5
400	0.1512	2945.2	3247.6

解析　$h_3 = 226 + 0.9(2599.1 - 226) = 2361.79 (kJ/kg)$

$h_1 = 3023.5 (kJ/kg)$

$h_5 = 188.5 + 5.5 = 194 (kJ/kg)$

(一)$h_2 - h_1 = 3002.5 - 3023.5 = -21 (kJ/kg)$

(二)$h_2 - h_3 = 3002.5 - 2361.79 = 640.71 (kJ/kg)$

(三)$h_3 - h_4 = 2361.79 - 188.5 = 2173.29 (kJ/kg)$

(四)$h_1 - h_5 = 3023.5 - 194 = 2829.5 (kJ/kg)$

3. Steam is supplied to a turbine from a spring –loaded cylinder. Initially, the cylinder pressure is 10 MP and the volume is 4 m³. The piston is considered weightless and the backing ambient atmospheric pressure is 100kPa. The force exerted by the spring on the piston varies linearly with the cylinder volume, with a zero value corresponding to zero cylinder volume. The cylinder temperature is maintained at constant 400°C by exchanging heat with a large reservoir of thermal energy that is at the same temperature. A pressure regulator between the cylinder and cylinder drops to 1MPa, the process stops. The turbine exhaust is to a condenser of pressure 5 kPa. The turbine may be considered reversible and adiabatic. Find

(a) The turbine exhaust temperature (or quality).

(b) The total work output of the turbine.

(c) The total heat transfer to the cylinder.

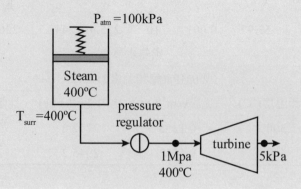

解析 (a)狀態1：1MPa，400°C

$h_1 = 3264.5(kJ/kg)$，$s_1 = 7.467(kJ/kg\cdot K)$

狀態2：5kPa

$s_2 = 7.467 = 0.4762 + x \cdot 7.9176 \Rightarrow x = 0.883$

$h_2 = 137.75 + 0.883 \times 2423 = 2277.26(kJ/kg)$

(b)又初始狀態水蒸氣比容為v=0.026436(m³/kg)，

可估算水蒸氣質量 $m = \dfrac{4}{0.026436} = 151.31(kg)$

可算出渦輪機作功W $= 151.31(3264.5 - 2277.26) = 149379.28(kJ)$

(c)汽缸裝置為等溫過程

$$W = \int_1^2 PdV = \int_1^2 \frac{P_1V_1}{V}dV = P_1V_1 \ln\frac{V_2}{V_1} = 10000 \times 4\ln 10 = 40000 \times 2.3 = 92000(kJ)$$

$$Q - W = 0 \Rightarrow Q - 92000 = 0 \Rightarrow Q = 92000(kJ)$$

TABLE A–5

Saturated water—Pressure table

Press., P kPa	Sat. temp., T_{sat} °C	Specific volume, m³/kg Sat. liquid, v_f	Sat. vapor, v_g	Internal energy, kJ/kg Sat. liquid, u_f	Evap., u_{fg}	Sat. vapor, u_g	Enthalpy, kJ/kg Sat. liquid, h_f	Evap., h_{fg}	Sat. vapor, h_g	Entropy, kJ/kg · K Sat. liquid, s_f	Evap., s_{fg}	Sat. vapor, s_g
1.0	6.97	0.001000	129.19	29.302	2355.2	2384.5	29.303	2484.4	2513.7	0.1059	8.8690	8.9749
1.5	13.02	0.001001	87.964	54.686	2338.1	2392.8	54.688	2470.1	2524.7	0.1956	8.6314	8.8270
2.0	17.50	0.001001	66.990	73.431	2325.5	2398.9	73.433	2459.5	2532.9	0.2606	8.4621	8.7227
2.5	21.08	0.001002	54.242	88.422	2315.4	2403.8	88.424	2451.0	2539.4	0.3118	8.3302	8.6421
3.0	24.08	0.001003	45.654	100.98	2306.9	2407.9	100.98	2443.9	2544.8	0.3543	8.2222	8.5765
4.0	28.96	0.001004	34.791	121.39	2293.1	2414.5	121.39	2432.3	2553.7	0.4224	8.0510	8.4734
5.0	32.87	0.001005	28.185	137.75	2282.1	2419.8	137.75	2423.0	2560.7	0.4762	7.9176	8.3938
7.5	40.29	0.001008	19.233	168.74	2261.1	2429.8	168.75	2405.3	2574.0	0.5763	7.6738	8.2501
10	45.81	0.001010	14.670	191.79	2245.4	2437.2	191.81	2392.1	2583.9	0.6492	7.4996	8.1488
15	53.97	0.001014	10.020	225.93	2222.1	2448.0	225.94	2372.3	2598.3	0.7549	7.2522	8.0071

TABLE A–6

Superheated water (Concluded)

T °C	v m³/kg	u kJ/kg	h kJ/kg	s kJ/kg K
	P = 1.00 MPa (179.88°C)			
Sat.	0.19437	2582.8	2777.1	6.5850
200	0.20602	2622.3	2828.3	6.6956
250	0.23275	2710.4	2943.1	6.9265
300	0.25799	2793.7	3051.6	7.1246
350	0.28250	2875.7	3158.2	7.3029
400	0.30661	2957.9	3264.5	7.4670
500	0.35411	3125.0	3479.1	7.7642
600	0.40111	3297.5	3698.6	8.0311
700	0.44783	3476.3	3924.1	8.2755
800	0.49438	3661.7	4156.1	8.5024
900	0.54083	3853.9	4394.8	8.7150
1000	0.58721	4052.7	4640.0	8.9155
1100	0.63354	4257.9	4891.4	9.1057
1200	0.67983	4469.0	5148.9	9.2866
1300	0.72610	4685.8	5411.9	9.4593

TABLE A–6

Superheated water (Continued)

T °C	v m³/kg	u kJ/kg	h kJ/kg	s kJ/kg·K	v m³/kg	u kJ/kg	h kJ/kg	s kJ/kg·K
	P = 9.0 MPa (303.35°C)				P = 10.0 MPa (311.00°C)			
Sat.	0.020489	2558.5	2742.9	5.6791	0.018028	2545.2	2725.5	5.6159
325	0.023284	2647.6	2857.1	5.8738	0.019877	2611.6	2810.3	5.7596
350	0.025816	2725.0	2957.3	6.0380	0.022440	2699.6	2924.0	5.9460
400	0.029960	2849.2	3118.8	6.2876	0.026436	2833.1	3097.5	6.2141
450	0.033524	2956.3	3258.0	6.4872	0.029782	2944.5	3242.4	6.4219
500	0.036793	3056.3	3387.4	6.6603	0.032811	3047.0	3375.1	6.5995
550	0.039885	3153.0	3512.0	6.8164	0.035655	3145.4	3502.0	6.7585
600	0.042861	3248.4	3634.1	6.9605	0.038378	3242.0	3625.8	6.9045
650	0.045755	3343.4	3755.2	7.0954	0.041018	3338.0	3748.1	7.0408
700	0.048589	3438.8	3876.1	7.2229	0.043597	3434.0	3870.0	7.1693
800	0.054132	3632.0	4119.2	7.4606	0.048629	3628.2	4114.5	7.4085
900	0.059562	3829.6	4365.7	7.6802	0.053547	3826.5	4362.0	7.6290
1000	0.064919	4032.4	4616.7	7.8855	0.058391	4029.9	4613.8	7.8349
1100	0.070224	4240.7	4872.7	8.0791	0.063183	4238.5	4870.3	8.0289
1200	0.075492	4454.2	5133.6	8.2625	0.067938	4452.4	5131.7	8.2126
1300	0.080733	4672.9	5399.5	8.4371	0.072667	4671.3	5398.0	8.3874

四、重熱朗肯循環

使離開輪機的蒸氣達到飽和氣，將狀態3再
進鍋爐第二次加熱

$2 \rightarrow 3$ 高壓膨脹

$3 \rightarrow 4$ 鍋爐再加熱

$4 \rightarrow 5$ 低壓膨脹

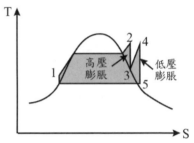

試題觀摩

1. The mass rate of flow into a steam turbine is 1.5 kg/s, and the heat transfer from the turbine is 8.5 kW. The following data in the right figure are known for the steam entering and leaving the turbine. Please determine the power output $\dot{W}_{C.V.}$ of the turbine by the 1st law of SSSF (steady state, steady flow) process:

$\dot{m}_i = 1.5 \text{kg/s}$
$P_i = 2\text{MPa}$
$T_i = 350^{\circ}C$
$V_i = 50\text{m/s}$
$Z_i = 6\text{m}$

$\dot{m}_e = 1.5 \text{kg/s}$
$P_e = 0.1\text{MPa}$
$T_e = 100\%$
$V_e = 200\text{m/s}$
$Z_e = 3\text{m}$

$$\dot{Q}_{C.V.} + \dot{m}_i \left[h_i + \frac{V_i^2}{2} + gZ_i \right] = \dot{m}_e \left[h_e + \frac{V_e^2}{2} + gZ_e \right] + \dot{W}_{C.V.}$$

解析 出口處為乾度100％飽和水蒸氣，壓力0.1MPa，查表得
$h_e = h_g = 2675.5(kJ/kg)$入口處為過熱水蒸氣，查表得$h_i = 3137(kJ/kg)$
依SSSF，

$$-8.5 + 1.5(3137 + \frac{50^2}{2 \times 1000} + \frac{9.8 \times 6}{1000}) = 1.5(2675.5 + \frac{200^2}{2 \times 1000} + \frac{9.8 \times 3}{1000}) + \dot{W}$$

$$-8.5 + 1.5(3137 + 1.25 + 0.0588) = 1.5(2675.5 + 20 + 0.0294) + \dot{W}$$

$$-8.5 + 4707.4632 = 4043.2941 + \dot{W}$$

$$\dot{W} = 655.67(kW)$$

Superheated Vapor

T	P＝.010MPa(45.81)				P＝.050MPa(81.33)				P＝.10MPa(99.63)			
	v	u	h	s	v	u	h	s	v	u	h	s
Sat.	14.674	2437.9	2584.7	8.1502	3.240	2483.9	2645.9	7.5939	1.6940	2506.11	2675.55	7.3591
50	14.869	2443.9	2592.6	8.1749								
100	17.196	2515.5	2687.5	8.4479	3.418	2511.6	2682.5	7.6947	1.6958	2506.7	2676.2	7.3614
150	19.512	2587.9	2783.0	8.6882	3.889	2585.6	2780.1	7.9401	1.9364	2582.8	2776.4	7.6134
200	21.825	2661.3	2879.5	8.9038	4.356	2659.9	2877.7	8.1580	2.172	2658.1	2875.3	7.8343
250	24.136	2736.0	2977.3	9.1002	4.820	2735.0	2976.0	8.3556	2.406	2733.7	2974.3	8.0333
300	26.445	2812.1	3076.5	9.2813	5.284	2811.3	3075.5	8.5373	2.639	2810.4	3074.3	8.2158
400	31.063	2968.9	3279.6	9.6077	6.209	2968.5	3278.9	8.8642	3.103	2967.9	3278.2	8.5435
500	35.679	3132.3	3489.1	9.8978	7.134	3132.0	3488.7	9.1546	3.565	3131.6	3488.1	8.8342
600	40.295	3302.5	3705.4	10.1608	8.057	3302.2	3705.1	9.4178	4.028	3301.9	3704.7	9.0976
700	44.911	3479.6	3928.7	10.4028	8.981	3479.4	3928.5	9.6599	4.490	3479.2	3928.2	9.3398
800	49.526	3663.8	4159.0	10.6281	9.904	3663.6	4158.9	9.8852	4.952	3663.5	4158.6	9.5652
900	54.141	3855.0	4396.4	10.8396	10.828	3854.9	4396.3	10.0967	5.414	3854.8	4396.1	9.7767
1000	58.757	4053.0	4640.6	11.0393	11.751	4052.9	4640.5	10.2964	5.875	4052.8	4640.3	9.9764
1100	63.372	4257.5	4891.2	11.2287	12.674	4257.4	4891.1	10.4859	6.337	4257.3	4891.0	10.1859
1200	67.987	4467.9	5147.8	11.4091	13.597	4467.8	5147.7	10.6662	6.799	4467.7	5147.6	10.3463
1300	72.602	4683.7	5409.7	11.5811	14.521	4683.6	5409.6	10.8382	7.260	4683.5	5409.5	10.5183

	P＝1.60MPa(201.41)				P＝1.80MPa(207.15)				P＝2.00MPa(212.42)			
Sat.	.12380	2596.0	2794.0	6.4218	.11042	2598.4	2797.1	6.3794	.09963	2600.3	2799.5	6.3409
225	.13287	2644.7	2857.3	6.5518	.11673	2636.6	2846.7	6.4808	.10377	2628.3	2835.8	6.4147
250	.14184	2692.3	2919.2	6.6732	.12497	2686.0	2911.0	6.6066	.11144	2679.6	2902.5	6.5453
300	.15862	2781.1	3034.8	6.8844	.14021	2776.9	3029.2	6.8226	.12547	2772.6	3023.5	6.7664
350	.17456	2866.1	3145.4	7.0694	.15457	2863.0	3141.2	7.0100	.13857	2859.8	3137.0	6.9563
400	.19005	2950.1	3254.2	7.2374	.16847	2947.7	3250.9	7.1794	.15120	2945.2	3247.6	7.1271
500	.2203	3119.5	3472.0	7.5390	.19550	3117.9	3469.8	7.4825	.17568	3116.2	3467.6	7.4317
600	.2500	3293.3	3693.2	7.8080	.2220	3292.1	3691.7	7.7523	.19960	3290.9	3690.1	7.7024
700	.2794	3472.7	3919.7	8.0535	.2482	3471.8	3918.5	7.9983	.2232	3470.9	3917.4	7.9487

（Unit of h: KJ/kg）

2. The following figure and table provides steady state operating data for a vapor power plant. The turbine and pump operate adiabatically. Determine (a) power output in kW, (b) the thermal efficiency of this plant.

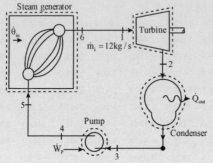

State	p	T(°C)	h(kJ/kg)
1	6MPa	500	3422.2
2	10kPa	---	1633.3
3	10kPa	Sat.	191.83
4	7.5MPa	---	199.4
5	7MPa	40	167.57
6	6MPa	550	3545.3

解析　(a) $\dot{m}w_{12} = \dot{m}(h_1 - h_2) = 12(3422.2 - 1633.3) = 12 \times 1788.9 = 21466.8 (kJ/s)$

(b) $\eta = \dfrac{w_{net}}{q_{in}} = \dfrac{h_1 - h_2 - (h_4 - h_3)}{h_6 - h_5} = \dfrac{1788.9 - (199.4 - 191.83)}{(3545.3 - 167.57)}$

$= \dfrac{1788.9 - 7.57}{3377.73} = \dfrac{1781.33}{3377.73} = 0.527$

3. A mass flow rate of 2.5 kg/s of steam enters a nozzle operating at steady state With P1=40 bar, T1=400 K, h1=3213.6kJ/kg and a velocity of 10 m/s. The flow through the nozzle neglect the heat transfer and potential energy change. At the exit, P2=15 bar and T2 is 280 K. h2 is 2992.5kJ/kg. Find the exit velocity in m/s and the produced thrust in lbf (1 N=0.2248 lbf)

Hint：nozzle為噴嘴，故出口處速度會變大

解析　$2.5(3213.6 + \dfrac{10^2}{2 \times 1000}) = 2.5(2992.5 + \dfrac{V_e^2}{2 \times 1000})$

$3213.6 + 0.05 = 2992.5 + \dfrac{V_e^2}{2000}$

$V_e = 665.1 \ (m/s)$

4. 水蒸汽流經nozzle，流量為2kg/s。

入口處u_1=2750.6kJ/kg，h_1=2850.1kJ/kg，高度60m，速度為50m/s；

出口處u_2=2627.2 kJ/kg，h_2=2671.7kJ/kg，高度30m。

假設沒有所有熱傳變化。出口處速度為多少m/s？

Hint：nozzle為噴嘴，故出口處速度會變大

解析　$$2(2850.1+\frac{50^2}{2\times1000}+\frac{9.8\times60}{1000})=2(2671.7+\frac{V_e^2}{2\times1000}+\frac{9.8\times30}{1000})$$

$$2850.1+1.25+0.588=2671.7+\frac{V_e^2}{2000}+0.294$$

V_e=600(m/s)

5. 水蒸汽流經nozzle，流量為2kg/s。

入口處u_1=2750.6kJ/kg，h_1=2850.1kJ/kg，速度為50m/s；

出口處u_2=2626.9 kJ/kg，h_2=2671.4kJ/kg。

忽略所有熱傳與位能變化。出口處速度為多少m/s？

Hint：nozzle為噴嘴，故出口處速度會變大

解析　$$2(2850.1+\frac{50^2}{2\times1000})=2(2671.4+\frac{V_e^2}{2\times1000})$$

$$2850.1+1.25=2671.4+\frac{V_e^2}{2000}$$

V_e=600(m/s)

6. 空氣以100m/s之速度，於700kPa，600K狀態下進入一絕熱噴嘴(adiabatic nozzle)，噴嘴之進出口面積比為2：1，空氣離開噴嘴速度為450m/s。請問：

(一)空氣出口溫度(K)？

(二)空氣出口壓力？（高考）

Hint：設空氣C_p=1.0035(kJ/kg·K)

解析　$(1.0035 \times 600 + \dfrac{100^2}{2 \times 1000}) = (1.0035 \times T_e + \dfrac{450^2}{2 \times 1000})$

$(602.1 + 5) = (1.0035T_e + 101.25) \Rightarrow T_e = 504.1(K)$

$$\frac{T_2}{T_1} = \left(\frac{P_2}{P_1}\right)^{\frac{R}{C_p}} = \left(\frac{P_2}{P_1}\right)^{\frac{C_p - C_v}{C_p}} = \left(\frac{P_2}{P_1}\right)^{1-\frac{1}{k}}$$

$$\frac{504.1}{600} = \left(\frac{P_2}{700}\right)^{1-\frac{1}{1.4}} \Rightarrow P_2 = 380.52(kPa)$$

7. As shown in Fig. below, air enters the diffuser of a jet engine operating at steady state at 18 kPa, 216 K and a velocity of 265 m/s, all data corresponding to high-altitude flight. The air flows adiabatically through the diffuser and achieves a temperature of 250 K at the diffuser exit. Using the ideal gas model for air, determine the velocity of the air the diffuser exit, in m/s.

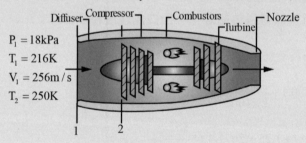

Diffuser　Compressor　Combustors　Turbine　Nozzle

$P_1 = 18kPa$
$T_1 = 216K$
$V_1 = 256m/s$
$T_2 = 250K$

1　2

Hint：diffuser為擴散器，故出口處速度會變小

解析　因為絕熱過程，空氣動能的減少量轉變為焓

$$h_e - h_i = \frac{V_i^2}{2 \times 1000} - \frac{V_e^2}{2 \times 1000} = C_p(T_e - T_i)$$

查表得空氣之 $C_p = 1.005(kJ/kg \cdot K)$

$$h_e - h_i = \frac{265^2}{2 \times 1000} - \frac{V_e^2}{2 \times 1000} = 1.005(250 - 216)$$

$$35.1125 - \frac{V_e^2}{2000} = 34.17 \Rightarrow V_e = 43.42(m/s)$$

8. What is the working fluid in an ideal Rankine cycle as shown below. The net power output of the cycle is 100 MW. Determine for the cycle.

(1)the mass flow rate of water, in kg/sec.

(2)the rate of heat transfer to the working fluid passing through the boiler, in kW.

(3)the rate of heat transfer to the working fluid passing through the condenser, in kW.

(4)the thermal efficiency.

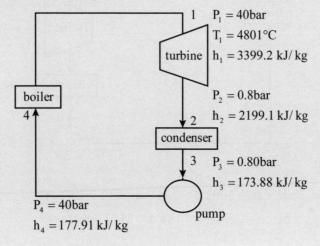

$P_1 = 40bar$
$T_1 = 4801°C$
$h_1 = 3399.2 \text{ kJ/kg}$

$P_2 = 0.8bar$
$h_2 = 2199.1 \text{ kJ/kg}$

$P_3 = 0.80bar$
$h_3 = 173.88 \text{ kJ/kg}$

$P_4 = 40bar$
$h_4 = 177.91 \text{ kJ/kg}$

解析

(1) $\dot{W}_{net} = \dot{m}(h_1 - h_2) - \dot{m}(h_4 - h_3)$

$100000 = \dot{m}(3399.2 - 2199.1) - \dot{m}(177.91 - 173.88)$

$100000 = \dot{m}(1200.1) - \dot{m}(4.03) = 1196.07\dot{m}$

$\dot{m} = 83.6(\text{kg/s})$

(2) $\dot{Q}_{in} = \dot{m}(h_1 - h_4) = 83.6(3399.2 - 177.91) = 269300(\text{kW})$

(3) $\dot{Q}_{out} = \dot{m}(h_2 - h_3) = 83.6(2199.1 - 173.88) = 169308.4(\text{kW})$

(4) $\eta = \dfrac{w_{net}}{q_{in}} = \dfrac{100000}{269300} = 0.371$

9. Consider the simple steam power plant as shown. Determine the following quantities per kilogram flowing through the unit.

(1) Turbine work

(2) Heat transfer in condenser

State 1：P＝1.9MPa，T＝290°C，h＝3002.5kJ/kg.

State 2：P＝15kPa，h＝2361.8kJ/kg.

State 3：P＝14kPa，T＝45°C，h＝188.5kJ/kg.

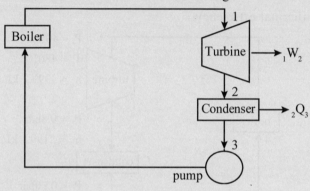

解析 (1)$w_{out}＝h_1－h_2＝3002.5－2361.8＝640.7$(kJ/kg)

(2)$q_{out}＝h_2－h_3＝2361.8－188.5＝2173.3$(kJ/kg)

10. 一空氣壓縮機在穩態(steady state)下操作，已知進出口狀態如圖和熱傳率，求壓縮機所作之功？(假設空氣為理想氣體R＝287N.m/kg.K)

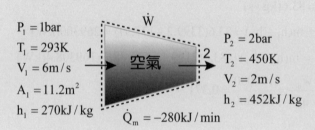

解析　由$Pv=RT \Rightarrow 100000v=287 \times 293$

$$\Rightarrow v = 0.841 \Rightarrow \rho = 1.19(kg/m^3)$$

可推估質量流率$\dot{m} = \rho VA = 1.19 \times 6 \times 11.2 = 80(kg/s)$

$$-\frac{280}{60} + 80(270 + \frac{6^2}{2 \times 1000}) = 80(452 + \frac{2^2}{2 \times 1000}) + \dot{W}$$

$$-4.67 + 80 \times 270.018 = 80 \times 452.002 + \dot{W}$$

$$-4.67 + 21601.44 = 36160.16 + \dot{W}$$

$$\dot{W} = -14563.39(kJ/s)$$

壓縮機需輸入功14563.39(kW)

---

11. Air expands through a turbine from $p_1 = 5bars$, $T_1 = 900K$ and $h_1 = 932.93kJ/kg$ to $p_2 = 1bar$, $T_2 = 600K$, $h_2 = 607.02$ kJ/kg. The mass flow rate of air is 10 kg/s. The inlet velocity is small compared to the exit velocity of 100 m/s. The turbine operates at steady state. Heat transfer between the turbine and its surroundings and potential energy effects are negligible. Calculate the power output of the turbine, in kW and the exit area, in m^2. (The molecular weight of air is 28.97. $\overline{R} = 8.314kJ/kmol.k$)

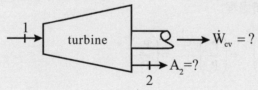

解析　(一)$10(932.93) = 10(607.02 + \frac{100^2}{2 \times 1000}) + \dot{W}$

$$9329.3 = 6120.2 + \dot{W} \Rightarrow \dot{W} = 3209.1(kW)$$

(二)取狀態2之理想氣體方程式$100V_2 = \frac{m}{28.97} \times 8.314 \times 600$

$$2897 = \rho_2 \times 8.314 \times 600 \Rightarrow \rho_2 = 0.58(kg/m^3)$$

$$10 = 0.58 \times 100 \times A_2 \Rightarrow A_2 = 0.1724(m^2)$$

12. Steam turbine，流量為20kg/s，功率10.8MW，忽略位能。入口處 $u_1 = 2850.6kJ/kg$，$h_1 = 3230.9kJ/kg$，速度為160m/s；出口處 $u_2 = 2496.2kJ/kg$，$h_2 = 2660.0kJ/kg$，速度為100m/s，此Steam turbine熱傳量變化為多少kJ/s？

解析

$$\dot{Q} + 20(3230.9 + \frac{160^2}{2 \times 1000}) = 20(2660 + \frac{100^2}{2 \times 1000}) + 10800$$

$$\dot{Q} + 64874 = 53300 + 10800$$

$$\dot{Q} = -774(kJ/s)$$

熱傳出系統774kW

13. 氬氣以2MPa，750°C狀態，150kg/min進入一絕熱氣渦輪機(adiabatic gas turbine)，其出口壓力為250kPa。如果某一渦輪機功率輸出為825kW，請問此渦輪機之等熵效率(isentropic efficiency)為何？

（高考）

註：氬氣之定壓比熱為 $C_p = 0.5203kJ/kgK$，定壓定容比熱比為 $C_p/C_V = 1.667$。

Hint：假設為等熵過程

解析

$$\frac{T_2}{T_1} = \left(\frac{P_2}{P_1}\right)^{\frac{R}{C_p}} = \left(\frac{P_2}{P_1}\right)^{\frac{C_p - C_v}{C_p}} = \left(\frac{P_2}{P_1}\right)^{1 - \frac{1}{k}}$$

$$\frac{T_2}{1023} = \left(\frac{250}{2000}\right)^{1 - \frac{1}{1.667}} \Rightarrow T_2 = 445.3(K)$$

$$\dot{W}_{rev} = \dot{m}C_p(T_1 - T_2) = 3 \times 0.5203(1023 - 445.3) = 901.732(kW)$$

$$\eta = \frac{825}{901.732} = 0.915$$

14. ※注意：比熱C_p＝1.099kJ/kg，C_v＝0.812kJ/kg及比熱比k＝1.354均
　　假設為常數。
　　速度很低的空氣以200kPa，1000K的狀態進入一個絕熱噴嘴，並以
　　100kPa的壓力流出噴嘴。假設噴嘴的等熵效率為92%，試求：
　　(一)出口可能達到的最大速度。
　　(二)空氣的實際出口溫度。
　　(三)空氣的實際出口速度。　（鐵路）

解析　$\dfrac{T_2}{T_1} = \left(\dfrac{P_2}{P_1}\right)^{\frac{R}{C_p}} = \left(\dfrac{P_2}{P_1}\right)^{\frac{C_p - C_v}{C_p}} = \left(\dfrac{P_2}{P_1}\right)^{1-\frac{1}{k}}$

$\dfrac{T_2}{1000} = \left(\dfrac{100}{200}\right)^{1-\frac{1}{1.354}} \Rightarrow T_2 = 835(K)$

因為絕熱過程，焓轉變為空氣動能的增加量

$h_i - h_e = \dfrac{V_e^2}{2\times1000} - \dfrac{V_i^2}{2\times1000} = C_p(T_i - T_e)$

查表得空氣之 $C_p = 1.099(kJ / kg \cdot K)$

(一) $h_i - h_e = \dfrac{V_e^2}{2\times1000} = 1.099(1000-835)$

$V_e = 602.22(m/s)$

(二) $0.92(T_i - T_e) = T_i - T_e'$

$0.92(1000-835) = 1000 - T_e' \Rightarrow T_e' = 848.2(K)$

(三) $h_i - h_e = \dfrac{V_e^2}{2\times1000} = 0.92\times1.099(1000-835)$

$V_e = 577.63(m/s)$

15. 壓力為7MPa溫度為500°C的蒸氣進入如下圖所示之兩級式絕熱(adiabatic)蒸氣渦輪機(Steam Turbine)，其中10%蒸氣在第一級渦輪尾端處被抽出，作為其他用途，該處的壓力為1MPa；其餘蒸氣則在第二級處繼續膨脹作功，而其出口壓力為50kPa。

(一) 若此整個過程是可逆(Reversible)，求此渦輪所作的功。

(二) 若渦輪機之絕熱效率(adiabatic efficiency)為88.1%，求此渦輪所作的功。 （103高考）

註：相關節點的性質可參酌下列兩蒸氣-水之性質表。

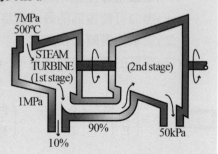

Superheated vapor	h(kJ/kg)	s(kJ/kg-K)
T.＝500°C，P＝7MPa	3410.3	6.974
T.＝200°C，P＝1MPa	2827.9	6.6939
T.＝250°C，P＝1MPa	2942.6	6.9246

Saturated Steam	v_f (m³/kg)	v_g (m³/kg)	h_f (kJ/kg)	h_g (kJ/kg)	s_f (kJ/kg-K)	s_g (kJ/kg-k)
P＝50kPa	0.001030	3.24034	340.47	2645.87	1.0910	7.5939

解析 $s_4=s_3=s_2=6.7974(kJ/kg\cdot K)$

由內插法可得 $\dfrac{h_3-2827.9}{2942.6-2872.9}=\dfrac{6.7974-6.6939}{6.9246-6.6939}$

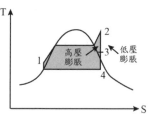

$\dfrac{h_3-2827.9}{69.7}=\dfrac{0.1035}{0.2307}\Rightarrow h_3=2859.17(kJ/kg)$

$6.7974=1.0910+x(7.5939-1.0910)\Rightarrow x=0.8775$

$h_4=340.47+0.8775(2645.87-340.47)=2363.46(kJ/kg)$

$w_{rev}=0.1(3410.3-2859.17)+0.9(2859.17-2363.46)$

$\quad=0.1\times551.13+0.9\times495.71=55.113+446.139=501.252(kJ/kg)$

$w_{88.1\%}=501.252\times0.881=441.6(kJ/kg)$

16. 一理想朗肯循環(Ideal Rankine Cycle)以水為工作流體。其鍋爐與冷凝器之操作溫度分別為310°C與50°C，該循環蒸汽進入渦輪機為飽和狀態，請計算：

(一)渦輪機產生之功

(二)循環熱效率。（103鐵路）

Saturated water-Temperature table

Temp., $T°C$	Sat. press., $P_{sa}kPa$	Specific volume. m^3/kg		Internal energy. kJ/kg			Enthalpy. kJ/kg			Entropy. $kJ/kg \cdot K$		
		Sat. liquid, v_f	Sat. vapor, v_g	Sat. liquid, u_f	Evap., u_{fg}	Sat. vapor, u_g	Sat. liquid, h_f	Evap., h_{fg}	Sat. vapor, h_g	Sat. liquid, s_f	Evap., s_{fg}	Sat. vapor, s_g
50	12.352	0.001012	12.026	209.33	2233.4	2442.7	209.34	2382.0	2591.3	0.7038	7.3710	8.0748
55	15.763	0.001015	9.5639	230.24	2219.1	2449.3	230.26	2369.8	2600.1	0.7680	7.2218	7.9898
60	19.947	0.001017	7.6670	251.16	2204.7	2455.9	251.18	2357.7	2608.8	0.8313	7.0769	7.9082
305	9209.4	0.001425	0.019932	1360.0	1195.9	2555.8	1373.1	1366.3	2739.4	3.3024	2.3633	5.6657
310	9865.0	0.001447	0.018333	1387.7	1159.3	2547.1	1402.0	1325.9	2727.9	3.3506	2.2737	5.6243
315	10.556	0.001472	0.016849	1416.1	1121.1	2537.2	1431.6	1283.4	2715.0	3.3994	2.1821	5.5816
320	11284	0.001499	0.015470	1445.1	1080.9	2526.0	1462.0	1238.5	2700.6	3.4491	2.0881	5.5372
325	12051	0.001528	0.014183	1475.0	1038.5	2513.4	1493.4	1191.0	2684.3	3.4998	1.9911	5.4908

解析

$h_2 = 2727.9(kJ/kg)$

$s_3 = s_2 = 5.6243(kJ/kg \cdot K)$

$50°C：5.6243 = 0.7038 + x(7.371) \Rightarrow x = 0.6675$

$h_3 = 209.34 + 0.6675 \times 2382 = 1799.325 kJ/kg$

$w_{out} = 2727.9 - 1799.325 = 928.575(kJ/kg)$

$h_4 = 209.34(kJ/kg)$

$q_{out} = h_3 - h_4 = 1799.325 - 209.34 = 1590(kJ/kg)$

$\eta = \dfrac{w_{net}}{q_{in}} = \dfrac{w_{out}}{w_{out} + q_{out}} = \dfrac{928.575}{928.575 + 1590} = \dfrac{928.575}{2518.575} = 0.3687$

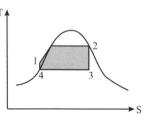

17. 在一個使用H_2O為工作流體之理想再加熱循環(ideal reheat cycle)中，工作流體在高壓渦輪機入口之狀態為30bars，400°C。蒸氣在高壓渦輪機內膨脹至7bars之後，被再加熱(reheated)至400°C，然後，在低壓渦輪機內膨脹至0.1bars，而後進入凝結器。試求出：

(一)高壓渦輪機之輸出功

(二)工作流體在再加熱時所吸收的熱量

(三)泵對工作流體所做之功

(四)工作流體在鍋爐中所吸收的熱量 （高考）

解析

$h_2 = 3230.9(kJ/kg)$

$h_3 = 2763.5(kJ/kg)$

$h_4 = 3268.7(kJ/kg)$

$h_5 = 2584.7(kJ/kg)$

$h_1 = 191.83(kJ/kg)$

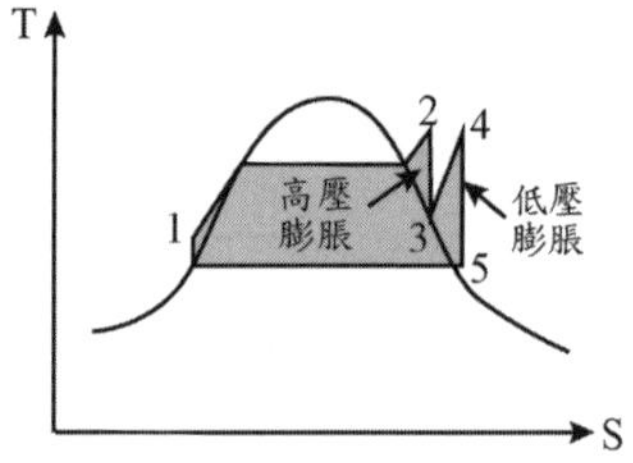

(一)$h_2 - h_3 = 3230.9 - 2763.5 = 467.4(kJ/kg)$

(二)$h_4 - h_3 = 3268.7 - 2763.5 = 505.2(kJ/kg)$

(三)$w_{in} = v_f(P_{1'} - P_1) = 0.001(3000 - 10) = 2.99(kJ/kg)$

(四)$h_{1'} = 191.83 + 2.99 = 194.82(kJ/kg)$

$q_{in} = h_2 - h_{1'} + h_4 - h_3 = 3230.9 - 194.82 + 505.2 = 3541.28(kJ/kg)$

Properties of saturated water: Pressure Table

		\multicolumn{8}{c}{(v, m³/kg; u, kJ/kg; h, kJ/kg; s, kJ/(kg·K); 1 bar=0.1 MPa)}
Press., bars P	Temp., °C T	\multicolumn{2}{c}{Specific Volume}		\multicolumn{2}{c}{Internal Energy}	\multicolumn{3}{c}{Enthalpy}
		Sat. Liquid $v_f \times 10^3$	Sat. Vapor v_t	Sat. Liquid u_f	Sat. Vapor u_g	Sat. Liquid h_f	Evap. h_{fg}	Sat. Vapor h_g	Sat. Liquid s_f
.040	28.96	1.0040	34.800	121.45	2415.2	121.46	2432.9	2554.4	.4226
.060	36.16	1.0064	23.739	151.53	2425.0	151.33	2415.9	2567.4	.5210
.080	41.51	1.0084	18.103	173.87	2432.2	173.88	2403.1	2577.0	.5926
0.10	45.81	1.0102	14.674	191.82	2437.9	191.83	2392.8	2584.7	.6493

The table also has an "Entropy" spanning header with columns: Sat. Liquid s_f and Sat. Vapor s_g with values:

Sat. Vapor s_g
8.4746
8.3304
8.2287
8.1502

(v, m³/kg; u, kJ/kg; h, kJ/kg; s, kJ/(kg·K); 1 bar＝0.1 MPa)									
Press., bars P	Temp., °C T	Specific Volume		Internal Energy		Enthalpy			Entropy	
		Sat. Liquid $v_f \times 10^3$	Sat. Vapor v_t	Sat. Liquid u_f	Sat. Vapor u_g	Sat. Liquid h_f	Evap. h_{fg}	Sat. Vapor h_g	Sat. Liquid s_f	Sat. Vapor s_g
0.20	60.06	1.0172	7.649	251.38	2456.7	251.40	2358.3	2609.7	.8320	7.9085
0.30	69.10	1.0223	5.229	289.20	2468.4	289.23	2336.1	2625.3	.9439	7.7686
0.40	75.87	1.0265	3.993	317.53	2477.0	317.58	2319.2	2636.8	1.0259	7.6700
0.50	81.33	1.0300	3.240	340.44	2483.9	340.49	2305.4	2645.9	1.0910	7.5939
0.60	85.94	1.0331	2.732	359.79	2489.6	359.86	2293.6	2653.5	1.1453	7.5320
0.70	89.95	1.0360	2.365	376.63	2494.5	376.70	2283.3	2660.0	1.1919	7.4797
0.80	93.50	1.0380	2.087	391.58	2498.8	391.66	2274.1	2665.8	1.2329	7.4346
0.90	96.71	1.0410	1.869	405.06	2502.6	405.15	2265.7	2670.9	1.2695	7.3949
1.00	99.63	1.0432	1.694	417.36	2506.1	417.46	2258.0	2675.5	1.3026	7.3594
1.50	111.4	1.0528	1.159	466.94	2519.7	467.11	2226.5	2693.6	1.4336	7.2233
2.00	120.2	1.0605	0.8857	504.49	2529.5	504.70	2201.9	2706.7	1.5301	7.1271
2.50	127.4	1.0672	0.7187	535.10	2537.2	535.37	2171.5	2716.9	1.6072	7.0527
3.00	133.6	1.0732	0.6058	561.15	2543.6	561.47	2163.8	2725.3	1.6718	6.9919
3.50	138.9	1.0786	0.5243	583.95	2546.9	584.33	2148.1	2732.4	1.7275	6.9405
4.00	143.6	1.0836	0.4625	604.31	2553.6	604.74	2133.8	2738.6	1.7766	6.8959
4.50	147.9	1.0882	0.4140	622.25	2557.6	623.25	2120.7	2743.9	1.8207	6.8565
5.00	151.9	1.0926	0.3749	639.68	2561.2	640.23	2108.5	2748.7	1.8607	6.8212
6.00	158.9	1.1006	0.3157	669.90	2567.4	670.56	2086.3	2756.8	1.9312	6.7600
7.00	165.0	1.1080	0.2729	696.44	2572.5	697.22	2066.3	2763.5	1.9922	6.7080
8.00	170.4	1.1148	0.2404	720.22	2576.8	721.11	2048.0	2769.1	2.0462	6.6628
9.00	175.4	1.1212	0.2150	741.83	2580.5	742.83	2031.1	2773.9	2.0946	6.6226
10.0	179.9	1.1273	0.1944	761.68	2583.6	762.81	2015.3	2778.1	2.1387	6.5863
15.0	198.3	1.1539	0.1318	843.16	2594.5	844.84	1947.3	2792.2	2.3150	6.4448
20.0	212.4	1.1767	0.09963	906.44	2600.3	908.79	1890.7	2799.5	2.4474	6.3409
25.0	224.0	1.1973	0.07998	959.11	2603.1	962.11	1841.0	2803.1	2.5547	6.2575
30.0	233.9	1.2165	0.06668	1004.8	2604.1	1008.4	1795.7	2804.2	2.6457	6.1869
35.0	242.6	1.2347	0.05707	1045.4	2603.7	1049.8	1753.7	2803.4	2.7253	6.1253
40.0	250.4	1.2522	0.04978	1082.3	2602.3	1087.3	1714.1	2801.4	2.7964	6.0701
45.0	257.5	1.2692	0.04406	1116.2	2600.1	1121.9	1676.4	2798.3	2.8610	6.0199
50.0	264.0	1.2859	0.03944	1147.8	2597.1	1154.2	1640.5	2794.3	2.9202	5.9734

Properties of water: Superheated-vapor Table

Temp., °C	v	u	h	s	v	u	h	s
	\multicolumn{8}{c}{(v, m³/kg; u,kJ/kg; h,kJ/kg; s, kJ/(kg・K))}
	\multicolumn{4}{c}{5.0 bars(0.50MPa)(T_{sat}＝151.86°C)}	\multicolumn{4}{c}{7.0 bars(0.70MPa)(T_{sat}＝164.97°C)}
Sat.	0.3749	2561.2	2748.7	6.8213	0.2729	2572.5	2763.5	6.7080
180	0.4045	2609.7	2812.0	6.9656	0.2847	2599.8	2799.1	6.7880
200	0.4249	2642.9	2855.4	7.0592	0.2999	2634.8	2844.8	6.8865
240	0.4646	2707.6	2939.6	7.2307	0.3292	2701.8	2932.2	7.0641
280	0.5034	2771.2	3022.9	7.3865	0.3574	2766.9	3017.1	7.2233
320	0.5416	2834.7	3105.6	7.5308	0.3852	2831.3	3100.9	7.3697
360	0.5796	2898.7	3188.4	7.6660	0.4126	2895.8	3184.7	7.5063
400	0.6173	2963.2	3271.9	7.7938	0.4397	2960.9	3268.7	7.6350
440	0.6548	3028.6	3356.0	7.9152	0.4667	3026.6	3353.3	7.7571
500	0.7109	3128.4	3483.9	8.0873	0.5070	3126.8	3481.7	7.9299
600	0.8041	3299.6	3701.7	8.3522	0.5738	3298.5	3700.2	8.1956
700	0.8969	3477.5	3925.9	8.5952	0.6403	3476.6	3924.8	8.4391
	\multicolumn{4}{c}{10.0 bars(1.0MPa)(T_{sat}＝179.91°C)}	\multicolumn{4}{c}{15.0 bars(1.5MPa)(T_{sat}＝198.32°C)}
Sat.	0.1944	2583.6	2778.1	6.5865	0.1318	2594.5	2792.2	6.4448
200	0.2060	2621.9	2827.9	6.6940	0.1325	2598.1	2796.8	6.4546
240	0.2275	2692.9	2920.4	6.8817	0.1483	2676.9	2899.3	6.6628
280	0.2480	2760.2	3008.2	7.0465	0.1627	2748.6	2992.7	6.8381
320	0.2678	2826.1	3093.9	7.1962	0.1765	2817.1	3081.9	6.9938
360	0.2873	2891.6	3178.9	7.3349	0.1899	2884.4	3169.2	7.1363
400	0.3066	2957.3	3263.9	7.4651	0.2030	2951.3	3255.8	7.2690
440	0.3257	3023.6	3349.3	7.5883	0.2160	3018.5	3342.5	7.3940
500	0.3541	3124.4	3478.5	7.7622	0.2352	3120.3	3473.1	7.5698
540	0.3729	3192.6	3565.6	7.8720	0.2478	3189.1	3560.9	7.6805
600	0.4011	3296.8	3697.9	8.0290	0.2668	3293.9	3694.0	7.8385
640	0.4198	3367.4	3787.2	8.1290	0.2793	3364.8	3783.8	7.9391
	\multicolumn{4}{c}{20.0 bars(2.0MPa)(T_{sat}＝212.42°C)}	\multicolumn{4}{c}{30.0 bars(3.0MPa)(T_{sat}＝233.90°C)}
Sat.	0.0996	2600.3	2799.5	6.3409	0.0667	2604.1	2804.2	6.1869
240	0.1085	2659.6	2876.5	6.4952	0.0682	2619.7	2824.3	6.2265
280	0.1200	2736.4	2976.4	6.6828	0.0771	2709.6	2941.3	6.4462
320	0.1308	2807.9	3069.5	6.8452	0.0850	2788.4	3043.4	6.6245
360	0.1411	2877.0	3159.3	6.9917	0.0923	2861.7	3138.7	6.7801
400	0.1512	2945.2	3247.6	7.1271	0.0994	2932.8	3230.9	6.9212
440	0.1611	3013.4	3335.5	7.2540	0.1062	3002.9	3321.5	7.0520
500	0.1757	3116.2	3467.6	7.4317	0.1162	3108.0	3456.5	7.2338
540	0.1853	3185.6	3556.1	7.5434	0.1227	3178.4	3546.6	7.3474
600	0.1996	3290.9	3690.1	7.7024	0.1324	3285.0	3682.3	7.5085
640	0.2091	3362.2	3780.4	7.8035	0.1388	3357.0	3773.5	7.6106
700	0.2232	3470.9	3917.4	7.9487	0.1484	3466.5	3911.7	7.7571

18. A steam power plant operates on the reheat Rankine cycle. Steam enters the high-pressure turbine at 10MPa and 550°C and leaves at 2.5MPa. Steam is then reheated at constant pressure to 450°C before it expands in the low-pressure turbine to 10kPa. The isentropic efficiencies of the turbines and pump are 85 percent and 90 percent, respectively. Steam leaves the condenser as a saturated liquid. Determine (a) the quality of the steam when it leaves the low-pressure turbine, (b) the net power output, and (c) the thermal efficiency.

Saturated water table (f: saturated liquid, g: saturated vapor)

P, kPa	v_f, m³/kg	v_g, m³/kg	h_f,kJ/kg	h_{fg}, kJ/kg	s_f, kJ/kg.K	s_{fg},kJ/kg.K
10	0.001010	14.670	191.81	2392.1	0.6492	7.4996

Superheated water table

P, kPa	T, °C	h, kJ/kg	s, kJ/kg.K
10	550	3502.0	6.7585
2.5	300	3009.6	6.6459
2.5	350	3127.0	6.8424
2.5	450	3351.6	7.1768

解析 (a)$h_2 = 3502$(kJ/kg)

$s_2 = 6.7585$(kJ/kg·K)$= s_3$

$$\frac{6.7585 - 6.6459}{6.8424 - 6.6459} = \frac{h_3 - 3009.6}{3127 - 3009.6}$$

$$\frac{0.1126}{0.1965} = \frac{h_3 - 3009.6}{117.4} \Rightarrow h_3 = 3076.87 (\text{kJ} / \text{kg})$$

$h_4 = 3351.6$(kJ/kg)　　$h_5 = 191.81 + 2392.1 = 2583.91$(kJ/kg)

$h_1 = 191.81$(kJ/kg)　　$w_{in} = 0.001(10000 - 10) \times \dfrac{1}{0.9} = 11.1 (\text{kJ} / \text{kg})$

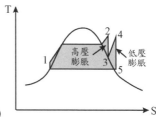

(b)$w_{net} = 0.85(3502 - 3076.87) + 0.85(3351.6 - 2583.91) - 11.1$

$\quad = 361.36 + 652.54 - 11.1 = 1002.8(kJ/kg)$

(c)$h_{3'} = 3502 - 361.36 = 3140.64(kJ/kg)$

$\quad h_{1'} = 191.81 + 11.1 = 202.91(kJ/kg)$

$\quad q_{in} = h_2 - h_{1'} + h_4 - h_{3'} = 3502 - 202.91 + 3351.6 - 3140.64$

$\quad\quad = 3510.05(kJ/kg)$

$$\eta = \frac{w_{net}}{q_{in}} = \frac{1002.8}{3510.05} = 0.2857$$

19. 試回答下列問題：

(一)請繪出理想朗肯循環（Rankine Cycle）之溫度-熵（T-S）圖（含過熱蒸汽段），標示各狀態點（各點以1、2、3、4表示），並說明各過程（Processes）所代表的意義（如4→1等容排熱）。

(二)請寫出朗肯循環各過程所對應的機械設備。

(三)請繪出再熱（Reheat）朗肯循環、再生（Regenerative）朗肯循環及超臨界（Supercritical）朗肯循環之溫度-熵（T-S）圖。

(四)請說明朗肯循環熱效率計算方法。　（105經濟部）

解析　(一)1→2 在鍋爐中等壓加熱

　　　2→3 可逆絕熱膨脹

　　　3→4 在凝結器中等溫排熱至飽和液狀態

　　　4→1 可逆絕熱壓縮

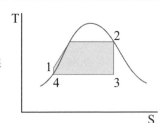

(二)1→2 鍋爐　　　2→3 膨脹閥

　　　3→4 凝結器　　4→1 泵

(三)再熱朗肯循環　　　　　　　　再生朗肯循環

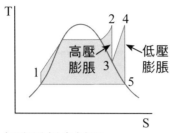 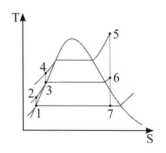

超臨界朗肯循環

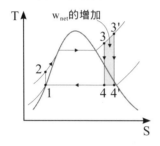

(四)渦輪機作功：$w_{23}=h_2-h_3$

泵輸入功：$v(P_1-P_4)$

鍋爐吸熱：h_2-h_1

循環熱效率：$\eta=\dfrac{w_{net}}{q_{in}}=\dfrac{h_2-h_3-v(P_1-P_4)}{h_2-h_1}$

第六章 蒸氣冷凍循環

6-1 逆卡諾循環 ☆☆☆

> **考題方向** 在本節中，我們將介紹逆卡諾循環，並學會計算冷機之性能係數。

冷凍循環（逆卡諾循環）

1→2 在壓縮機中絕熱壓縮
2→3 從凝結器中等溫排熱至外界
3→4 在膨脹器中絕熱膨脹
4→1 自冷凍空間（蒸發器）中等溫吸熱

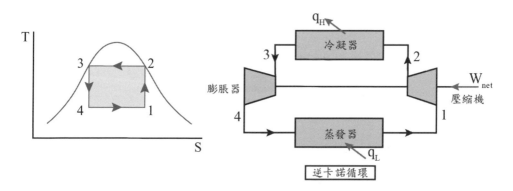

$$COP = \frac{\text{吸收的熱}}{\text{輸入淨功}} = \frac{q_L}{q_H - q_L} = \frac{T_L}{T_H - T_L}$$

試題觀摩

1. 欲使用熱泵(heat pump)來加熱某房屋，外面溫度為－1°C(零下1°C)，而房屋內之溫度欲維持於20°C。若房屋散失到外界的熱量為每小時120,000kJ求此熱泵所需之最小輸入功。（高考）

Hint：heat pump提供之熱量為每小時120000kJ

解析 $\text{COP} = \dfrac{\text{放出的熱}}{\text{輸入淨功}} = \dfrac{q_H}{q_H - q_L} = \dfrac{T_H}{T_H - T_L}$

$\dfrac{120000}{W} = \dfrac{273 + 20}{20 - (-1)} = 13.95 \Rightarrow W = 8602.15(\text{kJ} / \text{hr})$

2. An ideal vapor compression refrigeration cycle is shown in the figure. R-134a is the working fluid. The flow rate is 4.8kg/min. Find the refrigeration capacity in tones and 1.055kJ,1ton=220BTU/min

$T_1=0°C$,

$h_1=247.23Kj/kg$(sat.vap.)

$P_2=6.853$bar,

$h_2=267.4kJ/kg$

$T_3=26°C$,

$h_3=85.75Kj/kg$,(sat.liq.)

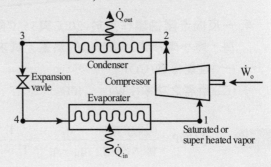

Hint：1BTU=1.0551kJ

解析 節流閥：$h_4 = h_3 = 85.75(\text{kJ/kg})$

蒸發器吸收的熱能 $= q_L = h_1 - h_4 = 247.23 - 85.75 = 161.48(\text{kJ/kg})$

$\dot{Q} = 161.48 \times \dfrac{1}{1.0551} \times 4.8 \times \dfrac{1}{200} = 3.673(\text{ton})$

3. 一冷凍機採用水冷式冷凝器排放廢熱，該系統從-10°C處以25,000 kJ/h速率吸收熱，工作流體(比熱為4.2kJ/kg °C)以14°C與0.8kg/s質量流率進入冷凝器。預估該冷凍機COP值為2.0，請決定：

(一)該冷凍機需輸入功率，以kW表示；

(二)工作流體離開冷凝器之溫度(°C)；

(三)該冷凍機最大可能之COP值。 〔103鐵路〕

解析 (一) $COP = \dfrac{吸收的熱}{輸入淨功} = \dfrac{q_L}{w_{net}} = \dfrac{25000}{w_{net}} = 2$

$w_{net} = 12500(kJ/h) = 3.47(kW)$

(二) $q_{out} = q_{in} + w_{net} = 25000 + 12500 = 37500(kJ/h)$

$37500 = 0.8 \times 3600 \times 4.2 \times (14 - T_{out}) \Rightarrow T_{out} = 10.9(°C)$

(三) $COP = \dfrac{吸收的熱}{輸入淨功} = \dfrac{q_L}{q_H - q_L} = \dfrac{T_L}{T_H - T_L} = \dfrac{263}{14 - (-10)} = 10.96$

4. 一反向卡諾循環作用於-20°C與35°C兩溫度間，循環中自-20°C的冷房，每小時移走10,000kJ的熱量，試求此循環：

(一)性能係數(COP)。

(二)所需之功率(kW)。 〔101經濟部〕

解析 (一) $COP = \dfrac{吸收的熱}{輸入淨功} = \dfrac{q_L}{q_H - q_L} = \dfrac{T_L}{T_H - T_L} = \dfrac{253}{35 - (-20)} = 4.6$

(二) $COP = \dfrac{吸收的熱}{輸入淨功} = \dfrac{q_L}{w_{net}} = \dfrac{10000 \times \dfrac{1}{3600}}{w_{net}} = 4.6$

$w_{net} = 0.6(kW)$

5. A combination of two refrigerator cycles is shown in Fig. Find the overall COP as a function of COP_1 and COP_2.

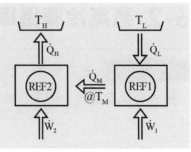

解析 $COP_1 = \dfrac{Q_L}{W_1}$

$COP_2 = \dfrac{Q_M}{W_2} = \dfrac{Q_L + W_1}{W_2}$

$\Rightarrow COP_2 W_2 = Q_L + W_1$

$\Rightarrow COP_2 \dfrac{W_2}{W_1} = \dfrac{Q_L}{W_1} + 1$

$\Rightarrow \dfrac{W_2}{W_1} = \dfrac{COP_1 + 1}{COP_2}$

$COP = \dfrac{Q_L}{W_1 + W_2} = \dfrac{W_1 COP_1}{W_1 + W_2} = \dfrac{COP_1}{1 + \dfrac{W_2}{W_1}} = \dfrac{COP_1 COP_2}{COP_2 + COP_1 + 1}$

6-2 蒸氣冷凍循環 ☆☆☆

> **考題方向** 在本節中，我們將介紹蒸氣冷凍循環，包括冷凍劑之介紹，並學會計算冷機之性能係數。

一、蒸氣冷凍循環

在逆卡諾循環中，要從狀態3的飽和液，膨脹到狀態4的濕蒸氣，並得到可用功輸出往往十分困難，所以通常利用一節流閥來取代膨脹器；而此類系統即稱為蒸汽壓縮冷凍循環。

1→2 在壓縮機中絕熱壓縮
2→3 從凝結器中等溫排熱至外界
3→4 經節流閥不可逆膨脹
4→1 自冷凍空間（蒸發器）中等溫吸熱

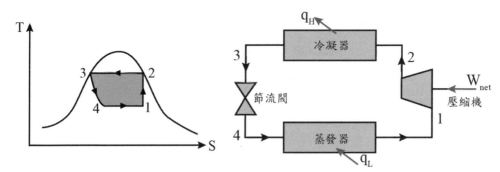

$$COP = \frac{吸收的熱}{輸入淨功} = \frac{q_{41}}{w_{12}} = \frac{h_1 - h_4}{h_2 - h_1}$$

節流閥：$h_4 = h_3$

試題觀摩

1. 一以蒸汽壓縮冷凍循環運轉的冷凍機，以R-12為冷凍劑，若蒸發器溫度-5°C，冷凝器溫度35°C，試求：(1)性能係數；(2)蒸發器吸收的熱能。

解析 查表35°C，

$h_2 = 201.45(kJ/kg)$，$h_3 = 69.55(kJ/kg) = h_4$

$s_2 = 0.6839(kJ/kg \cdot K)$

$s_1 = s_2 = 0.6839 = 0.1251 + x_1(0.6991 - 0.1251)$

$x_1 = 0.9735$

$h_1 = 31.45 + 0.9735(185.38 - 31.45) = 181.3(kJ/kg)$

$$COP = \frac{吸收的熱}{輸入淨功} = \frac{q_{41}}{w_{12}} = \frac{h_1 - h_4}{h_2 - h_1} = \frac{181.3 - 69.55}{201.45 - 181.3} = 5.546$$

蒸發器吸收的熱能 $= q_L = h_1 - h_4 = 111.8(kJ/kg)$

2. Refrigerant 134a is the working fluid in an ideal vapor compression cycle. The inlet temperature of the saturated vapor into compressor is 0 degree C, and the outlet temperature of condenser is 26 degree C with saturated liquid, the mass flow rate of refrigerant is 0.1kg/s. Determine (a) the refrigeration capacity and (b) the coefficient of performance.

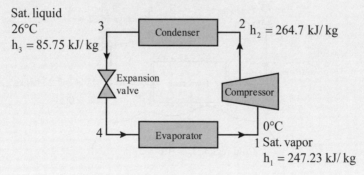

解析 節流閥：$h_4 = h_3$

吸收的熱：$\dot{m}(h_1 - h_4) = 0.1(247.23 - 85.75) = 16.148(kJ/s)$

$$COP = \frac{吸收的熱}{輸入淨功} = \frac{q_{41}}{w_{12}} = \frac{h_1 - h_4}{h_2 - h_1} = \frac{247.23 - 85.75}{264.7 - 247.23} = \frac{161.48}{17.47} = 9.24$$

3. Refrigerant 134a is the working fluid in an ideal vapor-compression refrigeration cycle (the properties are shown in the figure) that communicates thermally with a cold region at 0°C and a warm region at 26°C. Saturated vapor enters the compressor at 0°C and saturated liquid leaves the condenser at 26°C.The mass flow rate of the refrigerant is 0.08 kg/s.

Determine:

(1)the compressor power, in kW,

(2)the coefficient of performance, and

(3)the coefficient of performance of a Carnot refrigeration cycle operation between warn and cold regions at 26 and $0°C$, respectively.

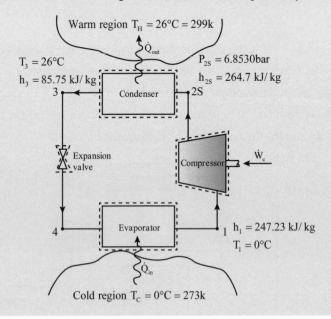

解析 (1) $\dot{W}_c = \dot{m}(h_2 - h_1) = 0.08(264.7 - 247.23) = 1.4(kW)$

(2) $COP = \dfrac{吸收的熱}{輸入淨功} = \dfrac{q_{41}}{w_{12}} = \dfrac{h_1 - h_4}{h_2 - h_1} = \dfrac{247.23 - 85.75}{264.7 - 247.23} = \dfrac{161.48}{17.47} = 9.24$

(3) $COP = \dfrac{吸收的熱}{輸入淨功} = \dfrac{q_L}{q_H - q_L} = \dfrac{T_L}{T_H - T_L} = \dfrac{273}{299 - 273} = 10.5$

4. 一標準蒸氣壓縮循環(Standard Vapor-Compression Cycle)使用R-22 冷媒，其冷凍能力(Refrigerating Capacity)為50kW。冷凝溫度與蒸 發溫度分別為35°C與-10°C。試計算：

(1)其冷凍效果(Refrigerating Effect，kJ/kg)。

(2)冷媒流量(kg/s)。

(3)壓縮機輸入功率(kW)。

(4)性能係數(Coefficient of Performance，C.O.P.)。（104鐵路）

R-22冷媒飽和液態與氣態性質表

t (°C)	P (kPa)	Enthalpy (kJ/kg)		Entropy (kJ/kg-K)	
		h_f	h_g	s_f	s_g
-12	329.89	186.147	400.759	0.94862	1.77039
-10	354.30	188.426	401.555	0.95725	1.76713
-9	367.01	189.571	401.949	0.96155	1.76553
34	1321.0	241.814	415.420	1.14181	1.70701
35	1354.8	243.114	415.627	1.14594	1.70576
36	1389.2	244.418	415.828	1.15007	1.70450

R-22冷媒過熱氣態性質表

t (°C)	v (L/kg)	h (kJ/kg)	s (kJ/kg-K)	v (L/kg)	h (kJ/kg)	s (kJ/kg-K)
	Saturation Temp.，34 °C			Saturation Temp.，36 °C		
40	18.4675	420.792	1.7243	17.2953	419.483	1.7162
45	19.0526	425.174	1.7382	17.8708	423.961	1.7304
50	19.6178	429.487	1.7517	18.4247	428.358	1.7442
55	20.1660	433.747	1.7647	18.9603	432.690	1.7575
60	20.6994	437.963	1.7775	19.4802	436.970	1.7704
65	21.2199	442.143	1.7899	19.9865	441.207	1.7830

解析　$35°C$，$h_2=415.627(kJ/kg)$，$s_2=1.72576(kJ/kg \cdot K)$

$h_3=243.114(kJ/kg)$

$-10°C$，$h_4=h_3$

$s_1=1.70576(kJ/kg \cdot K)$

$1.70576=0.95725+(1.76713-0.95725)$

$1.70576=0.95725+0.81x \Rightarrow x=0.924$

$h_1=188.426+0.924(401.555-188.426)=385.357(kJ/kg)$

(1) $q_{in}=h_1-h_4=385.357-243.114=142.243(kJ/kg)$

(2) $50=142.243\dot{m} \Rightarrow \dot{m}=0.35(kg/s)$

(3) $\dot{W}_{net}=0.35(h_2-h_1)=0.35(415.627-385.357)=10.6(kW)$

(4) $COP=\dfrac{\dot{Q}_{in}}{\dot{W}_{net}}=\dfrac{50}{10.6}=4.717$

5. 在1MPa與80°C下的冷媒在冷凝器(熱交換器)中由空氣冷卻至1MPa與28°C。空氣在100kPa與25°C狀態下以10kg/sec的質量流率進入，而在100kPa與55°C的狀態下離開；計算冷媒的的質量流率。

註：已知冷媒在冷凝器入口的及出口的焓(enthalpy)分別為314.25kJ/kg及90.69kJ/kg；假設空氣為理想氣體，等壓比熱為常數，$C_P=1.005kJ/kg \cdot K$；同時，假設過程中無熱損失，且動能、位能變化可忽略。（高考）

解析　$\dot{m}(314.25-90.69)=10 \times 1.005(55-25)$

$\dot{m} \times 223.56=301.5$

$\dot{m}=1.35(kg/s)$

觀念速記

動力循環為高溫吸熱，冷凍循環為低溫吸熱。

6. Consider a multi-purpose refrigeration system using R-134a as the working fluid. The refrigerant leaves the condenser at 1 MPa, enters the refrigerator at -6°C, and enters the freezer at -20°C.

The mass flow rate of the refrigerant in the condenser is 0.1kg/s. The required cooling power in the freezer (Q_F) is 10kW. Assume all components (expansion valves, heat exchangers, pipes, etc.) and processes are ideal except that the compressor has an isentropic efficiency of 0.92. Also assume the refrigerant leaves the condenser as saturated liquid and enters the compressor as saturated vapor.

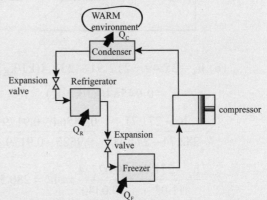

(a)Sketch the T-s diagram of the cycle.

(b)Find the overall coefficient of performance (COP).

Table 1 : Saturated R-134a (f: saturated liquid, g: saturated vapor)

pressure	specific volume		enthalpy		entropy	
P, MPa	v_f , m³/kg	v_g, m³/kg	h_f, kJ/kg	h_f, kJ/kg	s_f, kJ/kg·K	s_g, kJ/kg·K
1	0.0008700	0.020313	107.32	163.67	0.39189	0.91558
temperature	specific volume		enthalpy		entropy	
T, °C	vf , m3/kg	v_g, m³/kg	hf, kJ/kg	hf, kJ/kg	sf, kJ/kg K	s_g, kJ/kg·K
-6	0.0007608	0.085802	43.84	203.07	0.17489	0.93497
-20	0.0007362	0.14729	25.49	212.91	0.10463	0.94564

Table 2 : Superheated R-134a at 1 Mpa

temperature	enthalpy	entropy
T, °C	h, kJ/kg	s_f, kJ/kg·K
40	271.71	0.9179
50	282.74	0.9525
60	293.38	0.9850

解析 (a)

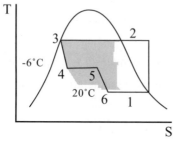

(b) $h_1 = 25.49 + 212.91 = 238.4(kJ/kg)$

$s_2 = s_1 = 0.94564(kJ/kg \cdot K)$

$$\frac{h_2 - 271.71}{282.74 - 271.71} = \frac{0.94564 - 0.9179}{0.9525 - 0.9179}$$

$$\frac{h_2 - 271.71}{11.03} = \frac{0.02774}{0.0346} \Rightarrow h_2 = 280.55(kJ/kg)$$

$$w_{in} = \frac{1}{0.92}(280.55 - 238.4) = 45.815(kJ/kg)$$

$h_{2'} = 238.4 + 45.815 = 284.215(kJ/kg)$

$h_3 = 107.32(kJ/kg)$

$$COP = \frac{q_{in}}{w_{in}} = \frac{q_{out} - w_{in}}{w_{in}} = \frac{h_{2'} - h_3 - w_{in}}{w_{in}} = \frac{284.215 - 107.32 - 45.815}{45.815}$$

$$= \frac{131.08}{45.815} = 2.861$$

二、冷凍劑

在蒸汽壓縮循環中，所使用的冷凍劑(refrigerants)多是氟氯碳化物。一般而言，蒸發器的溫度必須比外冷凍空間溫度低10°C。

冷凍劑必須是無毒、無腐蝕性而且不易燃。

三種常用的冷凍劑為R-11、R-12及R-22，下表列出這三種冷凍劑及R-134a的特性，

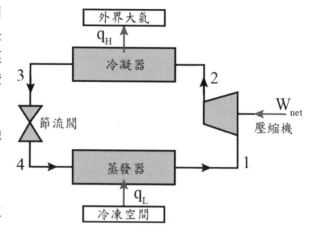

R-12的熱力及化學性質都十分優良，所以是三種冷凍劑中最常用的一種，下表中列出R-12的性質。

冷凍劑	R-11	R-12	R-22	R-134a
化學式	CCl_3F	CCl_2F_2	$CHClF_2$	CH_2FCF_3
沸點，°C	23.8	-29.8	-40.8	-26.2
臨界溫度，°C	198	112	96	100.6
臨界壓力，MPa	4.4	4.1	5.0	3.8
臭氧消耗勢	1	1	0.05	0

這些氟氯碳化物一旦釋放到外界，會對自然界產生很大的傷害，特別對臭氧層的破壞最為嚴重，因此一種新型冷凍劑R-134a在1991年開始生產使用，由表7.1可看出R-134a與其它冷凍劑的差別在於R-134a結構中缺乏氯，由於它們的熱力性質十分接近，所以可以用來取代R-12，R-134a的性質，可參考上表。

第七章 氣體動力循環

7-1 鄂圖循環 ☆☆☆

> **考題方向** 鄂圖循環又稱為等容循環，在本節中，我們將介紹鄂圖循環，學會冷空氣標準假設，並學會推導熱機之熱效率。

鄂圖循環（Otto cycle）（等容循環）

1-2 可逆絕熱壓縮
2-3 等容加熱
3-4 可逆絕熱膨脹
4-1 等容排熱

$q_{in} = C_v(T_3 - T_2)$ $q_{out} = C_v(T_4 - T_1)$

$w_{net} = C_v(T_3 - T_2) - C_v(T_4 - T_1)$

$\eta = \dfrac{w_{net}}{q_{in}} = 1 - \dfrac{T_4 - T_1}{T_3 - T_2}$

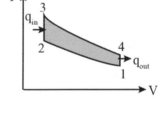

對於1-2與3-4絕熱過程

$$\frac{T_2}{T_1} = \left(\frac{v_1}{v_2}\right)^{\frac{R}{C_v}} = \left(\frac{v_1}{v_2}\right)^{\frac{C_p - C_v}{C_v}} = \left(\frac{v_1}{v_2}\right)^{k-1}$$

$$\frac{T_4}{T_3} = \left(\frac{v_3}{v_4}\right)^{\frac{R}{C_v}} = \left(\frac{v_3}{v_4}\right)^{\frac{C_p - C_v}{C_v}} = \left(\frac{v_3}{v_4}\right)^{k-1}$$

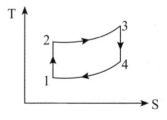

試以上述關係式，推導鄂圖循環熱效率與壓縮比r之關係。

$$\frac{T_2}{T_1} = \left(\frac{v_1}{v_2}\right)^{k-1} \Rightarrow T_2 = T_1 r^{k-1} \qquad \frac{T_3}{T_4} = \left(\frac{v_4}{v_3}\right)^{k-1} \Rightarrow T_3 = T_4 r^{k-1}$$

$$\eta = \frac{w_{net}}{q_{in}} = 1 - \frac{T_4 - T_1}{T_3 - T_2} = 1 - \frac{T_4 - T_1}{T_4 r^{k-1} - T_1 r^{k-1}} = 1 - \frac{1}{r^{k-1}}$$

熱效率與壓縮比r之關係圖

7-2 迪賽爾循環 ☆☆☆

考題方向 在本節中，我們將介紹迪賽爾循環，學會冷空氣標準假設，並學會推導熱機之熱效率及平均有效壓力，此循環之計算較複雜，須注意。

迪賽爾循環（diesel cycle）

1-2 可逆絕熱壓縮 　　　　2-3 等壓加熱

3-4 可逆絕熱膨脹 　　　　4-1 等容排熱

$$\eta = 1 - \frac{q_{out}}{q_{in}} = 1 - \frac{Cv(T_4 - T_1)}{Cp(T_3 - T_2)} = 1 - \frac{T_1\left(\frac{T_4}{T_1} - 1\right)}{KT_2\left(\frac{T_3}{T_2} - 1\right)}$$

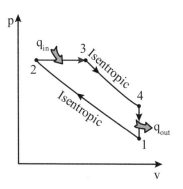

試題觀摩

1. 試於最高溫度1200K與周圍溫度20°C之間，且壓縮計算以鄂圖空氣標準循環運轉之汽油引擎的熱效率，若其運轉比為8，空氣的g =1.4。

解析 $\eta = \dfrac{w_{net}}{q_{in}} = 1 - \dfrac{T_4 - T_1}{T_3 - T_2} = 1 - \dfrac{522.3 - 293}{1200 - 673.1} = 0.565$

$\dfrac{T_2}{T_1} = \left(\dfrac{v_1}{v_2}\right)^{k-1} \Rightarrow \dfrac{T_2}{293} = 8^{1.4-1} \Rightarrow T_2 = 673.1(K)$

$\dfrac{T_4}{T_3} = \left(\dfrac{v_3}{v_4}\right)^{k-1} \Rightarrow \dfrac{T_4}{1200} = \left(\dfrac{1}{8}\right)^{1.4-1} \Rightarrow T_4 = 522.3(K)$

2. An air standard Otto cycle of 48% thermal efficiency has air at 25°C and 1 bar at the beginning of the isentropic compression. Calculate the temperature and pressure od air at the end of the isentropic compression process.

Hint：1bar=100kPa

解析 設空氣k=1.4，$\eta = \dfrac{w_{net}}{q_{in}} = \dfrac{1}{r^{k-1}} \Rightarrow 0.48 = \dfrac{1}{r^{0.4}} \Rightarrow r = 6.265$

$\dfrac{T_2}{T_1} = \left(\dfrac{v_1}{v_2}\right)^{k-1} \Rightarrow \dfrac{T_2}{298} = 6.265^{1.4-1} \Rightarrow T_2 = 620.8(K)$

$\dfrac{T_2}{T_1} = \left(\dfrac{P_2}{P_1}\right)^{1-\frac{1}{k}} \Rightarrow \dfrac{620.8}{298} = \left(\dfrac{P_2}{100}\right)^{1-\frac{1}{1.4}} \Rightarrow P_2 = 100\left(\dfrac{620.8}{298}\right)^{3.5} = 1304.9(kPa)$

$\dot{Q} = 161.48 \times \dfrac{1}{1.0551} \times 4.8 \times \dfrac{1}{200} = 3.673(ton)$

3. A dual cycle is a combination of the Otto and Diesel cycles as shown in the figure. It consists of an isentropic compression process, a heat-addition process, an isentropic expansion process, and a constant-volume heat rejection process. The air is heated first at constant volume (state 2 to 3) and then at constant pressure (state 3 to state 4). The dual cycle with air as the working fluid has a compression ratio of r (ratio of the maximum volume to the minimum volume) and a cutoff ratio of r_c (ratio of the volume at the end of the heat-addition process to the minimum volume). At the beginning of the compression process, the working fluid is at temperature T_1 and pressure P_1. The total heat transferred to air is an ideal gas with constant properties (including the gas constant R, specific heat at constant volume c_v and specific heat at constant pressure c_p), determine (a) the temperatures at the end of each process and (b) the thermal efficiency of the dual cycle in terms of T_1, P_1, r, r_e, q_{in}, R, c_v, c_p and $k=c_p/c_v$.

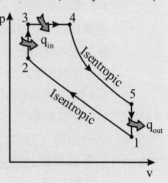

Hint : $\dfrac{V_4}{V_3}=r_c$, $\dfrac{V_5}{V_4}=\dfrac{V_5}{V_3}\times\dfrac{V_3}{V_4}=\dfrac{r}{r_c}$

解析

$$\dfrac{T_2}{T_1}=\left(\dfrac{V_1}{V_2}\right)^{k-1} \Rightarrow T_2=T_1 r^{k-1}$$

$$q_{in}=C_v(T_4-T_2)$$

$$q_{out}=C_v(T_5-T_1)$$

$$\dfrac{T_4}{T_5}=\left(\dfrac{V_5}{V_4}\right)^{k-1} \Rightarrow T_4=T_5\left(\dfrac{r}{r_c}\right)^{k-1}$$

$$w_{net}=C_v(T_4-T_2)-C_v(T_5-T_1)$$

$$\eta=\dfrac{w_{net}}{q_{in}}=1-\dfrac{T_5-T_1}{T_4-T_2}=1-\dfrac{T_5-T_1}{T_5\left(\dfrac{r}{r_c}\right)^{k-1}-T_1 r^{k-1}}$$

4. Compare Otto and Diesel engines and answer the following questions.

(1)Draw the two cycles on a P-v diagram.

(2)On the P-v diagram, indicate the area representing the work output.

(3)List 3 major differences between the two engines.

解析 (1)鄂圖循環（Otto cycle）循環（等容循環）

1-2 可逆絕熱壓縮

2-3 等容加熱

3-4 可逆絕熱膨脹

4-1 等容排熱

迪賽爾循環（diesel cycle）循環

1-2 可逆絕熱壓縮

2-3 等壓加熱

3-4 可逆絕熱膨脹

4-1 等容排熱

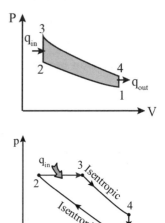

(2)3→4曲線下面積代表輸出功

(3)①鄂圖循環為等容加熱；迪賽爾循環為
等壓加熱。

②鄂圖引擎的燃料幾乎全部採用汽油，因
此鄂圖引擎又名為汽油引擎（Gasoline engine）；迪賽爾引擎的
燃料大多採用柴油，因此又名為柴油引擎（Diesel engine）。

③汽油引擎屬於火花點火引擎，柴油引擎則屬壓縮點火引擎。

5. 一空氣標準迪賽爾循環(Air-Standard Diesel Cycle)引擎，壓縮比為17，等壓加熱過程熱傳量為1700kJ/kg，壓縮過程起始壓力為100kPa，起始溫度為20°C，空氣之定壓比熱C_p為1.005kJ/kg°K，氣體常數R＝0.287kJ/kg°K，空氣標準迪賽爾循環P-V圖如右圖，試求：[提示：$(17)^{0.4}＝3.1058；(0.168)^{0.4}＝0.49$]

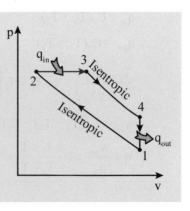

(一)此循環之熱效率(%)

(二)平均有效壓力(kPa)[Mean Effective Pressure，MEP。MEP＝(淨輸出功/壓縮過程體積變化量)]

Hint：$C_v = C_p - R = 1.005 - 0.287 = 0.718(kJ/kg \cdot K)$

解析 $100 \times v_1 = 0.287 \times 293 \Rightarrow v_1 = 0.841(m^3/kg)$

$$\frac{v_1}{v_2} = 17 \Rightarrow v_2 = 0.0495(m^3/kg)$$

(1)1→2

$$\frac{T_2}{293} = 17^{1.4-1} = \left(\frac{P_2}{100}\right)^{\frac{1.4-1}{1.4}} \Rightarrow T_2 = 910(K), P_2 = 5280(kPa)$$

(2)2→3

$$q_H - \int_2^3 Pdv = u_3 - u_2 \Rightarrow q_H = P(v_3 - v_2) + u_3 - u_2 = h_3 - h_2$$

$$1700 = 1.005(T_3 - 910) \Rightarrow T_3 = 2601.54(K)$$

$$\frac{T_3}{T_2} = \frac{2601.54}{910} = \frac{P_3 v_3}{P_2 v_2} = \frac{v_3}{0.0495} \Rightarrow v_3 = 0.1415(m^3/kg)$$

(3)3→4

$$\frac{T_4}{2601.54} = \left(\frac{0.1415}{0.841}\right)^{1.4-1} \Rightarrow T_4 = 1275.31(K)$$

(4)4→1

$$q_L - \int_4^1 Pdv = u_1 - u_4 \Rightarrow q_L = u_1 - u_4$$

$$q_L = 0.718(293 - 1275.31) = -705.3(kJ/kg)$$

(一) $w_{net} = 1700 - 705.3 = 994.7(kJ/kg)$

$$\eta = \frac{w_{net}}{q_{in}} = \frac{994.7}{1700} = 0.585$$

(二) $MEP = \frac{w_{net}}{v_1 - v_2} = \frac{994.7}{0.841 - 0.0495} = \frac{994.7}{0.7915} = 1256.73(kPa)$

6. 某引擎以空氣為工作流體，其工作循環為笛塞爾循環(Diesel cycle)，壓縮起使點之狀態為27°C及2大氣壓，輸入熱量為3500焦耳/克，壓縮比為15，若比熱之比k＝1.4，空氣分子量M＝29克/莫耳，氣體常數R＝8.3焦耳/莫耳－°k：

(一)請繪出該循環之壓－容圖(P－V)，及溫－熵圖(T－S)。

(二)求最高壓力(Maximum pressure)

(三)求最高溫度(Maximum temperature)

(四)求熱效率(Thermal efficiency)

(五)求平均有效壓力(Mean effective pressure)

Hint： $R = \dfrac{8.3}{29} = 0.286(kJ/kg \cdot K)$

$C_v = C_p - R = 1.005 - 0.286 = 0.719(kJ/kg \cdot K)$

解析　$200 \times v_1 = 0.286 \times 300 \Rightarrow v_1 = 0.429(m^3/kg)$

$\dfrac{v_1}{v_2} = 15 \Rightarrow v_2 = 0.0286(m^3/kg)$

① $1 \rightarrow 2$

$$\frac{T_2}{300} = 15^{1.4-1} = \left(\frac{P_2}{200}\right)^{\frac{1.4-1}{1.4}} \Rightarrow T_2 = 886.25(K), P_2 = 8862.53(kPa)$$

② $2 \rightarrow 3$

$$q_H - \int_2^3 Pdv = u_3 - u_2 \Rightarrow q_H = P(v_3 - v_2) + u_3 - u_2 = h_3 - h_2$$

$$3500 = 1.005(T_3 - 886.25) \Rightarrow T_3 = 4368.84(K)$$

$$\frac{T_3}{T_2} = \frac{4368.84}{886.25} = \frac{P_3 v_3}{P_2 v_2} = \frac{v_3}{0.0286} \Rightarrow v_3 = 0.141(m^3/kg)$$

③3→4

$$\frac{T_4}{2601.54}=\left(\frac{0.141}{0.429}\right)^{1.4-1} \Rightarrow T_4 = 1667(K)$$

④4→1

$$q_L - \int_4^1 Pdv = u_1 - u_4 \Rightarrow q_L = u_1 - u_4$$
$$q_L = 0.719(300-1667) = -983(kJ/kg)$$

(一)迪賽爾循環

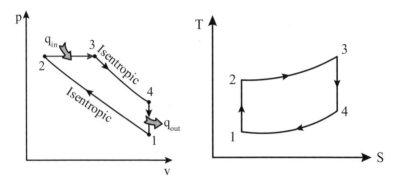

(二)最大壓力$P_2 = 8862.53(kPa)$

(三)最高溫度$T_3 = 4368.84(K)$

(四)$w_{net} = 3500 - 983 = 2517(kJ/kg)$

$$\eta = \frac{w_{net}}{q_{in}} = \frac{2517}{3500} = 0.72$$

(五) $MEP = \frac{w_{net}}{v_1 - v_2} = \frac{2517}{0.429-0.0286} = \frac{2517}{0.4004} = 6286.21(kPa)$

7. 一柴油引擎(Diesel Engine)之壓縮比為
12：1，空氣在95KN/m²及27°C下吸入汽
缸，若引擎假設在理想笛塞爾(Diesel)循
環下運作，試求：
(一)最大壓力P_2
(二)最高溫度T_2

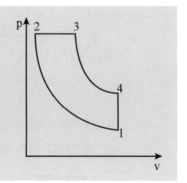

Hint：$R = \dfrac{8.3}{29} = 0.286(kJ/kg \cdot K)$

$C_v = C_p - R = 1.005 - 0.286 = 0.719(kJ/kg \cdot K)$

解析　$95 \times v_1 = 0.286 \times 300 \Rightarrow v_1 = 0.903(m^3/kg)$

$\dfrac{v_1}{v_2} = 12 \Rightarrow v_2 = 0.07525(m^3/kg)$

① 1→2

$$\frac{T_2}{300} = 12^{1.4-1} = \left(\frac{P_2}{95}\right)^{\frac{1.4-1}{1.4}} \Rightarrow T_2 = 810.576(K), P_2 = 3080.2(kPa)$$

(一)最大壓力 $P_2 = 3080.2(kPa)$

(二)最高溫度 $T_2 = 810.576(K)$

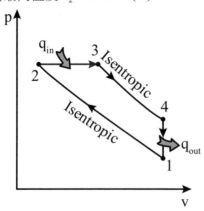

7-3 布雷登循環 ☆☆☆

考題方向 布雷登循環又稱為等壓循環，在本節中，我們將介紹布雷登循環，學會冷空氣標準假設，並學會推導熱機之熱效率。

布雷登循環（Brayton）（等壓循環）

1-2 可逆絕熱壓縮
2-3 等壓加熱
3-4 可逆絕熱膨脹
4-1 等壓排熱

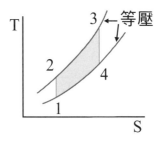

$q_{in} = C_p(T_3 - T_2)$

$q_{out} = C_p(T_4 - T_1)$

$w_{net} = C_p(T_3 - T_2) - C_p(T_4 - T_1)$

$\eta = \dfrac{w_{net}}{q_{in}} = 1 - \dfrac{T_4 - T_1}{T_3 - T_2}$

對於1-2與3-4絕熱過程

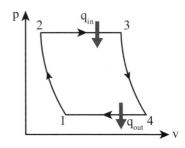

$$\frac{T_2}{T_1} = \left(\frac{P_2}{P_1}\right)^{\frac{R}{C_p}} = \left(\frac{P_2}{P_1}\right)^{\frac{C_p - C_v}{C_p}} = \left(\frac{P_2}{P_1}\right)^{1 - \frac{1}{k}}$$

$$\frac{T_3}{T_4} = \left(\frac{P_3}{P_4}\right)^{\frac{R}{C_p}} = \left(\frac{P_3}{P_4}\right)^{\frac{C_p - C_v}{C_p}} = \left(\frac{P_3}{P_4}\right)^{1 - \frac{1}{k}}$$

試題觀摩

1. 一密閉循環之燃氣輪機引擎以空氣運轉於最高溫度1200 K與最低溫度20°C之間，試求其熱效率。假設壓力比為10，且空氣的g =1.4。

解析

$$\frac{T_2}{T_1} = \left(\frac{P_2}{P_1}\right)^{1-\frac{1}{k}} \Rightarrow \frac{T_2}{293} = (10)^{1-\frac{1}{1.4}} \Rightarrow T_2 = 565.7(K)$$

$$\frac{T_3}{T_4} = \left(\frac{P_3}{P_4}\right)^{1-\frac{1}{k}} \Rightarrow \frac{1200}{T_4} = (10)^{1-\frac{1}{1.4}} \Rightarrow T_4 = 621.5(K)$$

$$\eta = \frac{w_{net}}{q_{in}} = 1 - \frac{T_4 - T_1}{T_3 - T_2} = 1 - \frac{621.5 - 293}{1200 - 565.7} = 0.482$$

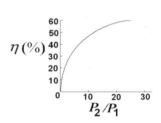

2. 一燃氣輪機以布雷登循環(Brayton cycle)如圖所示運轉，其操作最高與最低溫度分別為827°C及27°C，壓縮機壓縮比為6。已知比熱比k＝$C_p/C_V = 1.4$，等壓比熱$C_p = 1kJ/kg$-K，試求：

(一)壓縮機與氣渦輪機之功率比。

(二)此循環熱效率(%)。

(三)若此循環欲獲得1000KW之淨功，試求空氣之質量流率(kg/s)。

（101經濟部）

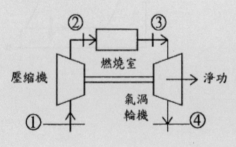

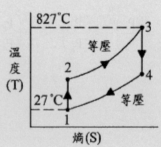

解析 $\dfrac{T_2}{T_1} = \left(\dfrac{P_2}{P_1}\right)^{1-\frac{1}{k}} \Rightarrow \dfrac{T_2}{300} = (6)^{1-\frac{1}{1.4}} \Rightarrow T_2 = 500.8(K)$

$\dfrac{T_3}{T_4} = \left(\dfrac{P_3}{P_4}\right)^{1-\frac{1}{k}} \Rightarrow \dfrac{1100}{T_4} = (6)^{1-\frac{1}{1.4}} \Rightarrow T_4 = 658.7(K)$

（一）$\dfrac{T_3 - T_4}{T_2 - T_1} = \dfrac{1100 - 658.7}{500.8 - 300} = \dfrac{441.3}{200.8} = 2.2$

（二）$\eta = \dfrac{w_{net}}{q_{in}} = 1 - \dfrac{T_4 - T_1}{T_3 - T_2} = 1 - \dfrac{658.7 - 300}{1100 - 500.8} = 1 - \dfrac{358.7}{599.2} = 1 - 0.6 = 0.4$

（三）$w_{net} = C_p(T_3 - T_2) - C_p(T_4 - T_1) = 599.2 - 358.7 = 240.5(kJ/kg)$

$1000 = \dot{m} \times 240.5 \Rightarrow \dot{m} = 4.16(kg/s)$

---

3. 在一標準空氣布雷登循環（Brayton Cycle）中，空氣壓縮機進口空氣溫度為17°C，壓力為100kPa，空氣壓縮機壓縮比（Pressure Ratio）為10，此循環最高溫度為1500K，空氣壓縮機及渦輪機等熵效率均為90%，試求：（空氣k=1.4，C_p=1.0kJ/(kg·K)）（計算至小數點後第1位，以下四捨五入）

(一)每一狀態點（空氣壓縮機進出口及渦輪機進出口）的溫度（K）與壓力（kPa）為何？

(二)空氣壓縮機所耗的功及渦輪機產出的功為何（kJ/kg）？

(三)本循環的熱效率為何（%）？

解析 （一）T_1=290(K)，P_1=100(kPa)

P_2=1000(kPa)

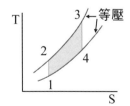

$\dfrac{T_2}{T_1} = \left(\dfrac{P_2}{P_1}\right)^{1-\frac{1}{k}} \Rightarrow \dfrac{T_2}{290} = 10^{1-\frac{1}{1.4}} \Rightarrow T_2 = 560.27(K)$

$0.9(T_{2'} - 290) = 560.27 - 290 \Rightarrow T_{2'} = 590.3(K)$

$$T_3 = 1500(K) \cdot P_3 = 1000(kPa)$$

$$\frac{T_3}{T_4} = \left(\frac{P_3}{P_4}\right)^{1-\frac{1}{k}} \Rightarrow \frac{1500}{T_4} = 10^{1-\frac{1}{1.4}} \Rightarrow T_4 = 776.4(K)$$

$$0.9(1500 - 776.4) = 1500 - T_{4'} \Rightarrow T_{4'} = 848.76(K)$$

(二)壓縮機所耗之功 $= C_p(T_{2'} - T_1) = 1(590.3 - 290) = 300.3(kJ/kg)$

渦輪機產出之功 $= C_p(T_3 - T_{4'}) = 1(1500 - 848.76) = 651.24(kJ/kg)$

(三) $\eta = \dfrac{w_{net}}{q_{in}} = 1 - \dfrac{T_{4'} - T_1}{T_3 - T_{2'}} = 1 - \dfrac{848.76 - 290}{1500 - 590.3} = 1 - \dfrac{558.76}{909.7} = 0.386$

---

4. 有一理想氣體循環由下列過程所組成：

1-2 可逆等溫壓縮，溫度為 T_1。

2-3 可逆等壓加熱，溫度由 T_1 升高至 T_3。

3-1 可逆絕熱膨脹，溫度降回到 T_1。

(一)請在P-v圖及T-s圖上描繪出這個循環。

(二)請證明此循環的熱效率為 $\eta_{th} = 1 - \dfrac{T_1 \ln\left(\dfrac{T_3}{T_1}\right)}{T_3 - T_1}$ （高考）

解析　$q_{in} = mC_p(T_3 - T_1)$

$q_{out} = T_1(S_1 - S_2) = mT_1 R \ln\dfrac{V_1}{V_2} = mT_1 R \ln\dfrac{P_2}{P_1} = mT_1 R \ln\dfrac{P_3}{P_1}$

又3→1為等熵過程：$\dfrac{T_3}{T_1} = \left(\dfrac{P_3}{P_1}\right)^{\frac{R}{C_p}} \Rightarrow \dfrac{P_3}{P_1} = \left(\dfrac{T_3}{T_1}\right)^{\frac{C_p}{R}}$

$q_{out} = mT_1 R \ln\left(\dfrac{T_3}{T_1}\right)^{\frac{C_p}{R}} = mT_1 C_p \ln\dfrac{T_3}{T_1}$　　$\eta = 1 - \dfrac{q_{out}}{q_{in}} = 1 - \dfrac{mT_1 C_p \ln\dfrac{T_3}{T_1}}{mC_p(T_3 - T_1)} = 1 - \dfrac{T_1 \ln\dfrac{T_3}{T_1}}{T_3 - T_1}$

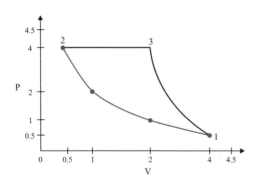

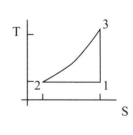

5. The reversible work inputs to a compressor from T_1, P_1 to T_2, P_2 can be done via an isentropic, polytropic or isothermal ($T_1 = T_2$) process. Please list the work input from maximum to minimum and draw the P-v diagram for each process schematically.

解析　isetropic($Pv^{1.4} = C$)，polytropic($Pv^{1.3} = C$)，isothermal($Pv = C$)

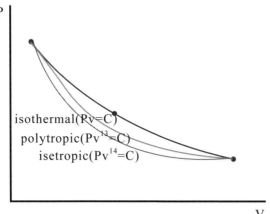

6. 下列理想動力循環，試繪出其溫度-熵(T-S)圖，標示其所有過程與相對應狀態點(各點請以1、2、3、4表示)，並說明這些過程(Processes)所代表的意義[例如：3→4為等容膨脹($v_3 = v_4$)]：

(一)奧圖循環(Otto Cycle)

(二)卡諾循環(Carnot Cycle)

(三)布萊頓循環(Brayton Cycle)

(四)艾利克生循環(Ericsson Cycle)。　（103經濟部）

解析 (一)奧圖循環(Otto cycle) (等容循環)

　　　1-2 可逆絕熱壓縮

　　　2-3 等容加熱

　　　3-4 可逆絕熱膨脹

　　　4-1 等容排熱

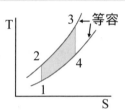

　　(二)卡諾循環

　　　1→2 在鍋爐中等溫加熱

　　　2→3 可逆絕熱膨脹

　　　3→4 在凝結器中等溫排熱

　　　4→1 可逆絕熱壓縮

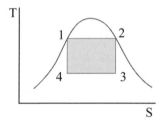

　　(三)布萊頓循環(Brayton)(等壓循環)

　　　1-2 可逆絕熱壓縮

　　　2-3 等壓加熱

　　　3-4 可逆絕熱膨脹

　　　4-1 等壓排熱

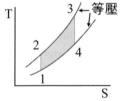

　　(四)艾利克生循環

　　　1→2 在鍋爐中等溫加熱

　　　2→3 等容過程

　　　3→4 在凝結器中等溫排熱

　　　4→1 等容過程

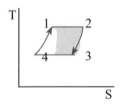

7. 請回答下列各小題：

(一)某理想氣體之比熱比（specific heat ratio）k=1.40，且其氣體常數 R=0.07kcal/kg・k，試求此理想氣體之等容比熱C_V與等容比熱C_p。

(二)在50°C之等溫膨脹過程（isothermal expansion process）中，當其體積增加一倍（由5m³膨脹到10m³）過程中，試求此理想氣體之焓（enthalpy）及內能（internal energy）變化量？

(三)解釋何謂乾球溫度（dry-point temperature）與露點溫度（dew-point temperature），在何種情況下，乾球溫度與露點溫度會相等？

(四)在相同的壓力極限下，等溫壓縮與絕熱（adiabatic）壓縮那一個壓縮過程所需的輸入功較大，試說明為什麼？

(五)在相同的溫度極限下，請比較史特靈循環（Stirling cycle）、艾力克森循環（Ericsson cycle）與卡諾循環（Carnot cycle）三個熱機循環中，以何者的熱效率最高？並說明為什麼？

(六)何謂燃料的高熱值(higher heating value)和低熱值(lower heating value)？

(七)就回熱（regeneration）這個常用的工程策略，試繪製與說明在布雷登循環（Brayton cycle）應用之簡圖、溫度-熵（T-s）循環曲線圖與預期影響。

(八)就再熱（reheat）與中冷卻（intercooling）這兩個常用的工程策略，試繪製與說明在布雷登循環（Brayton cycle）應用之簡圖、溫度-熵（T-s）或壓力-體積（P-v）循環曲線圖與預期影響。

（106鐵路高員三級）

解析 (一)$C_P=C_V+R$

　　　　$C_P=1.005(kJ/kg・K)$

　　　　$C_V=0.717(kJ/kg・K)$

(二)因溫度不變，焓與內能之變化量均為0。

(三)乾球溫度（DBT）：空氣的溫度，是經由一般熱敏溫度計或數位式溫度計鎖測量出，若空氣乾球溫度越高代表其顯熱能量比例越高。

露點溫度（DPT）：壓力不變下，空氣中水蒸氣開始凝結的溫度，此時空氣水蒸氣壓力等於水蒸氣的飽和壓力，一般空氣之乾球溫度≥濕球溫度≥露點溫度，當空氣飽和狀態（相對濕度100%），以上三種溫度是相等的。

(四)因絕熱壓縮較接近可逆壓縮，故等溫壓縮所需輸入功較大。

(五)卡諾循環為可逆循環，故熱效率最高。

(六)高低熱值是指燃料完全燃燒後H_2O的型態若H_2O為氣態，所釋放之熱量稱為低熱值；若H_2O為液態，所釋放之熱量稱為高熱值。因為若是液態，焓值較低，有更多熱量被釋放出來。

(七)

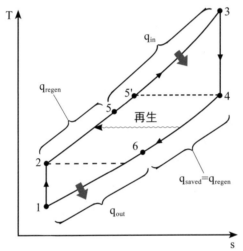

(八)隨著壓縮與膨脹次數增加，具再熱與中冷卻之布雷登循環將趨近於艾力克森循環。

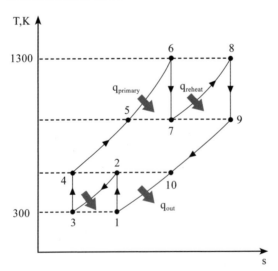

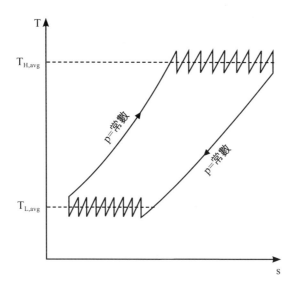

NOTE

7-4 引擎的發展與種類 ☆☆☆

> **考題方向**　在本節中，我們將介紹引擎的發展與種類，鄂圖引擎又名為汽油引擎，採用火花點火；迪賽爾引擎又名為柴油引擎，採用壓縮點火。

在機械工程學的定義中，凡利用熱能而產生動力的機械，統稱為熱機（Heat engine），而熱機又分為內燃機與外燃機兩大類，燃料在熱機內部燃燒產生熱能，再將熱能轉變為機械動力者，皆稱為內燃式引擎（Internal combustion engine），俗稱為內燃機（簡記為I. C. E.），如汽油引擎、柴油引擎、燃氣渦輪機、噴射引擎等；而燃料在熱機外燃燒者稱為外燃式引擎（External combustion engine），俗稱為外燃機（簡記為E. C. E.），如蒸汽引擎、蒸汽渦輪機。在一般常見的內燃引擎中，依據燃燒點火方式，可區分為利用點火器（如火星塞）點火的火花點火（SI）引擎，及利用高壓高溫空氣使燃料燃燒的壓縮點火（CI）引擎，常見之汽油引擎屬於火花點火引擎，柴油引擎則屬壓縮點火引擎。又依據運轉型式來分，可分為以活塞作往復運動，並透過輪軸與連桿將其轉換為圓周運動的往復運動式引擎；及轉子與輸出軸作同軸運轉的迴轉運動式轉子引擎；以及將通過流體加速與排出來達到作功效果的噴射推進引擎。

一、內燃機的發展

綜觀整個內燃機發展史，可追朔至十七世紀末，西元1678年法國人賀德法利（A. Hautefeuille），首先利用火藥在氣缸中的爆炸力推動活塞作功，這是內燃機最早的雛型，賀德法利也因此可說是內燃機的開山祖師；1860年法國人李諾爾（Lenoir）改良自蒸汽引擎，發展出一種不需壓縮的氣體燃燒式引擎，並被公認是實用二衝程引擎的鼻祖；1876年德國人鄂圖首先製造出四衝程的引擎，後世為紀念鄂圖的功績，於是將此型引擎命名為鄂圖引擎，而其熱力循環則稱為鄂圖循環（Otto cycle），直到今天大多數汽車引擎都仍是採用鄂圖引擎,此外,由於鄂圖引擎的燃料幾乎全部採用汽油,因此鄂圖引擎又名為汽油引擎(Gasoline engine);在鄂圖發明了第一具四行程內燃引擎後,當時許多工程師都致力於內燃機的發展,且多以火花點火引擎為發展方向,如Mercedes-Benz的創辦人戴姆勒,正是將汽油引擎應用於車輛的始祖。但由於當時點火裝置技術並不成熟,德國人迪賽爾(Diesel)便朝向壓縮點火方向,發展內燃機技術,也就是先將汽缸內的空氣壓縮,使其溫度逐漸上升,再將燃料注入燃燒室,燃料因高溫高壓而自燃,產生引擎所需動力,在經過將近二十年的研發後,第一具壓縮點火引擎於1892年問世,同年迪賽爾(Diesel)也取得此項技術專利,其熱力循環也因此被稱為迪賽爾循環(Diesel cycle),而由於此型引擎的燃料大多採用柴油,因此又名為柴油引擎(Diesel engine)。

圖 內燃機發展史

二、柴油引擎與汽油引擎之比較

	汽油引擎	柴油引擎
進汽	混合汽	純空氣
速度控制	控制流入之混合汽量	控制噴油量
點火方式	用高壓電火花點火	用壓縮空氣高溫點火
扭力	低速扭力小	低速扭力大
熱效率	較低(25~30%)行程短，排汽溫度高約700°C	較高(30~40%)行程長，排汽溫度低約500°C
燃料之霧化	使用化油器利用真空及噴嘴使汽油霧化	使用高壓力及噴油嘴使柴油霧化良好
燃料特性	不需粘性，著火點愈高愈好	需粘性，著火點愈低愈好。
壓縮比	低(6 ~ 11 : 1)	高(15 ~ 22 : 1)
熱力循環	等容燃燒循環	等容等壓混合燃燒循環
引擎結構	因燃燒壓力低，構造較輕巧	因燃燒壓力高，故引擎構造較堅固笨重
燃料消耗量	100 %	約為汽油引擎60%~70%
燃料閃火點	>-25°C	>+55°C
汽缸直徑	因會發生爆震故限制較小	直徑可較大
污染	混合比範圍小，燃燒較不完全	混合比範圍大，燃燒較完全，污染較小
壓縮壓力	$11 \sim 18 \ kg/cm^2$	$30 \sim 55 \ kg/cm^2$
壓縮後溫度	400°C	500°C
最大燃燒壓力	$40 \sim 60 \ kg/cm^2$	$65 \sim 90 \ kg/cm^2$
其他	平均有效壓力及最高轉速較高	平均有效壓力及最高轉速較低

試題觀摩

( )　1. A door to a refrigerator in a kitchen is open. Considering the kitchen as an insulated closed system, the internal energy in the kitchen will:
(A)rise　　　　　　　　(B)fall
(C)remain the same　　　(D)become zero。

( )　2. Which of the following is an extensive property of a system:
(A)density　　　　　　　(B)pressure
(C)mass　　　　　　　　(D)velocity。

( )　3. A heat engine with a thermal efficiency of 100% violates the :
(A)Zeroth Law of Thermodynamics
(B)1st Law of Thermodynamics
(C)2nd Law of Thermodynamics
(D)3th Law of Thermodynamics。

( )　4. H_2O at 25°C (77F) and atmospheric pressure is considered to be:
(A)a superheated vapor　　(B)a subcooled liquid
(C)a saturated liquid　　　(D)a critical liquid。

( )　5. Steam is accelerated as it flows through an actual adiabatic nozzle. The entropy of the steam at the nozzle exit will be:　(A)greater than the entropy at the inlet　(B)equal to entropy at the inlet　(C)less than the entropy at the inlet　(D)zero。

( )　6. What are the metric units of pressure？　(A)Watts per square meter (B)Watts　(C)Pascals per square meter　(D)Newtons per square millimeter　(E)Pascals。

( )　7. What is the value in Kelvin of -40°C？　(A)-40K　(B)313K　(C)233K (D)273K　(E)Freezing point, 0 K(zero K)。

( )　8. If atmospheric pressure is 0.1013MPa, what is the absolute pressure of a tank on which a bourdon gauge reads -35Kpa？　(A)351Kpa (B)136.3Kpa　(C)35.1013Kpa　(D)66.3Kpa　(E)None of these。

( )　9. Which units are equivalent to Watts？　(A)1 Watts＝1N · m/Sec^2　(B)1 Watt＝1kg · m/Sec^2　(C)1 Watt＝1N · m/Sec　(D)1 Watt＝1kg · m/Sec　(E)1 Joule＝1Watt/Sec^2。

( )　10. Which units are equivalent to Joules？　(A)1Joule＝1 N · m/Sec^2　(B)1 Joule＝1 kg · m/Sec^2　(C)1 Joule＝1N · m　(D)1 Joule＝1kg · m/Sec　(E)1 Joule＝1Watt/Sec^2。

( )　11. 沖澡時欲調整水溫，今將流量為5kg/min、溫度為10°C的冷水混合流量為2kg/min、溫度為60°C的熱水，則此時的水溫應為多少？　(A)24.3°C　(B)35.0°C　(C)40.0°C　(D)43.3°C。

( )　12. 有一封閉系統經過一個等壓過程後，其之熵變：　(A)大於0　(B)小於0　(C)等於0　(D)無法判斷。

( )　13. 一絕熱的空氣壓縮機的排氣溫度比吸氣溫度：　(A)低　(B)高　(C)一樣　(D)無法判斷。

( )　14. 有一空調系統利用可逆的卡諾循環操作運轉，以25kJ/s的除熱量來維持室內空間20°C的室溫。如果室外溫度為35°C，則操作此空調系統所需的功率為：　(A)0.64kW　(B)5.21kW　(C)1.28kW　(D)1.56kW。

( )　15. 將一蘋果（平均的質量為0.15kg，比熱為3.65kJ/(kg · K)）從20°C冷卻至5°C冷藏，則此蘋果的熵變化量：　(A)-0.0288kJ/K　(B)-0.192kJ/K　(C)0.192kJ/K　(D)0kJ/K。

( )　16. 有一封閉系統經過一個可逆過程後，其熵之變化為：　(A)增加　(B)不變　(C)減少　(D)可增可減，也可能不變。

( )　17. 熱量直接由高溫熱庫傳至低溫熱庫。此過程為：　(A)可逆　(B)不可逆　(C)兩者均可　(D)無法判斷。

( )　18. 一台熱機從1000°C的高溫熱庫中吸取熱量做功，然後排放廢熱至50°C的低溫熱庫。如果供給這台熱機的熱量為100kW，則這台熱機能產生的最大功率為：　(A)25.4kW　(B)55.4kW　(C)74.6kW　(D)95.0kW。

( )｜19. 質量1.2kg的水，溫度為15°C，想利用1200W的電茶壺加熱至
　　　95°C。水的比熱為4.18kJ/(kg·K)，可視為定值。在不考慮熱損情
　　　形下，需要多久時間可達到所需溫度？　(A)4.6min　(B)5.6min
　　　(C)6.1min　(D)9.0min。

( )｜20. 理想氣體在一絕熱汽缸中被壓縮後，氣體溫度：　(A)增加　(B)不
　　　變　(C)減少　(D)無法判斷。

解答與解析

1. **C**　因孤立系統與外界無熱量進出。

2. **C**　所謂的內涵性質是與質量無關之性質；而外延性質的值則隨著質
　　量的改變而變化。因此，質量為外延性質。

3. **C**　熱機的熱效率達100%違反熱力學第二定律。

4. **B**　水於25°C、1atm屬於壓縮液。

5. **B**　因此過程為可逆過程，故熵值不變。

6. **E**　壓力的公制單位為Pa。

7. **C**　$T = -40 + 273 = 233(K)$

8. **D**　$P_{abs} = -35 + 101.3 = 66.3(kPa)$

9. **C**　$1(W) = 1(N \cdot m/s) = 1(J/s)$

10. **C**　$1(J) = 1(N \cdot m)$

11. **A**　$5(T_f - 10) = 2(60 - T_f) \Rightarrow 7T_f = 170 \Rightarrow T_f \approx 24.3(°C)$

12. **D**　等壓吸熱熵增加，等壓放熱熵減少，故無法判斷。

13. **B**　因壓縮機需輸入功，又為絕熱過程，故空氣內能增加，排氣溫度
　　比吸氣溫度高。

14. **C**　$COP = \dfrac{吸收的熱}{輸入淨功} = \dfrac{q_L}{q_H - q_L} = \dfrac{T_L}{T_H - T_L} = \dfrac{293}{35 - 20} = 19.5 = \dfrac{25}{w_{net}}$

　　　$w_{net} = 1.282(kW)$

15. **A**　$s_2 - s_1 = C_{av} \ln \dfrac{T_2}{T_1} = 3.65 \ln \dfrac{278}{293} = 3.65 \times (-0.05) = -0.192(kJ/kg \cdot K)$

　　　$S_2 - S_1 = 0.15 \times (-0.192) = -0.0288(kJ/K)$

16. **B** 經可逆過程，熵的變化不變。

17. **B** 熱量由高溫傳至低溫為不可逆過程。

18. **C** $\eta = \dfrac{w_{net}}{100} = 1 - \dfrac{323}{1273} = 1 - 0.254 = 0.746$

$w_{net} = 74.6(kW)$

19. **B** $1200t = 1.2 \times 4180 \times (95 - 15) \Rightarrow t = 334.4(s) = 5.57(min)$

20. **A** 因壓縮機需輸入功，又為絕熱過程，故空氣內能增加，氣體溫度升高。

---

21. 引擎依燃燒室內外不同可分為哪兩種？

Hint：引擎之基本概念

解析 內燃機與外燃機。

---

22. 解釋熱力學含數U、A(Helmholtz自由能)、H、G的定義與方程式。

解析 在熱力學當中，自由能指的是在某一個熱力學過程中，系統減少的內能中可以轉化為對外作功的部分，它衡量的是：在一個特定的熱力學過程中，系統可對外輸出的「有用能量」。

$G = U - TS + pV = H - TS$

$A = U - TS$

---

23. 一turbine，steam入口的availability為3000kJ/kg，steam出口的availability為1000kJ/kg；此turbine對外作功為500kJ/kg，蒸氣流量為2kg/s，問：second law efficiency為多少？

解析 $\eta_{2nd} = \dfrac{500}{3000 - 1000} = 0.25$

24. Answer the following questions clearly but briefly.

(a) What are point and path functions？ Give one example for each.

(b) A system undergoes a process between two fixed states first in a reversible manner and then in an irreversible manner. For which ease is the entropy change of the system greater？ Explain.

(c) The entropy of a hot baked potato decreases by an amount of 2kJ/K as it cools. Is the entropy increment of the surrounding air greater than, less than, or equal to 2kJ/K？ Explain.

(d) How does the excess CO_2 gas in the atmosphere cause the green house effect？

(e) Somebody claims to have developed a new refrigerator that can remove 12.5kWh of energy from the 4°C-refrigerated space in a 27°C-environment for each 1kWh of electricity it consumes. Is this a violation of the first law of thermodynamics？ Explain.

(f) Re-consider the refrigerator discussed in (iv). Is it a violation of the second law of thermodynamics？ Explain.

解析 (a)狀態函數(點函數，state function)：當狀態固定時，該函數值固定，不受到達該狀態的路徑之影響。如P、T、V、E、H、G。

- 兩狀態之狀態函數值變化量 = (終值–初值)。

路徑函數(path function)：函數值隨路徑改變，如q、w。

- 路徑函數值變化量 ≠ (終值–初值)。

(b)經不可逆過程熵增加較快速。

(c)因為單純熱傳，故環境熵的增加量亦等於2kJ/K。

(d)人類活動使大氣中溫室氣體含量增加，由於燃燒石化燃料及水蒸氣、二氧化碳、甲烷等產生排放的氣體，經紅外線輻射吸收留住能量，導致全球表面溫度升高，加劇溫室效應，造成全球暖化。

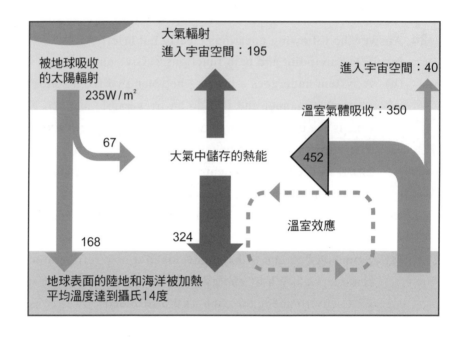

(e) $COP = \dfrac{吸收的熱}{輸入淨功} = \dfrac{q_L}{q_H - q_L} = \dfrac{T_L}{T_H - T_L}$

此冷機之 $COP = \dfrac{12.5}{1} = 12.5$

卡諾冷機 $COP = \dfrac{T_L}{T_H - T_L} = \dfrac{277}{27-4} = 12.04$

(f)此冷機之COP值高於卡諾冷機，故違反熱力學第二定律。

第八章 | 空氣的性質

8-1 濕度混合氣 ☆☆☆

考題方向 在本節中,我們將介紹乾球溫度、濕球溫度、露點溫度、相對濕度及絕對濕度,空氣的冷卻計算為必考焦點。

空氣的性質

(一) **乾球溫度（DBT）**：空氣的溫度,是經由一般熱敏溫度計或數位式溫度計鎖測量出,若空氣乾球溫度越高代表其顯熱能量比例越高。

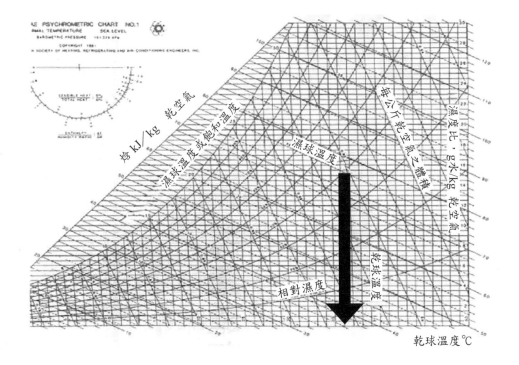

(二) **濕球溫度（WBT）**：表示空氣中水蒸氣的飽和程度，是以玻璃球式的溫
度計，將底部球部分用濕紗布，以2.5m/s的風速流過所測量的溫度，如
空氣越乾燥，紗布的水分越容易蒸發吸收熱量，就如我們皮膚上擦水覺
得涼快溫度降下，所以濕球溫度比乾球溫度低，除非空氣以達到飽和狀
態，水分無法再蒸發而讓溫度下降，此時濕球溫度等於乾球溫度，濕球
溫度高低是由其水蒸器的含量所決定。

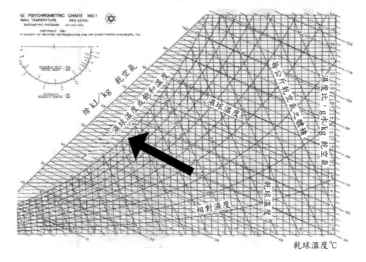

(三) **露點溫度（DPT）**：壓力不變下，空氣中水蒸氣開始凝結的溫度，此時空
氣水蒸氣壓力等於水蒸氣的飽和壓力，一般空氣之乾球溫度≥濕球溫度≥露
點溫度，當空氣飽和狀態（相對濕度100%），以上三種溫度是相等的。

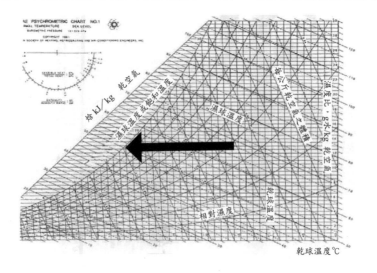

清晨時起霧之現象

清晨時凝結於葉子上
之露珠

(四) **相對濕度（RH）：**
表示空氣中水蒸汽含
量之指標，定義為實
際空氣中水蒸氣之分
壓對乾球溫度下之
飽和壓力之比值。

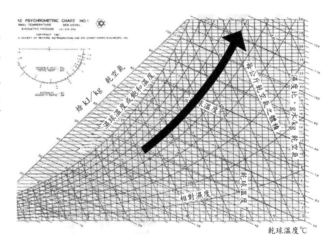

$$\varphi = \frac{P_v}{P_g(T)}$$

(五) 絕對濕度（比濕度）測量空氣中的含水蒸氣量，單位為Kg/Kg表示空氣
1Kg乾空氣時伴隨多少公斤水蒸氣的含量，非1Kg空氣中水蒸氣的含量，
如絕對濕度0.021Kg/Kg，表示1Kg的乾空氣中伴隨0.021Kg的水蒸氣，不
是1Kg的空氣中含有0.021Kg的水蒸氣。空氣中水分實際含量，隨溫度及
水蒸氣分壓而定。

$$\omega = \frac{m_v}{m_a} = 0.622\frac{P_v}{P_a} = \frac{0.622P_v}{P_m - P_v}$$

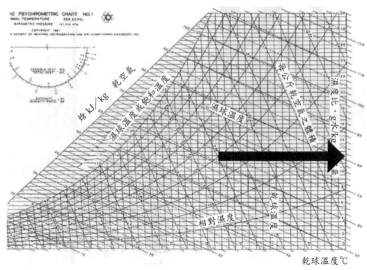

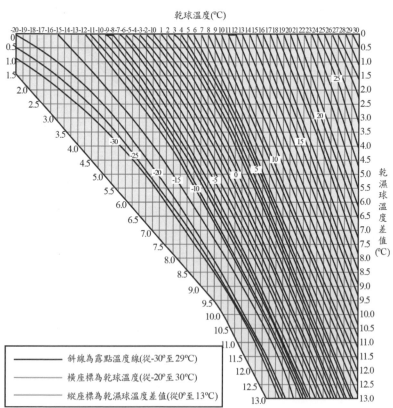

露點溫度圖

空氣（乾球）溫度（℃）	乾球與溼球溫度差（℃）																	
	0.5	1.0	1.5	2.0	2.5	3.0	3.5	4.0	4.5	5.0	7.5	10.0	12.5	15.0	17.5	20.0	22.5	25.0
-20.0	70	41	11															
-17.5	75	51	26	2														
-15.0	79	58	38	18														
-12.5	82	65	47	30	13													
-10.0	85	69	54	39	24	10												
-7.5	87	73	60	48	35	22	10											
-5.0	88	77	66	54	43	32	21	11	1									
-2.5	90	80	70	60	50	42	37	22	12	3								
0	91	82	73	65	56	47	39	31	23	15								
2.5	92	84	76	68	61	53	46	38	31	24								
5.0	93	86	78	71	65	58	51	45	38	32	1							
7.5	93	87	80	74	68	62	56	50	44	38	11							
10.0	94	88	82	76	71	65	60	54	49	44	19							
12.5	94	89	84	78	73	68	63	58	53	48	25	4						
15.0	95	90	85	80	75	70	66	61	57	52	31	12						
17.5	95	90	86	81	77	72	68	64	60	55	36	18	2					
20.0	95	91	87	82	78	74	70	66	62	58	40	24	8					
22.5	96	92	87	83	80	76	72	68	64	61	44	28	14	1				
25.0	96	92	88	84	81	77	73	70	66	63	47	32	19	7				
27.5	96	92	89	85	82	78	75	71	68	65	50	36	23	12	1			
30.0	96	93	89	86	82	79	76	73	70	67	52	39	27	16	6			
32.5	97	93	90	86	83	80	77	74	71	68	54	42	30	20	11	1		
35.0	97	93	90	87	84	81	78	75	72	69	56	44	33	23	14	6		
37.5	97	94	91	87	85	82	79	76	73	70	58	46	36	26	18	10	3	
40.0	97	94	91	88	85	82	79	77	74	72	59	48	38	29	21	13	6	
42.5	97	94	91	88	86	83	80	78	75	72	61	50	40	31	23	16	9	2
45.0	97	94	91	89	86	83	81	78	76	73	62	51	42	33	26	18	2	6
47.5	97	94	92	89	86	84	81	79	76	74	63	53	44	35	28	21	15	9
50.0	97	95	92	89	87	84	82	79	77	75	64	54	45	37	30	23	17	11

相對溼度表（可由乾球溫度及濕球溫度查出相對溼度）

重要公式推導

【入口未飽和空氣比焓】＋【吸收液態水所造成的焓增加】＝【出口飽和空氣比焓】

$$h_{a1} + \omega_1 h_{v1} + (\omega_2 - \omega_1)h_{f2} = h_{a2} + \omega_2 h_{g2}$$

$$C_{Pa}T_1 + \omega_1 h_{v1} + (\omega_2 - \omega_1)h_{f2} = C_{Pa}T_2 + \omega_2 h_{g2}$$

$$C_{Pa}T_1 + \omega_1 h_{g1} + \omega_2 h_{f2} - \omega_1 h_{f2} = C_{Pa}T_2 + \omega_2 h_{g2}$$

$$\omega_1 h_{g1} - \omega_1 h_{f2} = C_{Pa}(T_2 - T_1) + \omega_2(h_{g2} - h_{f2})$$

$$\omega_1 = \frac{C_{Pa}(T_2 - T_1) + \omega_2 h_{fg2}}{h_{g1} - h_{f2}}$$

試題觀摩

1. 有一大氣空氣，其總壓力100kPa，乾球溫度25°C，濕球溫度15°C，試求(一)濕度比 ω_1，(二)相對溼度 φ_1。

解析　由 $T_2=15°C$ 查表可得 $P_{g2}=1.7051(kJ/kg)$，$h_{f2}=62.99(kJ/kg)$，

$h_{fg2}=2465.9(kJ/kg)$，$h_{g2}=2528.9(kJ/kg)$

由 $T_1=25°C$ 查表可得 $P_{g1}=3.169(kPa)$，$h_{g1}=2547.2(kJ/kg)$

(一)出口處 $P_{v2}=P_{g2}=1.7051(kPa)$

$$\omega_2 = \frac{m_{v2}}{m_{a2}} = 0.622\frac{P_{v2}}{P_{a2}} = \frac{0.622P_{v2}}{P_m - P_{v2}} = \frac{0.622 \times 1.7051}{100 - 1.7051} = 0.0108$$

$$\omega_1 = \frac{C_{Pa}(T_2 - T_1) + \omega_2 h_{fg2}}{h_{g1} - h_{f2}} = \frac{1(15-25) + 0.0108 \times 2465.9}{2547.2 - 62.99} = 0.006695$$

(二)方法一

$$\omega_1 = \frac{m_{v1}}{m_{a1}} = 0.622\frac{P_{v1}}{P_{a1}} = \frac{0.622P_{v1}}{P_m - P_{v1}} = \frac{0.622 \times P_{v1}}{100 - P_{v1}} = 0.006695$$

$P_{v1} = 1.0649(kPa)$

$$\varphi_1 = \frac{P_v}{P_g(T)} = \frac{P_{v1}}{P_{g1}} = \frac{1.0649}{3.169} = 0.336$$

方法二
由乾球溫度25°C，乾濕球溫度差10°C可查得相對濕度 $\varphi_1=0.32$

		乾球與溼球溫度差（℃）																
		0.5	1.0	1.5	2.0	2.5	3.0	3.5	4.0	4.5	5.0	7.5	10.0	12.5	15.0	17.5	20.0	22.5	25.0
空氣（乾球）溫度（℃）	-20.0	70	41	11															
	-17.5	75	51	26	2														
	-15.0	79	58	38	18														
	-12.5	82	65	47	30	13													
	-10.0	85	69	54	39	24	10												
	-7.5	87	73	60	48	35	22	10											
	-5.0	88	77	66	54	43	32	21	11	1									
	-2.5	90	80	70	60	50	42	37	22	12	3								
	0	91	82	73	65	56	47	39	31	23	15								
	2.5	92	84	76	68	61	53	46	38	31	24								
	5.0	93	86	78	71	65	58	51	45	38	32	1							
	7.5	93	87	80	74	68	62	56	50	44	38	11							
	10.0	94	88	82	76	71	65	60	54	49	44	19							
	12.5	94	89	84	78	73	68	63	58	53	48	25	4						
	15.0	95	90	85	80	75	70	66	61	57	52	31	12						
	17.5	95	90	86	81	77	72	68	64	60	55	36	18	2					
	20.0	95	91	87	82	78	74	70	66	62	58	40	24	8					
	22.5	96	92	87	83	80	76	72	68	64	61	44	28	14	1				
	25.0	96	92	88	84	81	77	73	70	66	63	47	[32]	19	7				
	27.5	96	92	89	85	82	78	75	71	68	65	50	36	23	12	1			
	30.0	96	93	89	86	82	79	76	73	70	67	52	39	27	16	6			
	32.5	97	93	90	86	83	80	77	74	71	68	54	42	30	20	11	1		
	35.0	97	93	90	87	84	81	78	75	72	69	56	44	33	23	14	6		
	37.5	97	94	91	87	85	82	79	76	73	70	58	46	36	26	18	10	3	
	40.0	97	94	91	88	85	82	79	77	74	72	59	48	38	29	21	13	6	
	42.5	97	94	91	88	86	83	80	78	75	72	61	50	40	31	23	16	9	2
	45.0	97	94	91	89	86	83	81	78	76	73	62	51	42	33	26	18	2	6
	47.5	97	94	92	89	86	84	81	79	76	74	63	53	44	35	28	21	15	9
	50.0	97	95	92	89	87	84	82	79	77	75	64	54	45	37	30	23	17	11

2. 請說明夜晚或清晨時結露發生之原因。（高考）

解析 因夜晚或清晨，溫度降到露點溫度下，空氣中水蒸氣開始凝結成水滴。

3. 115kPa，40°C，相對溼度70%的潮濕空氣，以120 L/s之容積流率進入一穩流空調設備，離開此空調設備之潮濕空氣為90kPa，20°C，相對濕度100%。凝結液體離開設備溫度亦為20°C，請計算此過程之熱傳率(kW)。

註：空氣之氣體常數(gas constant)為0.287 kPa m³/kgK，空氣之定壓比熱為$C_p = 1.0035$kJ/kgK。

解析

$$\varphi_1 = \frac{P_{v1}}{P_g(40)} = \frac{P_{v1}}{7.384} = 0.7 \Rightarrow P_{v1} = 5.1688(kPa)$$

$$\omega_1 = \frac{m_{v1}}{m_{a1}} = 0.622\frac{P_{v1}}{P_{a1}} = \frac{0.622P_{v1}}{P_{m1}-P_{v1}} = \frac{0.622\times5.1688}{115-5.1688} = \frac{3.215}{109.8312} = 0.0293$$

$$\varphi_2 = \frac{P_{v2}}{P_g(20)} = \frac{P_{v2}}{2.339} = 1 \Rightarrow P_{v2} = 2.339(kPa)$$

$$\omega_2 = \frac{m_{v2}}{m_{a2}} = 0.622\frac{P_{v2}}{P_{a2}} = \frac{0.622P_{v2}}{P_{m2}-P_{v2}} = \frac{0.622\times2.339}{90-2.339} = \frac{1.455}{87.661} = 0.0166$$

入口之比焓：

$$h_{a1} + \omega_1 h_{v1} = C_p T_1 + \omega_1 h_{g1} = 1.0035\times313 + 0.0293\times2574.3$$
$$= 314.1 + 75.427 = 389.527(kJ/kg)$$

出口之比焓：

$$h_{a2} + \omega_2 h_{g2} = C_p T_2 + \omega_2 h_{g2} = 1.0035\times293 + 0.0166\times2538.1$$
$$= 294 + 42.132 = 336.132(kJ/kg)$$

$$389.527 + q = 336.132 \Rightarrow q = -53.395(kJ/kg)$$

Saturated water——Temperature table

Temp., T°C	Sat. press., P_{sat}kPa	Specific volume, m³/kg		internal energy, kJ/kg			enthalpy, kJ/kg			Entropy, kJ/kg · K		
		Sat. liquid, v_f	Sat. vapor, v_g	Sat. liquid, u_f	Evap., u_{fg}	Sat. vapor, u_g	Sat. liquid, h_f	Evap., h_{fg}	Sat. vapoe, h_g	Sat. liquid, s_f	Evap., s_{fg}	Sat. vapor, s_g
0.01	0.6113	0.001000	206.14	0.0	2375.3	2375.3	0.01	2501.3	2501.4	0.000	9.1562	9.1562
5	0.8721	0.001000	147.12	20.97	2361.3	2382.3	20.98	2489.6	2510.6	0.0761	8.9496	9.0257
10	1.2276	0.001000	106.38	42.00	2347.22	2389.2	42.01	2477.7	2519.8	0.1510	8.7498	8.9008
15	1.7051	0.001001	77.93	62.99	2333.1	2396.1	62.99	2465.9	2528.9	0.2245	8.5569	8.7814
20	2.339	0.001002	57.79	83.95	2319.0	2402.9	83.96	2454.1	2538.1	0.2966	8.3706	8.6672
25	3.169	001003	43.36	104.88	2305.9	2409.8	104.89	2442.3	2547.2	0.3674	8.1905	8.5580
30	4.246	0.001004	2.89	125.78	2290.8	2416.6	125.79	2430.5	2556.3	0.4369	8.0164	8.4533
35	5.628	0.001006	25.22	146.67	2276.7	2423.4	146.68	2418.6	2565.3	0.5053	7.8478	8.3531
40	7.384	0.001008	19.52	167.56	2262.6	2430.1	167.57	2406.7	2574.3	0.5725	7.6845	8.2570
45	9.593	0.001010	15.26	188.44	2248.4	2436.8	188.45	2394.8	2583.2	0.6387	7.5261	8.1648
50	12.349	0.001012	12.03	209.32	2234.2	2443.5	209.33	2382.7	2592.1	0.7038	7.3725	8.0763
55	15.758	0.001015	9.568	230.21	2219.9	2450.1	230.23	2370.7	2600.9	0.7679	7.2234	7.9913
60	19.940	0.001017	7.671	251.11	2205.5	2456.6	251.13	2358.5	2609.6	0.8312	7.0784	7.9096
65	25.03	0.001020	6.197	272.02	2191.1	2463.1	272.06	2346.2	2618.3	0.8935	6.9375	7.8310
70	31.19	0.001023	5.042	292.95	2176.6	2469.6	292.98	2333.8	2626.8	0.9549	6.8004	7.7553
75	38.58	0.001026	4.131	313.90	2162.0	2475.9	313.93	2321.4	2635.3	1.0155	6.6669	7.6824
80	47.39	0.001029	3.407	334.86	2147.4	2482.2	334.91	2308.8	2643.7	1.0753	6.5369	7.6122

Temp., T°C	Sat. press., P_{sat}kPa	Specific volume, m^3/kg		internal energy, kJ/kg			enthalpy, kJ/kg			Entropy, kJ/kg · K		
		Sat. liquid, v_f	Sat. vapor, v_g	Sat. liquid, u_f	Evap., u_{fg}	Sat. vapor, u_g	Sat. liquid, h_f	Evap., h_{fg}	Sat. vapoe, h_g	Sat. liquid, s_f	Evap., s_{fg}	Sat. vapor, s_g
85	57.83	0.001033	2.828	355.84	2132.6	2488.4	355.90	2296.0	2651.9	1.1343	6.4102	7.5445
90	70.14	0.001036	2.361	376.85	2117.7	2494.5	376.92	2283.2	2660.1	1.1925	6.2866	7.4791
95	84.55	0.001040	1.982	397.88	2102.7	2500.6	397.96	2270.2	2668.1	1.2500	6.1659	7.4159

Ideal-gas properties of air

T K	h kJ/kg	P_r	U kJ/kg	v_f	S° kJ/kg · K	T K	h kJ/kg	P_r	U kJ/kg	v_f	S° kJ/kg · K
200	199.97	0.3363	142.56	1707.0	1.29559	580	586.04	14.38	419.55	115.7	2.37348
210	209.97	0.3987	149.63	1512.0	1.34444	590	596.52	15.31	427.15	110.6	2.39140
220	219.97	0.4690	156.82	1346.0	1.39105	600	607.02	16..28	434.78	105.8	2.40902
230	230.02	0.5477	164.00	1205.0	1.43557	610	617.53	17.30	442.42	101.2	2.42644
240	240.02	0.6355	171.13	1084.0	1.47824	620	628.07	18.36	450.09	96.92	2.44356
250	250.05	0.7329	178.28	979.0	1.15917	630	683.63	19.84	457.78	92.84	2.46048
260	260.09	0.8405	185.45	887.8	1.55848	640	649.22	20.64	465.50	88.99	2.47716
270	270.11	0.9590	192.60	808.0	1.59634	650	659.84	21.86	473.25	85.34	2.49364
280	280.13	1.0889	199.75	738.0	1.63279	660	670.47	23.13	481.01	81.89	2.50985
285	285.14	1.1584	203.33	706.1	1.65055	670	681.14	24.46	488.81	78.61	2.52589
290	290.16	1.2311	206.91	676.1	1.66802	680	691.82	25.85	496.62	75.50	2.54175
295	295.17	1.3068	210.49	647.9	1.68515	690	702.52	27.29	504.45	72.56	2.55731
300	300.19	1.3860	214.07	621.2	1.70203	700	713.27	28.80	512.33	69.76	2.57277
305	305.22	1.4686	217.67	596.0	1.71865	710	724.04	30.38	520.23	67.07	2.58810
310	310.24	1.5546	221.25	572.3	1.73498	720	734.82	32.02	528.14	64.53	2.60319
315	315.27	1.6442	22.85	549.8	1.75106	730	745.62	33.7	536.07	62.13	2.61803
320	320.29	1.7375	228.42	528.6	1.76690	740	756.44	35.50	544.02	59.82	2.63280
325	325.31	1.8345	232.02	508.4	1.78249	750	767.29	37.35	551.99	57.63	2.64737
330	330.34	1.9352	235.61	489.4	1.79783	760	778.18	39.27	560.01	55.54	2.66176
340	340.42	2.149	242.82	454.1	1.82790	780	800.03	43.35	576.12	51.64	2.69013
350	350.49	2.379	250.02	422.2	1.85708	800	821.95	47.75	592.30	48.08	2.71787
360	360.58	2.626	257.24	393.4	1.88543	820	843.98	52.59	608.59	44.84	2.74504
370	370.67	2.892	264.46	367.2	1.91313	840	866.0	57.60	624.95	41.85	2.77170
380	380.77	3.176	271.69	343.4	1.94001	860	888.27	63.09	641.40	39.12	2.79783
390	390.88	3.481	278.93	321.5	1.96633	880	910.56	68.98	657.95	3.61	2.82344
400	400.98	3.806	286.16	301.6	1.99194	900	932.93	75.29	674.58	34.31	2.84856
410	411.12	4.153	293.43	283.3	2.01699	920	955.38	82.05	691.28	32.18	2.87324
420	421.226	4.522	300.69	266.6	2.04142	940	977.92	89.28	708.08	30.22	2.89748
430	431.43	4.915	307.99	251.1	2.06533	960	1000.55	97.00	725.02	28.40	2.92128
440	441.61	5.332	315.30	236.8	2.08870	980	1023.25	105.2	741.98	26.73	2.94468
450	451.80	5.775	322.62	223.6	2.11161	1000	1046.04	114.0	758.94	25.17	2.96770

T K	h kJ/kg	P_r	U kJ/kg	v_f	S° kJ/kg·K	T K	h kJ/kg	P_r	U kJ/kg	v_f	S° kJ/kg·K
460	462.02	6.245	329.97	211.4	2.13407	1020	1068.89	123.4	776.10	23.72	2.99034
470	472.24	6.742	337.32	200.1	2.15604	1040	1091.85	133.3	793.36	23.29	3.01260
480	482.49	7.268	344.70	189.5	2.17760	1060	1114.86	143.9	810.62	21.14	3.03449
490	492.74	7.824	352.08	179.7	2.19876	1080	1137.89	155.2	827.88	19.98	3.05608
500	503.02	8.411	359.49	170.6	2.21952	1100	1161.07	167.1	842.33	18.896	3.07732
510	513.32	9.031	366.92	162.1	2.23993	1120	1184.28	179.7	862.79	17.886	3.09825
520	523.63	9.684	374.36	154.1	2.25997	1140	1207.57	193.1	880.35	16.946	3.11883
530	533.98	10.37	381.84	146.7	2.27967	1160	1230.92	207.2	897.91	16.064	3.13916
540	544.35	110.10	389.34	139.7	2.29906	1180	1254.34	222.2	915.57	15.241	3.15916
550	555.74	11.86	396.86	133.1	2.31809	1200	1277.79	238/.0	933.33	14.470	3.17888
560	565.17	12.66	404.42	127.0	2.33685	1220	1301.31	254.7	951.09	13.747	3.19834
570	575.59	13.50	411.97	121.2	2.35531	1240	1324.93	272.3	968.95	13.069	3.21751

4. 一空氣與水蒸氣之混合物裝盛於一密封之鋼桶內，其體積為$35m^3$，起初之狀態為$P_1 = 1.014bar$，$T_1 = 100°C$，相對濕度$\phi_1 = 12.18\%$，該混合物開始在定容下冷卻，直到狀態2，其溫度$T_2 = 20°C$。假定水蒸氣為理想氣體，$R = 8.314kJ/kmol \cdot K$，$M_{water} = 18kg/kmol$。請決定：起初狀態之絕對濕度ω_1，起初狀態之露點$T_{1,DP}$，起初狀態之比容，起初狀態之水蒸氣質量$M_{v,1}$

T(°C)	pressure(bars)	specific volume(m^3/kg)	
		sat. liquid $v_f \times 10^3$	sar. vapor v_g
20	0.002339	1.0018	57.791
30	0.04246	1.0043	32.894
40	0.07384	1.0078	19.523
50	0.1235	1.0121	12.032
60	0.1994	1.0172	7.671
70	0.3119	1.0228	5.042
80	0.4739	1.0291	3.407
90	0.7014	1.0360	2.361
100	1.014	1.0435	1.673

解析　$\varphi_1 = \dfrac{P_{v1}}{P_g(100)} = \dfrac{P_{v1}}{101.35} = 0.1218 \Rightarrow P_{v1} = 12.34443(kPa)$

$\omega_1 = \dfrac{m_{v1}}{m_{a1}} = 0.622\dfrac{P_{v1}}{P_{a1}} = \dfrac{0.622P_{v1}}{P_{m1}-P_{v1}} = \dfrac{0.622 \times 12.34443}{101.4-12.34443} = \dfrac{7.68}{89} = 0.0863$

由水蒸氣理想氣體方程式

$P_{v1} \times 35 = m_{v1} \times \dfrac{1}{18} \times 8.314 \times 373$

$\Rightarrow 12.34443 \times 35 = m_{v1} \times \dfrac{1}{18} \times 8.314 \times 373$

$\Rightarrow m_{v1} = 2.51(kg)$

又 $\omega_1 = \dfrac{m_{v1}}{m_{a1}} = \dfrac{2.51}{m_{a1}} = 0.0863 \Rightarrow m_{a1} = 29.06(kg)$

可得混合物之比容 $v_{m1} = \dfrac{35}{2.51+29.06} = \dfrac{35}{31.57} = 1.1086(m^3/kg)$

---

5. 有一冷氣機每秒能冷卻200ℓ(公升)的空氣，空氣進入冷氣機的狀態為$30°C$，$10kPa$，相對濕度70%，空氣在冷氣機出口的狀態為$15°C$，$95kPa$，相對濕度＝100%，而凝結的液態水離開冷氣機時溫度為$15°C$，請問這冷氣機每秒從空氣中抽取多少熱量？
(空氣的等壓比熱，$C_p = 1.0035kJ/kg\text{-}K$；氣體常數，$R = 0.287kJ/kg\text{-}k$)

解析　$\varphi_1 = \dfrac{P_{v1}}{P_g(30)} = \dfrac{P_{v1}}{4.2461} = 0.7 \Rightarrow P_{v1} = 2.97227(kPa)$

$\omega_1 = \dfrac{m_{v1}}{m_{a1}} = 0.622\dfrac{P_{v1}}{P_{a1}} = \dfrac{0.622P_{v1}}{P_{m1}-P_{v1}} = \dfrac{0.622 \times 2.97227}{105-2.97227} = \dfrac{1.85}{102.03} = 0.018$

由水蒸氣理想氣體方程式

$$P_{v1} \times 0.2 = m_{v1} \times \frac{1}{18} \times 8.314 \times 303$$

$$\Rightarrow 2.97227 \times 0.2 = m_{v1} \times \frac{1}{18} \times 8.314 \times 303$$

$$\Rightarrow m_{v1} = 0.0042(kg)$$

又 $\omega_1 = \dfrac{m_{v1}}{m_{a1}} = \dfrac{0.0042}{m_{a1}} = 0.018 \Rightarrow m_{a1} = 0.2333(kg)$

$$\varphi_2 = \frac{P_{v2}}{P_g(15)} = \frac{P_{v2}}{1.7051} = 1 \Rightarrow P_{v2} = 1.7051(kPa)$$

$$\omega_2 = \frac{m_{v2}}{m_{a2}} = 0.622\frac{P_{v2}}{P_{a2}} = \frac{0.622P_{v2}}{P_{m2}-P_{v2}} = \frac{0.622 \times 1.7051}{95-1.7051} = \frac{1.0606}{93.3} = 0.0114$$

由水蒸氣理想氣體方程式

$$P_{v2} \times 0.2 = m_{v2} \times \frac{1}{18} \times 8.314 \times 288$$

$$\Rightarrow 1.7051 \times 0.2 = m_{v2} \times \frac{1}{18} \times 8.314 \times 288$$

$$\Rightarrow m_{v2} = 0.00256(kg)$$

又 $\omega_2 = \dfrac{m_{v2}}{m_{a2}} = \dfrac{0.00256}{m_{a2}} = 0.0114 \Rightarrow m_{a2} = 0.22456(kg)$

可算出凝結液態水質量

$$m_{H_2O} = 0.0042 + 0.2333 - 0.00256 - 0.22456 = 0.01038(kg)$$

入口焓值

$$m_{v1}h_{g1} + m_{a1}C_P T_1 = 0.0042 \times 2556.2 + 0.2333 \times 1.0035 \times 303$$
$$= 10.736 + 70.937 = 81.673(kJ)$$

出口焓值

$$m_{v2}h_{g2} + m_{a2}C_P T_2 + m_{H_2O}h_{f2}$$
$$= 0.00256 \times 2528.9 + 0.22456 \times 1.0035 \times 288 + 0.01038 \times 62.98$$
$$= 6.474 + 64.9 + 0.654 = 72.028(kJ)$$

冷氣機吸收的熱量

$81.673 - 72.028 = 9.645(kJ)$

TABLE A.1ST Thermodynamic Properties of Water (SI Units)										
TABLE A.1.1ST Saturated Water: Temperature Table (SI Units)										
		Specific Volume, m³/kg		Internal Energy, kJ/kg			Enthalpy, kJ/kg			Entropy, kJ/kg K		
Temp. °C	Press kPa, MPa	Sat. Liquid,	Sat. Vapor	Sat. Liquid	Evap.	Sat. Vapor	Sat. Liquid	Evap.	Sat. Vapor	Sat. Liquid	Evap.	Sat. Vapor
T	P	v_f	v_g	u_f	u_{fg}	u_g	h_f	h_{fg}	h_g	s_f	s_{fg}	s_g
0.01	0.6113	0.001000	206.132	0.00	2375.3	2375.3	0.00	2501.3	2501.3	0.000	9.1562	9.1562
5	0.8721	0.001000	147.118	20.97	2361.3	2382.2	20.98	2489.6	2510.6	0.0761	8.9496	9.0257
10	1.2276	0.001000	106.377	41.99	2347.2	2389.2	41.99	2477.7	2519.7	0.1510	8.7498	8.9007
15	1.7051	0.001001	77.925	62.98	2333.1	2396.0	62.98	2465.9	2528.9	0.2245	8.5569	8.7813
20	2.339	0.001002	57.790	83.94	2319.0	2402.9	83.94	2454.1	2538.1	0.2966	8.3705	8.6671
25	3.169	001003	43.359	104.86	2305.9	2409.8	104.87	2442.3	2547.2	0.3673	8.1904	8.5579
30	4.246	0.001004	32.893	125.77	2290.8	2416.6	125.77	2430.5	2556.2	0.4369	8.0164	8.4533
35	5.628	0.001006	25.216	146.65	2276.7	2423.4	146.66	2418.6	2565.3	0.5052	7.8478	8.3530
40	7.384	0.001008	19.523	167.53	2262.6	2430.1	167.54	2406.7	2574.3	0.5724	7.6845	8.2569
45	9.593	0.001010	15.258	188.41	2248.4	2436.8	188.42	2394.8	2583.2	0.6386	7.5261	8.1647
50	12.349	0.001012	12.032	209.30	2234.2	2443.5	209.31	2382.7	2592.1	0.7037	7.3725	8.0762
55	15.758	0.001015	9.568	230.19	2219.9	2450.1	230.20	2370.7	2600.9	0.7679	7.2234	7.9912
60	19.940	0.001017	7.671	251.09	2205.5	2456.6	251.11	2358.5	2609.6	0.8311	7.0784	7.9095
65	25.03	0.001020	6.197	272.00	2191.1	2463.1	272.03	2346.2	2618.3	0.8934	6.9375	7.8309
70	31.19	0.001023	5.042	292.93	2176.6	2469.6	292.96	2333.8	2626.8	0.9548	6.8004	7.7552
75	38.58	0.001026	4.131	313.87	2162.0	2475.9	313.91	2321.4	2635.3	1.0154	6.6669	7.6824
80	47.39	0.001029	3.407	334.84	2147.4	2482.2	334.88	2308.8	2643.7	1.0752	6.5369	7.6121
85	57.83	0.001033	2.828	355.82	2132.6	2488.4	355.88	2296.0	2651.9	1.1342	6.4102	7.5444
90	70.14	0.001036	2.361	376.82	2117.7	2494.5	376.90	2283.2	2660.1	1.1924	6.2866	7.4790
95	84.55	0.001040	1.982	397.86	2102.7	2500.6	397.94	2270.2	2668.1	1.2500	6.1659	7.4158
100	0.10135	0.001044	1.6729	418.91	2087.6	2506.5	419.02	2257.0	2676.0	1.3068	6.0480	7.3548

6. 空氣的乾球溫度（$t_{D.B}$）為35°C，露點溫度（$t_{D.P}$）為25°C，水蒸氣飽和壓力為$P_{sat}(35°C)=5.628Kpa$，$P_{sat}(25°C)=3.169Kpa$。試求(a)相對溫度(b)絕對濕度。假設大氣壓力為101.35Kpa。

解析　由乾球溫度35°C，露點溫度25°C，查露點溫度圖可得乾濕球溫度差7.5°C，可查得相對濕度 $\varphi_1 = 0.56$

7. A plant factory is kept at relative humidity RH=80% and dry bulb temperature = 20°C. Find out the corresponding (1) wet bulb temperature (2) dew point (3) absolute humidity (4) specific enthalpy under this condition.

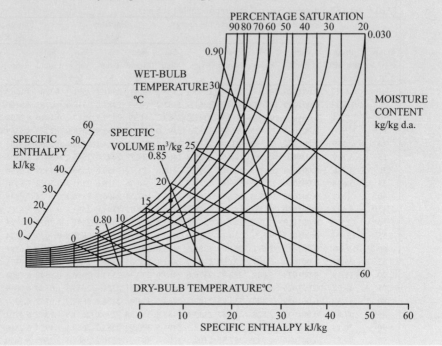

解析 (1)濕球溫度18°C
　　　　(2)露點溫度17°C
　　　　(3)絕對溼度0.013
　　　　(4)比焓為47kJ/kg

8. Air at 30°C and 60% relative humidity is cooled to 15°C by passing the cooling coils. Using psychrometric chart (on page 3), determine the psychrometric properties (dry-bulb temperature, wet-bulb temperature, dew point temperature, relative humidity, humidity ratio, specific volume, and enthalpy) of the air after it cooled, the sensible and latent heat removed, and the water vapor condensed per kg of dry air.

30°C, 60% relative humidity
↓
cooler
15°C

解析　由 $T_2=15°C$ 查表可得 $P_{g2}=1.7051(kJ/kg)$ ， $h_{f2}=62.99(kJ/kg)$ ，

$h_{fg2}=2465.9(kJ/kg)$ ， $h_{g2}=2528.9(kJ/kg)$

由 $T_1=15°C$ 查表可得 $P_{g1}=4.246(kPa)$ ， $h_{g1}=2556.3(kJ/kg)$

(一)出口處 $P_{v2}=P_{g2}=1.7051(kPa)$

$$\varphi_1=\frac{P_v}{P_g(T)}=\frac{P_{v1}}{P_{g1}}=\frac{P_{v1}}{4.246}=0.6$$

$P_{v1}=2.5476(kPa)$

$$\omega_1=\frac{m_{v1}}{m_{a1}}=0.622\frac{P_{v1}}{P_{a1}}=\frac{0.622P_{v1}}{P_m-P_{v1}}=\frac{0.622\times2.5476}{100-2.5476}=\frac{1.5846}{97.4524}=0.01626$$

$$\omega_1=\frac{C_{Pa}(T_2-T_1)+\omega_2h_{fg2}}{h_{g1}-h_{f2}}=\frac{1(15-30)+\omega_2\times2465.9}{2556.3-62.99}=0.01626$$

$$\frac{-15+\omega_2\times2465.9}{2493.31}=0.01626\Rightarrow\omega_2=0.02252$$

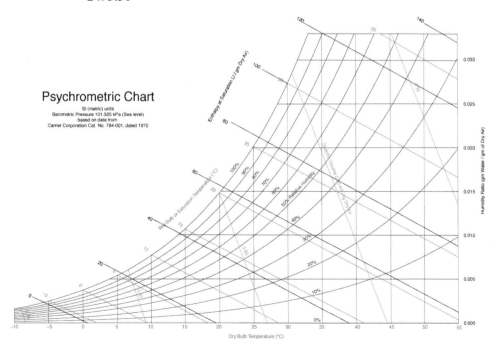

Psychrometric Chart

SI (metric) units
Barometric Pressure 101.325 kPa (Sea level)
based on data from
Carrier Corporation Cat. No. 794-001, dated 1975

Dry Bulb Temperature (°C)

8-2 溫室效應 ☆

> **考題方向**　在本節中，我們將探討溫室效應之成因，各種溫室氣體對長波輻射的吸收率為必考焦點。

溫室氣體（Greenhouse Gas, GHG）或稱溫室效應氣體是指大氣中促成溫室效應的氣體成分。自然溫室氣體包括水氣（H_2O），水氣所產生的溫室效應大約佔整體溫室效應的60-70%，其次是二氧化碳（CO_2）大約佔26%，其他還有臭氧（O_3）、甲烷（CH_4）、氧化亞氮（又稱笑氣，N_2O）、以及人造溫室氣體氟氯碳化物（CFCs）、全氟碳化物（PFCs）、氫氟碳化物（HFCs），含氯氟烴（HCFCs）及六氟化硫（SF_6）等。

一般稱太陽輻射稱為短波輻射，地球輻射為長波輻射。大氣及雲會吸收部分地表放出的長波輻射，再將一部份能量向下輻射為下層大氣或地表所吸收，低層大氣吸收較多輻射，所以大氣溫度隨高度遞減。此種作用稱為「大氣效應」（atmospheric effect），俗稱「溫室效應」（greenhouse effect）。

Important Atmospheric Greenhouse Gases	
Name and Chemical Symbol	Concentration (ppm by volume)
Water vapor, H_2O	0.1(South Pole)-40,000 (tropics)
Carbon dioxide, CO_2	370
Methane, CH_4	1.7
Nitrous oxide, N_2O	0.3
Ozone, O_3	0.01 (at the surface)
Freon-11, CCl_3F	0.00026
Freon-12, CCl_2F_2	0.00054

溫室氣體及其濃度

下圖為海洋和陸地出現天然氣水合物的世界範圍的分佈。多年冰凍的北極地
區（▲），在地震的區域露出的海底大陸坡（◯）或直接取樣（★）發現了
天然氣水合物。

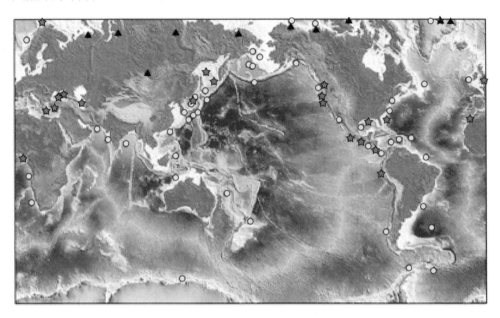

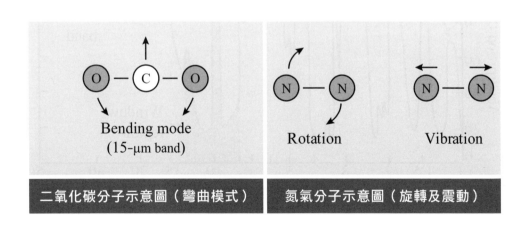

二氧化碳分子示意圖（彎曲模式）　氮氣分子示意圖（旋轉及震動）

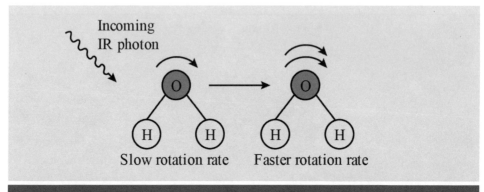

水氣分子示意圖（慢速旋轉及快速旋轉）

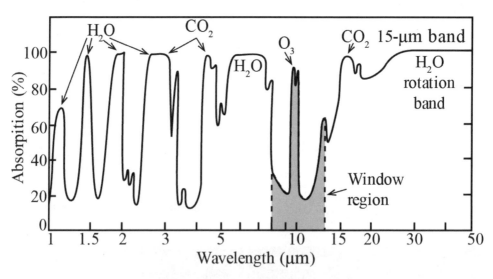

各種溫室氣體對長波輻射的吸收率

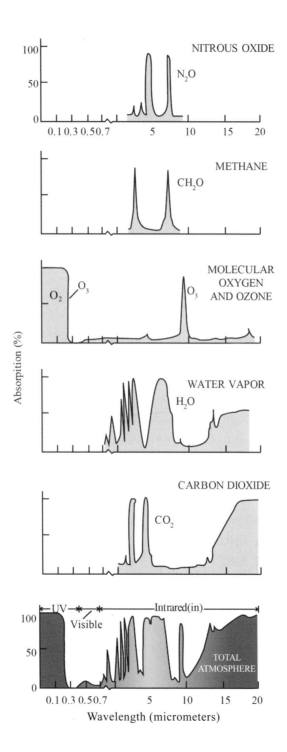

8-3 燃燒學 ☆☆☆

考題方向 在本節中，我們將探討有機化合物之燃燒反應，空氣燃料比、理論空氣百分比及過剩空氣百分比為必考焦點。

空氣燃料比（air-fuel ratio）

$$AF = \frac{m_{air}}{m_{fuel}}$$

試題觀摩

1. Octane (C_8H_{18}) is burned with dry air. The volumetric analysis of the products on a dry basis is:CO_2: 10.02%, O_2: 5.62%, CO: 0.88%, N_2: 83.48%.

Determine (a) the air-fuel ratio, and (b) the percentage of theoretical air used.

解析 先列出化學反應式

$xC_8H_{18} + aO_2 + 3.76aN_2 \rightarrow 10.02CO_2 + 0.88CO + 5.62O_2 + 83.48N_2 + bH_2O$

N_2的平衡：$3.76a = 83.48 \Rightarrow a = 22.2$

C的平衡：$8x = 10.02 + 0.88 \Rightarrow x = 1.36$

O的平衡：$22.2 \times 2 = 10.02 \times 2 + 0.88 + 5.62 \times 2 + b$

$44.4 = 20.04 + 0.88 + 11.24 + b \Rightarrow b = 12.24$

方程式變為

$1.36C_8H_{18} + 22.2(O_2 + 3.76N_2) \rightarrow$

$10.02CO_2 + 0.88CO + 5.62O_2 + 83.48N_2 + 12.24H_2O$

上式同除1.36

$C_8H_{18} + 16.32(O_2 + 3.76N_2) \rightarrow 7.37CO_2 + 0.65CO + 4.13O_2 + 61.38N_2 + 9H_2O$

(a)$m_{air} = 16.32(32 + 3.76 \times 28) = 2240.4(kg)$

$m_{fuel} = 1 \times 114 = 114(kg)$

$AF = \dfrac{m_{air}}{m_{fuel}} = \dfrac{2240.4}{114} = 19.65$

(b)此反應之化學計量方程式為

$C_8H_{18} + 12.5(O_2 + 3.76N_2) \rightarrow 8CO_2 + 60.16N_2 + 9H_2O$

理論空氣百分比$\dfrac{16.32}{12.5} = 130.56\%$

過剩空氣百分比30.56%

---

2. 若甲烷(CH_4)和空氣燃燒後，其產物乾燥分析為CO_2：10.00%、O_2：2.38%、CO：0.52%及N_2：87.10%(假設空氣中N_2與O_2體積佔比為3.76：1，空氣分子量為28.84)，試求：

(1)甲烷(CH_4)和空氣燃燒後的燃燒反應方程式。

(2)此燃燒反應以質量為計量標準的空氣－燃料比。(計算至小數點後第2位，以下四捨五入)

(3)此燃燒反應實際供應之空氣量為理論空氣量的幾倍。(計算至小數點後第1位，以下四捨五入) (103經濟部)

解析 (1)先列出化學反應式

$xCH_4 + aO_2 + 3.76aN_2 \rightarrow 10CO_2 + 0.52CO + 2.38O_2 + 87.1N_2 + bH_2O$

N_2的平衡： $3.76a = 87.1 \Rightarrow a = 23.165$

C的平衡： $x = 10 + 0.52 \Rightarrow x = 10.52$

O的平衡：$23.165 \times 2 = 10 \times 2 + 0.52 + 2.38 \times 2 + b$

$46.33 = 20 + 0.52 + 4.76 + b \Rightarrow b = 21.05$

方程式變為

$10.52CH_4 + 23.165(O_2 + 3.76N_2) \rightarrow$

$10CO_2 + 0.52CO + 2.38O_2 + 87.1N_2 + 21.05H_2O$

上式同除10.52

$CH_4 + 2.2(O_2 + 3.76N_2) \rightarrow 0.95CO_2 + 0.05CO + 0.226O_2 + 8.28N_2 + 2H_2O$

(2)$m_{air} = 2.2(32 + 3.76 \times 28) = 302(kg)$

$m_{fuel} = 1 \times 16 = 16(kg)$

$$AF = \frac{m_{air}}{m_{fuel}} = \frac{302}{16} = 18.875$$

(3)此反應之化學計量方程式為

$$CH_4 + 2(O_2 + 3.76N_2) \rightarrow CO_2 + 7.52N_2 + 2H_2O$$

理論空氣百分比 $\frac{2.2}{2} = 110\%$

過剩空氣百分比10%

---

3. 丙烷(C_3H_8)和乾燥空氣混合燃燒。其燃燒產物經乾燥分析後，發現各產物之質量分率如下：

CO_2：8.786%，CO：2.796%，O_2：9.584%，N_2：78.834%

由以上數據，推算出在此燃燒過程所須理論空氣量之百分率(Percent of theoretical air)。

解析　先列出化學反應式

$$xC_3H_8 + aO_2 + 3.76aN_2 \rightarrow 8.786CO_2 + 2.8CO + 9.584O_2 + 78.834N_2 + bH_2O$$

N_2的平衡：$3.76a = 78.834 \Rightarrow a = 21$

C的平衡：$3x = 8.786 + 2.8 \Rightarrow x = 3.862$

O的平衡：$21 \times 2 = 8.786 \times 2 + 2.8 + 9.584 \times 2 + b$

$42 = 17.572 + 2.8 + 19.168 + b \Rightarrow b = 2.46$

方程式變為

$3.862C_3H_8 + 21(O_2 + 3.76N_2) \rightarrow$

$8.786CO_2 + 2.8CO + 9.584O_2 + 78.834N_2 + 2.46H_2O$

上式同除3.862

$$C_3H_8 + 5.4376(O_2 + 3.76N_2) \rightarrow$$
$$2.275CO_2 + 0.725CO + 2.48O_2 + 20.4N_2 + 0.637H_2O$$

(a) $m_{air} = 5.4376(32 + 3.76 \times 28) = 746.474(kg)$

$\quad m_{fuel} = 1 \times 44 = 44(kg)$

$\quad AF = \dfrac{m_{air}}{m_{fuel}} = \dfrac{746.474}{44} = 17$

(b)此反應之化學計量方程式為

$\quad C_3H_8 + 5(O_2 + 3.76N_2) \rightarrow 3CO_2 + 18.8N_2 + 4H_2O$

$\quad$理論空氣百分比 $\dfrac{5.4376}{5} = 108.752\%$

附表

表A-1
各種氣體的理想氣體比熱值

(a)在300K

氣體	化學式	氣體常數R kJ/(kg·K)	C_{pO} kJ/(kg·K)	C_{vO} kJ/(kg·K)	k
空氣	—	0.2870	1.005	0.718	1.400
氬	Ar	0.2081	0.5203	0.3122	1.667
丁烷	C_4H_{10}	0.1433	1.7164	1.5734	1.091
二氧化碳	CO_2	0.1889	0.846	0.657	1.289
一氧化碳	CO	0.2968	1.040	0.744	1.400
乙烷	C_2H_6	0.2765	1.7662	1.4897	1.186
乙烯	C_2H_4	0.2964	1.5482	1.2518	1.237
氦	He	2.0769	5.1926	3.1156	1.667
氫	H_2	4.1240	14.307	10.183	1.405
甲烷	CH_4	0.5182	2.2537	1.7354	1.299
氖	Ne	0.4119	1.0299	0.6179	1.667
氮	N_2	0.2968	1.039	0.743	1.400
辛烷	C_8H_{18}	0.0729	1.7113	1.6385	1.044
氧	O_2	0.2598	1.918	0.658	1.395
丙烷	C_3H_8	0.1885	1.6794	1.4909	1.126
水蒸氣	H_2O	0.4615	1.8723	1.4108	1.327

來源：Gordon J. Van Wylen and Richard E. Sonntag, Fundamentals of Classical Thermodynamics, Engish/SI Version, 3d ed., Wiley, New York, 1986, p. 687, table A.8SI.

表A-2
飽和水──溫度表

溫度	飽和壓力	比容 m³/kg		內能 kJ/kg			焓 kJ/kg			熵 kJ/(kg·K)		
		Sat. liquid	Sat. vapor	Sat. liquid	Evap.	Sat. vapor	Sat. liquid	Evap.	Sat. vapor	Sat. liquid	Evap.	Sat. vapor
°C T	kPa P_{sai}	v_f	v_g	u_f	u_{tg}	u_g	h_f	h_{fg}	h_g	s_f	s_{fg}	s_g
0.01	0.6113	0.001000	206.14	0.0	2375.3	2375.3	0.01	2501.3	2501.4	0.000	9.1562	9.1562
5	0.8721	0.001000	147.12	20.97	2361.3	2382.3	20.98	2489.6	2510.6	0.0761	8.9496	9.0257
10	1.2276	0.001000	106.38	42.00	2347.22	2389.2	42.01	2477.7	2519.8	0.1510	8.7498	8.9008
15	1.7051	0.001001	77.93	62.99	2333.1	2396.1	62.99	2465.9	2528.9	0.2245	8.5569	8.7814
20	2.339	0.001002	57.79	83.95	2319.0	2402.9	83.96	2454.1	2538.1	0.2966	8.3706	8.6672
25	3.169	001003	43.36	104.88	2305.9	2409.8	104.89	2442.3	2547.2	0.3674	8.1905	8.5580
30	4.246	0.001004	2.89	125.78	2290.8	2416.6	125.79	2430.5	2556.3	0.4369	8.0164	8.4533
35	5.628	0.001006	25.22	146.67	2276.7	2423.4	146.68	2418.6	2565.3	0.5053	7.8478	8.3531
40	7.384	0.001008	19.52	167.56	2262.6	2430.1	167.57	2406.7	2574.3	0.5725	7.6845	8.2570
45	9.593	0.001010	15.26	188.44	2248.4	2436.8	188.45	2394.8	2583.2	0.6387	7.5261	8.1648
50	12.349	0.001012	12.03	209.32	2234.2	2443.5	209.33	2382.7	2592.1	0.7038	7.3725	8.0763
55	15.758	0.001015	9.568	230.21	2219.9	2450.1	230.23	2370.7	2600.9	0.7679	7.2234	7.9913
60	19.940	0.001017	7.671	251.11	2205.5	2456.6	251.13	2358.5	2609.6	0.8312	7.0784	7.9096
65	25.03	0.001020	6.197	272.02	2191.1	2463.1	272.06	2346.2	2618.3	0.8935	6.9375	7.8310
70	31.19	0.001023	5.042	292.95	2176.6	2469.6	292.98	2333.8	2626.8	0.9549	6.8004	7.7553
75	38.58	0.001026	4.131	313.90	2162.0	2475.9	313.93	2321.4	2635.3	1.0155	6.6669	7.6824
80	47.39	0.001029	3.407	334.86	2147.4	2482.2	334.91	2308.8	2643.7	1.0753	6.5369	7.6122
85	57.83	0.001033	2.828	355.84	2132.6	2488.4	355.90	2296.0	2651.9	1.1343	6.4102	7.5445
90	70.14	0.001036	2.361	376.85	2117.7	2494.5	376.92	2283.2	2660.1	1.1925	6.2866	7.4791
95	84.55	0.001040	1.982	397.88	2102.7	2500.6	397.96	2270.2	2668.1	1.2500	6.1659	7.4159
	飽和壓力 MPa											
100	0.10135	0.001044	1.6729	418.94	2087.6	2506.5	419.04	2257.0	2676.1	1.3069	6.0480	7.3549
105	0.12082	0.001048	1.4194	440.02	2072.3	2512.4	440.15	2243.7	2683.8	1.3630	5.9328	7.2958
110	0.14327	0.001052	1.2102	461.14	2057.0	2518.1	461.30	2230.2	2691.5	1.4182	5.8202	7.2387
115	0.16906	0.001056	1.0366	482.30	2041.4	2523.7	482.48	2216.5	2699.0	1.4734	5.7100	7.1833
120	0.19853	0.001060	0.8919	503.50	2025.8	2529.3	503.71	2202.6	2706.3	1.5276	5.6020	7.1296
125	0.2321	0.001065	0.7706	524.74	2009.9	2534.6	524.99	2188.5	2713.5	1.5813	5.4962	7.0775
130	0.2701	0.001070	0.6685	546.02	1993.9	2539.9	465.31	2174.2	2720.5	1.6344	5.3925	7.0269
135	0.3130	0.001075	0.5822	567.35	1977.7	2545.0	567.69	2159.6	2727.3	1.6870	5.2907	6.9777

溫度	飽和壓力	比容 m³/kg		內能 kJ/kg			焓 kJ/kg			熵 kJ/(kg·K)		
		Sat. liquid	Sat. vapor	Sat. liquid	Evap.	Sat. vapor	Sat. liquid	Evap.	Sat. vapor	Sat. liquid	Evap.	Sat. vapor
℃	kPa											
T	P_{sai}	v_f	v_g	u_f	u_{tg}	u_g	h_f	h_{fg}	h_g	s_f	s_{fg}	s_g
140	0.3613	0.001080	0.5089	588.74	1961.3	2550.0	589.13	2144.7	2733.9	1.7391	5.1906	6.9299
145	0.4154	0.001085	0.4463	610.18	1944.7	2554.9	610.63	2129.6	2740.3	1.7907	5.0926	6.8833
150	0.4758	0.001091	0.3928	631.68	1927.9	2559.5	632.20	2114.3	2746.5	1.8418	4.9960	6.8379
155	0.5431	0.001096	0.3468	653.24	1910.8	2564.1	653.84	2098.6	2752.4	1.8925	4.9010	6.7935
160	0.6178	0.001102	0.3071	674.87	1893.5	2568.4	675.55	2082.6	2758.1	1.9427	4.8075	6.7502
165	0.7005	0.001108	0.2727	696.56	1876.0	2572.5	697.34	2066.2	2763.5	1.9925	4.7153	6.7078
170	0.7917	0.001114	0.2428	718.33	1858.1	2576.5	719.21	2049.5	2768.7	2.0419	4.6244	6.6663
175	0.8920	0.001121	0.2168	740.17	1840.0	2580.2	741.17	2032.4	273.6	2.099	4.5347	6.6256
180	1.0021	0.001127	0.19405	762.09	1821.6	2583.7	763.22	2015.0	2778.2	2.1396	4.4461	6.5857
185	1.227	0.001134	0.17409	784.10	1802.9	2587.0	785.37	1997.1	2782.4	2.1879	4.3586	6.5465
190	1.2544	0.001141	0.15654	806.19	1783.8	2590.0	807.62	1978.8	2786.4	2.2359	4.2720	6.5079
195	1.3978	0.001149	0.14105	828.37	1764.4	2592.8	829.95	1960.0	2790.0	2.2835	4.1853	6.4698
200	1.5538	0.001157	0.12736	850.65	1744.7	2595.3	852.45	1940.7	2793.2	2.3309	4.1014	6.4323
205	1.7230	0.001164	0.11521	873.04	1724.5	2597.5	875.04	1921.0	2796.0	2.3780	4.0172	6.3952
210	1.9062	0.001173	0.10441	895.53	1703.9	2599.5	897.76	1900.7	2798.5	2.4248	3.9337	6.3585
215	2.104	0.001181	0.09479	918.4	1682.9	2601.1	920.62	1879.9	2800.5	2.4714	3.8507	6.3221
220	2.318	0.001190	0.08619	940.87	1661.5	2602.4	943.62	1858.5	2802.1	2.5178	3.7683	6.2861
225	2.548	0.001199	0.07849	963.73	1639.6	2603.3	966.78	1835.5	2803.3	2.5639	3.6863	6.2503
230	2.795	0.001209	0.07158	986.74	1617.2	2603.9	990.12	1813.8	2804.0	2.6099	3.6047	6.2146
235	3.060	0.001219	0.06537	1009.89	1594.2	2604.1	1013.62	1790.5	2804.2	2.6558	3.5233	6.1791
240	3.344	0.001229	0.05976	1033.21	1570.8	2604.0	1037.32	1766.5	2803.8	2.7015	3.4422	6.1437
245	3.648	0.001240	0.05471	1056.71	1546.7	2603.4	1061.23	1741.7	2803.0	2.7472	3.3612	6.1083
250	3.973	0.001251	0.05013	1080.39	1522.0	2602.4	1085.36	1716.2	2801.5	2.7927	3.2802	6.0730
255	4.319	0.001263	0.04598	1104.28	1596.7	2600.9	1109.73	1689.8	2799.5	2.8383	3.1992	6.0375
260	4.688	0.001276	0.04221	1128.39	1470.6	2599.0	1134.37	1662.5	2796.9	2.8838	3.1181	6.0019
265	5.081	0.001289	0.03877	1152.74	1443.9	2596.6	1159.28	1634.4	2793.6	2.9294	3.0368	5.9662
270	5.499	0.001302	0.03564	1177.36	1416.3	2593.7	1184.51	1605.2	2789.7	2.9751	2.9551	5.9301
275	5.942	0.001317	0.03279	1202.25	1387.9	2590.2	1210.07	1574.9	2785.0	3.0208	2.8730	5.8938
280	6.412	0.001332	0.03017	1227.46	1358.7	2586.1	1235.99	1543.6	2779.6	3.0668	2.7903	5.8571
285	6.909	0.001348	0.02777	1253.00	1328.4	2581.4	1262.31	1511.0	2773.3	3.1130	2.7070	5.8199
290	7.436	0.001366	0.02557	1278.92	1297.1	2576.0	1289.07	1477.0	2766.2	3.1594	2.6227	5.7821
295	7.993	0.001384	0.02354	1305.2	1264.7	2569.9	1316.3	1441.8	2758.1	3.2062	2.5375	5.7437
300	8.581	0.001404	0.02161	1332.0	1231.0	2563.0	1344.0	1404.9	2749.0	3.2534	2.4511	5.7045

溫度	飽和 壓力	比容 m³/kg		內能 kJ/kg			焓 kJ/kg			熵 kJ/(kg・K)			
		Sat. liquid	Sat. vapor	Sat. liquid	Evap.	Sat. vapor	Sat. liquid	Evap.	Sat. vapor	Sat. liquid	Sat. Evap.	Sat. vapor	
°C	kPa												
T	P_{sai}	v_f	v_g	u_f	u_{tg}	u_g	h_f	h_{fg}	h_g	s_f	s_{fg}	s_g	
305	9.202	0.001425	0.019948	1359.3	1195.9	2555.2	1372.4	1366.4	2738.7	3.3010	2.3633	5.6643	
310	9.856	0.001447	0.018350	1387.1	1159.4	2546.4	1401.3	1326.0	2727.3	3.3493	2.2737	5.6230	
315	10.547	0.001472	0.016867	1415.5	1121.1	2536.6	1431.0	1283.5	2714.5	3.3982	2.1821	5.5804	
320	11.274	0.001499	0.015488	1444.6	1080.9	2525.5	1461.5	1238.6	2700.1	3.4480	2.882	5.5362	
330	12.845	0.001561	0.012996	1505.3	993.7	2498.9	1525.3	1140.6	2665.9	3.5507	1.8909	5.4417	
340	14.586	0.001638	0.010797	1570.3	894.3	2464.6	1594.2	1027.9	2622.0	3.6594	1.6763	5.3357	
350	16.513	0.001740	.008813	1641.9	776.6	2418.4	1670.6	893.4	2563.9	3.7777	1.4335	5.2112	
360	18.651	0.001893	0.006945	1725.2	626.3	2351.5	1760.5	720.3	2481.0	3.9147	1.1379	5.0526	
370	21.03	0.002213	0.004925	1844.0	384.5	2228.5	1890.5	441.6	2332.1	4.1106	0.6865	4.7971	
374.14	22.09	0.003155	0.003155	2029.6	0	2029.6	2099.3	0	2099.3	4.4298	0	4.4298	

來源：Tables A-4 through A-8 are adapted from Gordon J. Van Wylen and Richard E. Sonntag, Fundamentals of Classical Thermodynamics, English/SI Version, 3d ed., Willey, New York, 1986, pp. 635-651. Originally published in Joseph H. Keenan, Frederick G. Keyes, Philip G. Hill, and Joan G. Moore, Steam Tables, SI Units, Willey, New York, 1978.

表A-3
飽和水——壓力表

壓力kPa P	飽和溫度 °C T	比容 m³/kg		內能 kJ/kg			焓 kJ/kg			熵 kJ/(kg·K)		
		Sat. liquid v_f	Sat. vapor v_g	Sat. liquid u_f	Evap. u_{fg}	Sat. vapor u_g	Sat. liquid h_f	Evap. h_{fg}	Sat. vapor h_g	Sat. liquid s_f	Evap. s_{fg}	Sat. vapor s_g
0.6113	0.01	0.001000	206.14	0.00	2375.3	2375.3	0.01	2501.3	2501.4	0.0000	9.1562	9.1562
1.0	6.98	0.001000	129.21	29.30	2355.7	2375.0	29.30	2454.9	2514.2	0.1059	8.8697	8.9756
1.5	13.03	0.001001	87.98	54.71	2336.6	2393.3	54.71	2470.6	2525.3	0.1957	8.6322	8.8279
2.0	17.50	0.001001	67.00	73.48	2326.0	2399.5	73.48	2460.0	2533.5	0.2607	8.4629	8.7237
2.5	21.08	0.001002	54.25	88.48	2315.9	2404.4	88.79	2451.6	2540.0	0.3120	8.3311	8.6432
3.0	24.08	0.001003	45.67	101.04	2307.5	2408.5	101.05	2444.5	2545.5	0.3545	8.2231	8.5776
4.0	28.96	0.001004	34.80	121.45	2293.7	2415.2	121.46	2432.9	2554.4	0.4226	8.0520	8.4746
5.0	32.86	0.001005	25.19	137.81	2262.7	2420.5	137.62	2423.7	2661.5	0.4764	7.9187	8.3951
7.5	40.29	0.001008	19.24	166.78	2261.7	2430.5	168.79	2406.0	2574.8	0.5764	7.6760	8.2515
10	45.61	0.001010	14.67	191.82	2246.1	2437.9	191.63	2392.8	2584.7	0.6493	7.5009	8.1502
15	53.97	0.001014	10.02	225.92	2222.8	2448.7	225.94	2373.1	2599.1	0.7549	7.2536	8.2515
20	60.06	0.001017	7.649	251.38	2205.4	2456.7	251.40	2358.3	2609.7	0.6320	7.0766	8.0085
25	64.97	0.001020	6.204	271.90	2191.2	2463.1	271.93	2346.3	2618.2	0.6931	6.9383	7.7686
30	69.10	0.001022	5.229	269.20	2179.2	2468.4	269.23	2336.1	2625.3	0.9439	6.8247	7.6700
40	75.87	0.001027	3.993	319.53	2159.5	2477.0	317.58	2319.2	2636.8	1.0259	6.6441	7.5939
50	81.33	0.001030	3.240	340.44	2443.4	2483.9	340.49	2305.4	2645.9	1.0910	6.5029	7.5939
75	91.78	0.001037	2.217	384.34	2112.4	2495.7	354.39	2276.6	2663.0	1.2130	6.2434	7.4564
壓力. MPa												
0.100	99.63	0.001043	1.6940	417.36	2088.7	2506.1	417.46	2256.0	2675.5	1.3026	6.0566	7.3594
0.125	106.99	0.001048	1.3749	444.19	2069.3	2513.5	444.32	2241.0	2685.4	1.3740	5.9104	7.2844
0.160	111.37	0.001053	1.1593	466.94	2062.7	2519.7	467.11	2226.5	2693.6	1.4336	5.7697	7.2233
0.175	116.06	0.001057	1.0036	486.80	3029.1	2624.9	486.99	2213.6	3700.6	1.4879	5.6868	7.1717
0.200	120.23	0.001051	0.8857	504.49	2025.0	2529.5	504.70	2201.9	2706.7	1.5301	5.5970	7.1271
0.225	124.00	0.001064	0.7933	520.47	2013.1	2633.6	520.72	2191.3	2712.1	1.5706	5.5173	7.0878
0.250	127.44	0.001067	0.7187	535.10	2002.1	2637.2	535.7	2181.5	2716.9	1.6072	5.4455	7.0627
0.275	130.60	0.001070	0.55473	548.59	1991.9	2540.5	548.89	2172.4	2721.3	1.6405	5.3801	7.0209
0.300	133.55	0.001073	0.6058	561.15	1982.4	2543.6	561.47	2163.8	2725.3	1.6715	5.3201	6.9919
0.325	136.30	0.001076	0.5620	572.90	1973.5	2546.4	573.25	2155.8	2729.0	1.7005	5.2646	6.9652
0.350	138.88	0.001079	0.5243	583.95	1965.0	2548.9	584.33	2148.1	2732.4	1.7275	5.2130	6.9405
0.375	141.32	0.001081	0.4914	594.40	1956.9	2551.3	594.81	2140.8	2735.6	1.7528	5.1647	6.9175
0.40	143.63	0.001084	0.4625	604.31	1949.3	5223.6	604.74	2133.8	2738.6	1.7766	5.1193	6.8959
0.45	147.93	0.001088	0.4140	622.77	1934.9	2557.6	623.25	2120.7	2743.9	1.8207	5.0359	6.8565
0.50	151.86	0.001093	0.3747	639.68	1921.6	2661.2	640.23	2108.5	2748.7	1.8607	4.9606	6.8213
0.55	155.48	0.001097	0.3427	655.32	1909.2	2564.5	665.93	2097.0	2753.0	1.8973	4.8920	6.7893
0.60	156.85	0.001101	0.3157	669.90	1897.5	2567.4	670.56	2086.3	2756.8	1.9312	4.8288	6.7600

壓力kPa P	飽和溫度 ˚C T	比容 m³/kg		內能 kJ/kg			焓 kJ/kg			熵 kJ/(kg·K)		
		Sat. liquid v_f	Sat. vapor v_g	Sat. liquid u_f	Evap. u_{fg}	Sat. vapor u_g	Sat. liquid h_f	Evap. h_{fg}	Sat. vapor h_g	Sat. liquid s_f	Evap. s_{fg}	Sat. vapor s_g
0.65	162.01	0.001104	0.2927	663.56	1888.8	2570.1	684.28	2076.0	2760.3	1.9627	4.7703	6.7331
0.70	164.97	0.001106	0.2729	696.44	1876.1	2572.+	697.22	2066.3	2763.5	1.9922	4.7158	6.7080
0.75	149.7	0.001112	0.2556	705.64	1866.1	2574.7	709.47	2057.0	2766.4	2.0200	4.6647	6.6847
0.80	170.43	0.001115	0.2404	720.22	1656.6	2576.8	721.11	2048.0	2769.1	.0462	4.6166	6.6628
0.85	172.96	0.001118	0.2270	731.27	1647.4	2578.7	732.22	2037.4	2771.6	2.0710	4.5711	6.6421
0.90	175.38	0.001121	0.2150	741.83	1635.6	2580.5	742.83	2031.1	2773.9	2.0946	4.5282	6.6041
0.95	177.69	0.001124	0.2042	751.95	1630.2	2582.1	753.02	2023.1	2776.1	2.1172	4.4869	6.5865
1.00	179.91	0.001127	0.19444	761.68	1622.0	2583.6	762.81	2015.3	2775.1	2.1387	4.4478	6.5536
1.10	184.09	0.001133	0.17753	760.09	1906.3	2586.4	781.34	2000.4	2761.7	2.1792	4.3744	6.5233
1.20	187.99	0.001139	0.16333	797.29	1791.5	2588.8	798.65	1986.2	2784.6	2.2166	4.3067	6.4953
1.30	191.64	0.001144	0.16125	813.44	1777.6	2591.0	614.93	1972.7	2787.6	2.2515	4.2438	6.4953
1.40	195.07	0.001149	0.14084	828.70	1764.1	2592.8	830.30	1959.7	2790.0	2.2842	4.1850	6.4693
1.50	198.32	0.001154	0.13177	843.16	1751.3	2594.5	844.89	1947.3	2792.2	2.3150	4.1298	6.4448
1.75	205.76	0.001166	0.11349	876.46	1721.4	2597.8	878.50	1917.9	2796.4	2.3851	4.0044	6.3896
2.00	212.42	0.001177	0.09963	906.44	1693.8	2600.3	908.79	1890.7	2799.5	2.4474	3.8935	6.3409
2.25	218.45	0.001187	0.08875	933.83	1668.2	2602.0	936.49	1865.2	2801.7	2.5035	3.7937	6.2972
2.5	223.99	0.001197	0.07998	959.11	1644.0	2603.1	962.11	1841.0	2803.1	2.5547	3.7028	6.2575
3.0	233.90	0.001217	0.06668	1004.78	1599.3	2604.1	1008.42	1795.7	2804.2	2.6457	3.5412	6.1869
3.5	242.60	0.001235	0.05707	1045.43	1558.3	2603.7	1049.75	1753.7	2803.4	2.7253	3.4000	6.1253
4	250.40	0.001252	0.04978	1082.31	1520.0	2602.3	1087.31	1714.1	2801.4	2.7964	3.2737	6.0701
5	263.99	0.001286	0.03944	1147.81	1449.3	2597.1	1154.23	1640.1	2794.3	2.9202	3.0532	5.9734
6	275.64	0.001319	0.03244	1205.44	1384.3	2589.7	1213.35	1571.0	2784.3	3.0267	2.8625	5.8892
7	285.88	0.001351	0.02737	1257.55	1323.0	2580.5	1267.00	1505.1	2772.1	3.1211	2.6922	5.8133
8	295.06	0.001384	0.02352	1305.57	1264.2	2569.8	1316.64	1441.3	2758.0	3.2068	2.5364	5.7432
9	303.40	0.001418	0.02048	1350.51	1207.3	2557.8	1363.26	1378.9	2742.1	3.2858	2.3915	5.6722
10	311.06	0.001452	0.018026	1393.04	1151.4	2544.4	1407.56	1317.1	2724.7	3.3596	2.2544	5.6141
11	318.15	0.001489	0.015987	1433.7	1095.0	2529.8	1450.1	1255.5	2705.6	3.4295	2.1233	5.5527
12	324.75	0.001527	0.014263	1473.0	1040.7	2513.7	1491.3	1193.3	2684.9	3.4962	1.9962	5.4924
13	330.93	0.001567	0.012780	1511.1	985.0	2496.1	1531.5	1130.7	2662.2	3.5606	1.8718	5.4323
14	336.75	0.001611	0.011485	1548.6	928.2	2476.8	1571.1	1066.5	2637.6	3.6232	1.7485	5.3717
15	342.24	0.001658	0.010337	1585.6	869.8	2455.5	1610.5	1000.0	2610.5	3.6848	1.6249	5.3098
16	347.44	0.001711	0.009306	1622.7	809.0	2431.7	1650.1	930.6	2580.6	3.7461	1.4994	5.2455
17	352.37	0.001770	0.008364	1660.2	744.8	2405.0	1690.3	856.9	2547.2	3.8079	1.3698	5.1777
18	357.06	0.001840	0.007489	1698.9	675.4	2374.3	1732.0	777.1	2509.1	3.8715	1.2329	5.1044
19	361.54	0.001924	0.006657	1739.9	598.1	2338.1	1776.5	688.0	2464.5	3.9388	1.0839	5.0228
20	365.81	0.002036	0.005834	1785.6	507.5	2293.0	1826.3	583.4	2409.7	4.0139	0.9130	4.9269
21	369.89	0.002207	0.004952	1842.1	388.5	2230.6	1888.4	446.2	2334.6	4.1075	0.6938	4.8013
22	373.80	0.002742	0.003568	1961.9	125.2	2087.1	2022.2	143.4	2165.6	4.3110	0.2216	4.5327
22.09	374.14	0.003155	0.003155	2.29.6	0	2029.6	2099.3	0	2099.3	4.498	0	4.4298

表A-4
過熱水

T °C	v m³/kg	u kJ/kg	h kJ/kg	s kJ/kg	v m³/kg	u kJ/kg	h kJ/kg	s kJ/kg	v m³/kg	u kJ/kg	h kJ/kg	s kJ/kg
	P=0.01MPa(45.81°C)				P=0.05MPa(81.33°C)				P=0.10MPa(99.63°C)			
Sat	14.674	2437.9	2584.7	8.1502	3.240	2483.9	2645.9	7.5939	1.6940	2506.1	2675.5	7.3594
50	14.869	2443.9	2592.6	8.1749								
100	17.196	2515.5	2687.5	8.4479	3.418	2511.6	2682.5	7.6947	1.5968	2506.7	2576.2	7.3614
150	19.512	2587.9	2783.0	8.6862	3.889	2585.8	2780.1	7.9401	1.964	2582.8	2776.4	7.6134
200	21.825	2551.3	2879.5	8.9038	4.356	2859.9	2877.7	8.1580	2.172	2658.1	2875.3	7.8343
250	24.136	2736.0	2977.3	9.1002	4.820	2735.0	2976.0	8.3556	2.406	2733.7	2974.3	8.0333
300	26.445	2812.1	3076.5	9.2813	5.284	2811.3	3075.5	8.5373	2.639	2810.4	3074.3	8.2158
400	31.063	2958.9	3279.6	9.6077	6.209	2958.5	3278.9	8.5642	3.103	2967.9	3278.2	3.5435
500	35.679	3132.3	3489.1	9.8978	7.134	3132.0	3488.7	9.1545	3.665	3131.6	3488.1	8.8342
600	40.295	3302.5	3705.4	10.1608	8.057	3302.2	3705.1	9.4178	4.028	3301.9	3704.4	9.0976
700	44.911	3479.6	3928.7	10.4028	8.981	3479.4	3928.5	9.6599	4.490	3479.2	3928.2	9.3398
800	49.526	3663.6	4159.0	10.6281	9.904	3663.6	4158.9	9.8852	4.952	3663.5	4158.6	9.5652
900	54.141	3855.0	4390.4	10.8306	10.825	3854.9	4395.3	10.0967	5.414	3854.6	4396.1	9.7767
1000	56.757	4053.0	4640.6	11.0393	11.751	4052.9	4640.5	10.2964	5.875	4052.8	4640.3	9.9764
1100	63.372	4257.5	4891.2	11.2287	12.674	4257.4	4897.1	10.4859	6.337	4257.3	4891.0	10.1659
1200	67.987	4467.9	5147.8	11.4091	13.597	4467.8	5147.7	10.6662	6.799	4487.7	5147.6	10.3463
1300	72.602	4683.7	5409.7	11.5811	14.521	4883.6	5409.6	10.8382	7.250	4693.5	5409.5	10.5183
	P=0.20MPa(120.23°C)				P=0.30MPa(133.55°C)				P=0.40MPa(143.63°C)			
Sat.	0.8857	2529.5	2706.7	7.1272	0.6058	2543.6	2725.3	6.9919	0.4625	2553.6	2739.6	6.8959
150	0.9596	2576.9	2768.8	7.2795	0.6339	2670.8	2761.0	7.0778	0.4708	2564.5	2752.8	6.9299
200	1.0803	2654.4	2870.5	7.5066	0.7163	2650.7	2865.6	7.3115	0.5342	2646.8	2860.5	7.1706
250	1.988	2731.2	2971.0	7.7086	0.7984	2728.2	2967.6	7.5166	0.5951	2726.1	2954.2	7.3789
300	1.3162	2808.6	3071.8	7.8926	0.8753	2806.7	3069.3	7.7022	0.6548	2804.8	3.66.8	7.5562
400	1.5493	2966.7	3276.6	8.2218	1.0315	2965.6	3275.0	8.0030	0.7726	2954.4	3273.4	7.8965
500	1.7814	3130.8	3487.1	8.5133	1.1667	3130.0	3466.0	8.3251	0.8893	3129.2	3484.9	8.1913
600	2.013	3001.4	3704.0	8.7770	1.3414	3300.8	3703.2	8.5892	1.0055	3300.2	3702.4	8.4558
700	2.244	3478.8	3927.6	9.0194	1.4957	3476.4	3927.1	8.8319	1.1215	3477.9	3928.5	8.6987
800	2.475	3663.1	4158.2	9.2449	1.6499	3662.9	4157.8	9.0575	1.2372	3662.4	4157.3	8.9244
900	2.705	3854.5	4395.8	9.4566	1.8041	3854.2	4395.4	9.2692	1.3529	3853.9	4395.1	9.1352
1000	2.937	4052.5	4840.0	9.6563	1.9581	4052.3	4639.7	9.4590	1.4695	4062.0	4639.4	9.3360
1100	3.168	4257.0	4990.7	9.8458	2.1121	4255.8	4890.4	9.6565	1.5840	4256.5	4890.2	9.5256
1200	3.399	4467.5	5147.5	10.0262	2.2661	4457.2	5147.1	9.8369	1.8996	4457.0	5146.8	9.7060
1300	3.630	4683.2	5409.3	10.1982	2.4201	4683.0	5409.0	10.0110	1.8151	4582.8	5408.8	9.8760
	P=0.50MPa(151.86°C)				P=0.60MPa(158.85°C)				P=0.80MPa(170.43°C)			
Sat	0.3749	2561.2	2748.7	6.8213	0.3157	2567.4	2756.8	6.7000	0.2404	2576.8	2769.1	6.6628
200	0.4249	2642.9	2855.4	7.0592	0.3520	2638.9	2850.1	6.9664	0.2508	2630.6	2839.3	6.8158
250	0.4744	2723.5	2960.7	7.2709	0.3900	2720.9	2957.2	7.1815	0.2931	2715.5	2950.0	7.0384
300	0.5226	2902.9	3064.2	7.4599	0.4344	2801.0	3061.6	7.3724	0.3241	2797.2	3050.5	7.2328
350	0.5701	2882.6	3167.7	7.6329	0.4742	2881.2	3165.7	7.5464	0.3544	2678.2	3161.7	7.4069
400	0.6173	2963.2	3271.9	7.7938	0.5137	2962.1	3270.3	7.7079	0.3843	2959.7	3267.1	7.5716
500	0.3109	3128.4	3483.9	8.0873	0.5920	3127.6	3482.8	8.0021	0.4433	3126.0	3480.6	7.6673
600	0.8041	3299.6	3701.7	7.3522	0.6697	3299.1	3700.9	8.2674	0.5018	3297.9	3699.4	8.1333
700	0.8969	3477.5	3925.9	8.5952	0.7472	3477.0	3925.3	8.5107	05601	3476.2	3924.2	8.3770
800	0.9895	3662.1	4156.9	8.6211	0.8245	3661.8	4155.5	8.7387	0.8181	3661.1	4155.6	8.8033
900	1.0822	3853.6	4394.7	9.0029	0.9017	3853.4	4394.4	8.9498	0.6761	3852.8	4393.7	8.8153
1000	1.1747	4051.8	4639.1	9.2328	0.9788	4051.5	4638.8	9.1485	0.7340	4051.0	4636.2	9.0153
1100	1.2672	4256.3	4689.9	9.4224	1.0559	4256.1	4869.6	9.3381	0.7919	4255.6	4889.1	9.2050
1200	1.3596	4466.8	5146.6	9.6029	1.1330	4466.5	5146.3	9.5185	0.8497	4465.1	5145.9	9.3855
1300	1.4521	4582.5	5408.6	9.7749	1.2101	4582.3	5406.3	9.6906	0.9076	4681.8	5407.9	9.5575

T °C	v m³/kg	u kJ/kg	h kJ/kg	s kJ/kg	v m³/kg	u kJ/kg	h kJ/kg	s kJ/kg	v m³/kg	u kJ/kg	h kJ/kg	s kJ/kg
	P=1.00MPa(179.91°C)				P=1.20MPa(187.99°C)				P=1.40MPa(195.07°C)			
Sat	0.19444	2583.6	2778.1	6.5885	0.16333	2588.8	2784.8	6.5233	0.14084	2592.8	2790.0	6.4693
200	0.2060	2621.9	2827.9	6.6940	0.16930	2812.8	2815.9	6.5998	0.14302	2603.1	2803.3	6.4975
250	0.2327	2709.9	2942.6	6.9247	0.19234	2704.2	2935.0	6.8294	0.16350	2699.3	2927.2	6.7467
300	0.2579	2793.2	3051.2	7.1229	0.2138	2769.2	045.8	7.0317	0.18228	2785.2	3040.4	6.9534
350	0.2825	2875.2	3157.7	7.3011	0.2345	2872.2	3153.6	7.2121	0.2003	2669.8	3149.5	7.1360
400	0.3066	2957.3	3263.9	7.4651	0.2548	2954.9	3260.7	7.3774	0.2178	2952.5	3257.5	7.3026
500	0.3541	3124.4	3478.5	7.7622	0.2946	3122.8	3476.3	7.6759	0.2521	3121.1	3474.1	7.6027
600	0.4011	3296.8	3697.9	8.0290	0.3339	3295.6	3696.3	7.9435	0.2860	3294.4	3694.8	7.8710
700	0.4478	3475.3	3923.1	8.2731	0.3729	3474.4	3922.0	8.1881	0.3195	3473.6	3920.8	8.1160
800	0.4943	3660.4	4154.7	8.4996	0.4118	3659.7	4153.8	8.4148	0.3528	3659.0	4153.0	8.3431
900	0.5407	3852.2	4392.9	8.7118	0.4505	3851.6	4392.2	8.6272	0.3861	3851.1	4391.5	8.5556
1000	0.5871	4050.5	4637.6	8.9119	0.4892	4050.0	4637.0	8.8274	0.4192	4049.5	4636.4	8.7559
1100	0.6335	4255.1	4888.6	9.1017	0.5278	4254.6	4888.0	9.0172	0.4524	4254.1	4887.5	8.9457
1200	0.6798	4465.6	5145.4	9.2822	0.5665	4465.1	5144.9	9.1977	0.4855	4464.7	5144.4	9.1262
1300	0.761	4681.3	5407.4	9.4543	0.6051	4680.9	5407.0	9.3698	0.5188	480.4	5406.5	9.2984
	P=1.60MPa(201.41°C)				P=1.80MPa(207.15°C)				P=2.00MPa(212.42°C)			
Sat.	0.123880	2596.0	2794.0	6.4218	0.11042	2598.4	2797.1	6.3794	0.09963	2600.3	2799.5	6.3409
225	0.13287	2644.7	2857.3	6.5518	0.11673	2636.6	2846.7	6.4808	0.10377	2628.3	2835.8	6.4147
250	0.14184	2692.3	2919.2	6.6732	0.12797	2886.0	2911.0	6.6066	0.11144	2679.6	2902.5	6.5453
300	0.15962	2781.1	3034.8	6.8844	0.14021	2776.9	3028.2	6.8226	0.12547	2772.6	3023.5	6.7664
350	0.17456	2886.1	3145.4	7.0694	0.15457	2863.0	3141.2	7.0100	0.13857	2859.8	3137.0	6.9563
400	0.19005	2950.1	3254.2	7.2374	0.16847	2947.7	3250.9	7.1794	0.15120	2945.2	3247.6	7.1271
500	0.2203	3119.5	3472.0	7.5390	0.19550	3117.9	3469.8	7.4825	0.17568	3116.2	3467.6	7.4317
600	0.2500	3293.3	3693.2	7.8080	0.2220	3292.1	3691.7	7.7523	0.19960	3290.9	3690.1	7.7024
700	0.2794	3472.7	3919.7	8.0535	0.2482	3471.8	3918.5	7.9983	0.2232	3470.9	3917.4	7.9487
800	0.3065	3658.3	4152.1	8.2808	0.2742	3657.6	4151.2	8.2258	0.2467	3657.0	4150.3	8.1765
900	0.3377	3850.5	4390.6	8.4935	0.3001	3849.9	4390.1	8.4386	0.2700	3849.3	4389.4	8.3895
1000	0.3668	4049.0	4635.8	8.6938	0.3260	4048.5	4635.2	8.6391	0.2933	4048.0	4634.6	8.5901
1100	0.3958	4253.7	4887.0	8.8837	0.3518	4253.2	4885.4	8.9290	0.3166	4252.7	4885.9	8.7800
1200	0.4248	4464.2	5143.9	9.0843	0.3776	4463.7	5143.4	9.0096	0.3393	4463.3	5142.9	8.9607
1300	0.4538	4679.9	5406.0	9.2364	0.4034	4679.5	5405.6	9.1818	0.3631	4679.0	5405.1	9.1329
	P=2.50MPa(223.99°C)				P=3.00MPa(233.90°C)				P=3.50MPa(242.60°C)			
Sat.	0.7999	2603.1	2803.1	6.2575	0.06668	2604.1	2804.2	6.1869	0.05707	2603.7	2803.4	6.1253
225	0.08027	2605.6	2805.3	6.2639								
250	0.08700	2662.6	2880.1	6.4086	0.07059	2644.0	2855.8	6.2872	0.05872	2623.7	2829.2	6.1749
300	0.09890	2761.6	3008.8	6.5438	0.06114	2750.1	2993.5	6.5390	0.06842	2738.0	2977.5	6.4461
350	0.10976	2851.9	3126.3	6.8403	0.09053	2843.7	3115.3	6.7428	0.07678	2835.3	3104.0	6.6579
400	0.12010	2939.1	3239.3	7.0148	0.09936	2932.8	3230.9	6.9212	0.08453	2926.4	3222.3	6.8406
450	0.13014	3025.5	3350.8	7.1746	0.10787	3020.4	3344.0	7.0834	0.09195	3015.3	3337.2	7.0052
500	0.13993	3112.1	3462.1	7.3234	0.11619	3108.0	3456.5	7.2338	0.09918	3103.0	3450.9	7.1572
600	0.15930	3288.0	3686.3	7.5980	0.13243	3285.0	3682.3	7.5085	0.11324	3282.1	3678.4	7.4339
700	0.17832	3468.7	3914.5	7.8435	0.14838	3466.5	3911.7	7.7571	0.12699	3464.3	3908.8	7.6837
800	0.19716	3855.3	4148.2	8.0720	0.16414	3653.5	4145.9	7.9862	0.14056	3651.8	4143.7	7.9134
900	0.21590	3847.9	4387.6	8.2853	0.17980	3846.5	4385.9	8.1999	0.15402	3845.0	4384.1	8.1276
1000	0.2346	4046.7	4633.1	8.4861	0.19541	4045.4	4631.6	8.4009	0.16743	4044.1	4630.1	8.3288
1100	0.2532	4251.5	4884.6	8.6762	0.21098	4250.3	4883.3	8.5912	0.18080	4249.2	4881.9	8.5192
1200	0.2718	4462.1	5141.7	8.8569	0.22652	4460.9	5140.5	8.7720	0.19415	4459.8	5139.3	8.7000
1300	0.2905	4677.8	5404.0	9.0291	0.24206	4676.6	5402.8	8.9442	0.20749	4675.5	5401.7	8.8723

T °C	v m³/kg	u kJ/kg	h kJ/kg	s kJ/kg	v m³/kg	u kJ/kg	h kJ/kg	s kJ/kg	v m³/kg	u kJ/kg	h kJ/kg	s kJ/kg
	P=4.0MPa(250.40°C)				P=4.5MPa(257.49°C)				P=5.0MPa(263.99°C)			
Sat	0.04976	2602.3	2801.4	6.0701	0.04406	2600.1	2796.3	6.0198	0.03944	2597.1	2794.3	5.9734
275	0.05457	2667.9	2886.2	6.2285	0.04730	2650.3	2863.2	6.1401	0.04141	2531.3	2638.3	6.0544
300	0.05684	2725.3	2960.7	6.3615	0.05135	2712.0	2943.1	6.2828	0.04532	2598.0	2924.5	6.2084
350	0.6645	2826.7	3092.5	6.5821	0.6840	2817.8	3060.6	5.5131	0.00194	2508.7	3068.4	5.4493
400	0.07341	29191.9	3213.6	6.7690	0.06475	2913.3	3204.7	67047	0.05781	2906.6	3195.7	6.6459
450	0.06002	3010.2	3330.3	6.9383	0.07074	3006.0	3323.3	6.8746	0.06330	2999.7	3316.2	6.8166
500	0.06543	3099.5	3445.3	7.0901	0.07651	3095.3	3439.6	7.0301	0.06857	3091.0	3433.6	6.9750
600	0.09885	3279.1	3874.4	7.3688	0.06765	3276.0	3670.5	7.3110	0.07869	3273.0	3086.5	7.2580
700	0.11095	3462.1	3906.9	7.6198	0.09847	3459.9	3903.0	7.5631	0.06840	3457.6	3900.1	7.5122
800	0.12267	3650.0	4141.5	7.8502	0.10911	3646.3	4139.3	7.7942	0.09811	3848.6	4137.1	7.7440
900	0.13469	3843.6	4382.3	8.0647	0.11965	3942.2	4380.6	8.0091	0.10752	3840.7	4378.8	7.9593
1000	0.14645	4042.9	4628.7	8.2882	0.13013	4041.6	4627.2	8.2108	0.11707	4040.4	4625.7	8.1612
1100	0.15817	4248.0	4890.6	8.4567	0.14056	4246.6	4879.3	6.4015	0.12648	4245.6	4878.0	8.3520
1200	0.16987	4458.6	5136.1	8.6376	0.15096	4457.5	5136.9	8.5825	0.13567	4456.3	5135.7	8.5331
1300	0.18156	4674.3	5400.5	8.8100	0.16139	4673.1	5399.4	8.7549	0.14528	4672.0	5398.2	8.7055
	P=6.0MPa(275.64°C)				P=7.0MPa(285.88°C)				P=8.0MPa(295.06°C)			
Sat.	0.03244	2589.7	2784.3	5.8892	0.02737	2580.5	2772.1	5.9133	0.02352	2569.8	2758.0	5.7432
300	0.03616	2867.2	2884.2	6.0674	0.02947	2832.2	2638.4	5.9305	0.02426	2590.9	2785.0	5.7908
350	0.04223	2789.6	3043.0	6.3335	0.03524	2769.4	3016.0	6.2283	0.02996	2747.7	2987.3	6.1301
400	0.04739	2892.9	3177.2	6.5408	0.03993	2678.6	3156.1	6.4478	0.03432	2853.8	3136.3	6.3634
450	0.05214	2988.9	3301.8	6.7193	0.04416	2978.0	3287.1	6.6327	0.03817	2966.7	3272.0	6.5651
500	0.05665	3082.2	3422.2	6.8803	0.04814	3073.4	3410.3	6.7975	0.04175	3064.3	3386.3	6.7240
550	0.06101	3174.6	3540.6	7.0288	0.05195	3167.2	3530.9	6.9486	0.04516	3159.8	3521.0	6.8778
600	0.06525	3266.9	3658.4	7.1677	0.05565	3260.7	3660.3	7.0894	0.04845	3254.4	3842.0	7.0206
700	0.07352	3453.1	3894.2	7.4234	0.08263	3448.5	3888.3	7.3475	0.05481	3443.9	3882.4	7.2612
800	0.08160	3643.1	4132.7	7.6566	0.06961	3639.5	4128.2	7.5822	0.08097	3636.0	4123.8	7.5173
900	0.08958	3837.8	4375.3	7.8727	0.07669	3835.0	4371.8	7.7991	0.06702	3832.1	4358.3	7.7351
1000	009749	4037.8	4522.7	8.0751	0.08350	4035.3	4819.6	8.0020	0.07301	4032.8	4616.9	7.9024
1100	0.10635	4243.3	4875.4	8.2651	0.09023	4240.9	4872.6	81933	0.07898	4238.6	4870.3	8.1300
1200	0.11321	4454.0	5133.3	8.4474	0.09703	4451.7	5100.9	83747	0.08489	4449.5	5128.5	8.3115
1300	0.12106	1609.6	5398.0	8.6199	0.10377	4867.3	5393.7	8.5475	0.09080	4665.0	6291.5	8.4842
	P=9.0MPa(303.40°C)				P=10.0MPa(311.06°C)				P=12.5MPa(327.89°C)			
Sat.	0.02048	2557.8	2742.1	5.6772	0.018026	2544.4	2724.7	5.6141	0.013495	2506.1	2673.8	5.4624
325	0.02327	2646.6	2656.0	5.8712	0.019861	2610.4	2809.1	5.7568				
350	0.02580	2724.4	2956.6	6.0381	0.12242	2699.2	2923.4	5.9443	0.016126	2624.6	2826.2	5.7118
400	0.02993	2848.4	3117.8	6.2854	0.02641	2832.4	3095.5	6.2120	0.02000	2789.3	3039.3	6.0417
450	0.03350	2955.2	3256.6	6.4844	0.02975	2943.4	3240.9	6.4190	0.02299	2012.6	3199.8	6.2718
500	0.03677	3055.2	3386.1	6.6576	0.03279	3045.8	3373.7	6.5968	0.02560	3021.7	3341.8	6.4818
550	0.03987	3152.2	3511.0	6.8142	0.03664	3144.6	3500.9	6.7561	0.02801	3125.0	3475.2	6.6290
600	0.04285	3246.1	3633.7	6.9589	0.03837	3241.7	3825.3	6.9029	0.03029	3225.4	3604.0	6.7810
650	0.04574	3343.6	3755.3	7.0943	0.04101	3336.2	3748.2	7.0338	0.03248	3324.4	3730.4	6.9218
700	0.04857	3439.3	3876.5	7.2221	0.04358	3434.7	3870.6	7.687	0.03460	3422.9	3855.3	7.0536
800	0.05409	3632.5	4119.3	7.4596	0.04859	3828.9	4114.8	7.4077	0.03869	3620.0	4103.6	7.2865
900	0.05950	3829.2	4364.8	7.6783	0.05349	3826.3	4361.2	7.6272	0.04267	3819.1	4352.5	7.5182
1000	0.06485	4030.3	4615.0	7.8821	0.05832	4027.8	4611.0	7.6315	0.04658	4021.6	4603.8	7.7237
1100	0.07016	4236.3	4867.7	8.0740	0.06312	4234.0	4865.1	8.0237	0.05045	4226.2	4858.8	7.9165
1200	0.07544	4447.2	5126.2	8.2556	0.06789	4444.9	5123.8	8.2055	0.05430	4439.3	5118.0	8.0937
1300	0.08072	4662.7	5389.2	8.4284	0.07265	4480.5	5387.0	8.3763	0.06813	4854.8	5381.4	8.2717

T	v	u	h	s	v	u	h	s	v	u	h	s
°C	m³/kg	kJ/kg	kJ/kg	kJ/kg	m³/kg	kJ/kg	kJ/kg	kJ/kg	m³/kg	kJ/kg	kJ/kg	kJ/kg
	P=15.0MPa(342.24°C)				P=17.5MPa(354.75°C)				P=20.0MPa(365.81°C)			
Sat	0.010337	2455.5	2610.5	5.3098	0.007920	2390.2	2528.8	5.1419	0.005834	2293.0	2409.7	4.9269
350	0.011470	2520.4	2692.4	5.4421								
400	0.015649	2740.7	2975.5	5.8811	0.012447	2685.0	2902.9	5.7213	0.009942	2619.3	2818.1	5.5540
450	0.018445	2879.5	3156.2	6.1404	0.015174	2844.2	3109.7	6.0184	0.012695	2806.2	3060.1	5.9017
500	0.02080	2996.6	3308.6	6.3443	0.017358	2970.3	3274.1	6.2383	0.014768	2942.9	3238.2	6.1401
550	0.02293	3104.7	3448.6	6.5199	0.019288	3083.9	3421.4	6.4230	0.016555	3062.4	3393.5	6.3348
600	0.02491	3208.6	3582.3	6.6776	0.02106	3191.5	3560.1	6.5866	0.018178	3174.0	3537.6	6.5048
650	0.02680	3310.3	3712.3	6.8224	0.02274	3296.0	3893.9	6.7357	0.019693	3281.4	3675.3	6.6582
700	0.02861	3410.9	3840.1	6.9572	0.02434	3398.7	3824.6	6.8736	0.02113	3386.4	3809.0	6.7993
800	0.03210	3610.9	4092.4	7.2040	0.02738	3601.8	4081.1	7.1244	0.02385	3592.7	4059.7	7.0544
900	0.03546	3811.9	4343.8	7.4279	0.03031	3804.7	4335.1	7.3507	0.02645	3797.5	4326.4	7.2830
1000	0.03875	4015.4	2596.6	7.6348	0.03316	4009.3	4589.5	7.5589	0.02897	4003.1	4582.5	7.4925
1100	0.04200	4222.6	4852.6	7.8283	0.03597	4216.9	4846.4	7.7531	0.03145	4211.3	4840.2	7.6874
1200	0.04523	4433.8	5112.3	8.0108	0.03876	4428.3	5106.6	7.9360	0.03391	4422.8	5101.0	7.8707
1300	0.04845	4649.1	5376.0	8.1840	0.04154	4643.5	5370.5	8.1093	0.03636	4638.0	5365.1	8.0442
	P=25.0MPa				P=30.0MPa				P=35.0MPa			
375	0.0019731	1798.7	1848.0	4.0320	0.0017892	1737.8	1791.5	3.9305	0.0017003	1702.9	1762.4	3.8722
400	0.006004	2430.1	2580.2	5.1418	0.002790	2067.4	2151.1	4.4728	0.002100	1914.1	1987.6	4.2126
425	0.007881	2609.2	2806.3	5.4723	0.005303	2455.1	2614.2	5.1504	0.003428	2253.4	2373.4	4.7747
450	0.009162	2720.7	2949.7	5.6744	0.006735	2619.3	2821.4	5.4424	0.004951	2498.7	2672.4	5.1962
500	0.011123	2884.3	3162.4	5.9592	0.008678	2820.7	3081.1	5.7905	0.006927	2751.9	2994.4	5.6282
550	0.012724	3017.5	3335.6	6.1765	0.010168	2970.3	3275.4	6.0342	0.008345	2921.0	3213.0	5.9026
600	0.014137	3137.9	3491.4	6.3602	0.011446	3100.5	3443.9	6.2331	0.009527	3062.0	3395.5	6.1179
650	0.015433	3251.6	3637.4	6.5229	0.012596	3221.0	3599.9	6.4058	0.010575	3189.8	3559.9	6.3010
700	0.016646	3361.3	3777.5	6.6707	0.013661	3335.8	3745.6	6.5606	0.011533	3309.8	3713.5	6.4631
800	0.018912	3574.3	4047.1	6.9345	0.015623	3555.5	4024.2	6.8332	0.013278	3536.7	4001.5	6.7450
900	0.021045	3783.0	4309.1	7.1690	0.017448	3768.5	4291.9	7.0718	0.014883	3754.0	4274.9	6.9386
1000	0.02310	3990.9	4568.5	7.3802	0.019196	3978.8	4554.7	7.2867	0.016410	3966.7	4541.1	7.2064
1100	0.02512	4200.2	4828.2	7.5765	0.020903	4189.2	4816.3	7.4845	0.017895	4178.3	4804.6	7.4037
1200	0.02711	4412.0	5089.9	7.7605	0.022589	4401.3	5079.0	7.6692	0.019360	4390.7	5068.3	7.5910
1300	0.02910	4626.9	5354.4	7.9342	0.024266	4616.0	5344.0	7.8432	0.020815	4606.1	5333.6	7.7653
	P=40.0MPa				P=50.0MPa				P=60.0MPa			
375	0.0016407	1677.1	1742.8	3.8290	0.0015594	1638.6	1716.6	3.7639	0.015028	1609.4	1699.5	3.7141
400	0.0019077	1854.6	1930.9	4.1135	0.0017309	1788.1	1874.6	4.0031	0.0016335	1745.4	1843.4	3.9318
425	0.002532	2096.9	2198.1	4.5029	0.002007	1959.7	2060.0	4.2734	0.0018165	1892.7	2001.7	4.1626
450	0.003693	2365.1	2512.8	4.9459	0.002486	2159.6	2284.0	4.5884	0.002085	2053.9	2179.0	4.4121
500	0.005622	2878.4	2903.3	5.4700	0.003892	2525.5	2720.1	5.1728	0.002956	2390.6	2567.9	4.9321
550	0.006984	2869.7	3149.1	5.7785	0.005118	2756.6	3019.5	5.5485	0.003956	2658.8	2896.2	5.3441
600	0.008094	3022.6	3346.4	6.0144	0.006112	2942.0	3247.6	5.8178	0.004834	2861.1	3151.2	5.6452
650	0.009063	3158.0	3520.6	6.2054	0.006986	3093.5	3441.8	6.0342	0.005595	3028.5	3364.5	5.8829
700	0.009941	3283.6	3681.2	6.3750	0.007727	3230.5	3616.8	6.2189	0.006272	3177.2	3553.5	6.0824
800	0.011523	3517.8	3978.7	6.6662	0.009076	3479.8	3933.6	6.5290	0.007459	3441.5	3889.1	6.4109
900	0.012962	3739.4	4257.9	6.9150	0.010283	3710.3	4224.4	6.7882	0.008508	3681.0	4191.5	6.6805
1000	0.014324	3954.6	4527.6	7.1356	0.011411	3930.5	4501.1	7.0146	0.009480	3906.4	4475.2	6.9127
1100	0.015642	4167.4	4793.1	7.3364	0.012496	4145.7	4770.5	7.2184	0.010409	4124.1	4748.6	7.1195
1200	0.016940	4380.1	5057.7	7.5224	0.013561	4359.1	5037.2	7.4058	0.011317	4338.2	5017.2	7.3083
1300	0.018229	4594.3	5323.5	7.6969	0.014616	4572.8	5303.6	7.5808	0.012215	4551.4	5284.3	7.4837

表A-5
壓縮液態水

T	v	u	h	s	v	u	h	s	v	u	h	s
°C	m³/kg	kJ/kg	kJ/kg	kJ/kg	m³/kg	kJ/kg	kJ/kg	kJ/kg	m³/kg	kJ/kg	kJ/kg	kJ/kg
	P=5.0MPa(263.99°C)				P=10MPa(311.06°C)				P=15MPa(242.24°C)			
Sat	0.0012859	1147.8	1154.2	2.9202	0.0004524	1393.0	1407.6	3.3596	0.0016581	1585.8	1610.5	3.6848
0	0.0009977	0.04	5.04	0.0001	0.0009962	0.09	10.04	0.0002	0.0009928	0.15	15.05	0.0004
20	0.0009995	83.65	68.65	0.2956	0.0009972	83.35	93.33	0.2945	0.0009950	83.05	97.99	0.2934
40	0.0010056	166.95	171.97	0.5705	0.0010034	166.35	176.39	0.05566	0.0010013	165.76	160.78	0.5666
60	0.0010149	250.23	255.30	0.8285	0.0010127	249.36	259.49	0.8258	0.0010105	248.51	283.67	0.8232
80	0.0010268	333.72	338.85	1.0720	0.0010245	323.59	342.83	1.0686	0.0010222	331.48	346.81	1.0556
100	0.0010410	417.52	422.72	1.3030	0.0010385	416.12	426.50	1.2992	0.0010361	414.74	430.28	1.2955
120	0.0010576	501.80	507.09	1.5233	0.0010549	500.08	510.64	1.5189	0.0010522	498.40	514.19	1.5145
140	0.0010768	586.76	592.156	1.7343	0.0010737	584.68	595.42	1.7292	0.0010707	582.66	598.72	1.7242
160	0.0010988	672.62	678.12	1.9375	0.0010953	670.13	681.08	1.9317	0.0010918	668.71	684.09	1.9260
180	0.0011240	759.63	765.25	2.1341	0.0011199	758.65	757.84	12.1275	0.0011159	753.76	770.50	2.1210
200	0.0011530	648.1	853.9	2.3255	0.0011480	844.5	856.0	2.3178	0.0011433	841.0	858.2	2.3104
220	0.0011856	938.4	944.4	2.5128	0.0011805	934.1	945.9	2.5039	0.0011748	929.9	947.5	2.4953
240	0.0012264	1031.4	1037.5	2.6979	0.0012187	1026.0	1038.1	2.6872	0.0012114	1020.8	1039.0	2.6771
260	0.0012749	1127.9	1134.3	2.8830	0.0012645	1121.7	1133.7	2.8699	0.0012550	1114.6	1133.4	2.8575
280					0.0013216	1220.9	1234.1	3.0548	0.0013084	1212.5	1232.1	3.0393
300					0.0013972	1328.4	1342.3	3.2469	0.0013770	1316.6	1337.3	3.2260
320									0.0014724	1431.1	1453.2	3.4247
340									0.0016371	1567.5	1591.9	6.6548
	P=20MPa(368.81°C)				P=30MPa				P=50MPa			
Sat	0.002035	1785.6	1826.3	4.0139								
0	0.0009904	0.19	20.01	0.0004	0.0009855	0.25	29.82	0.0001	0.0009765	0.20	49.03	0.0014
20	0.0009928	82.77	102.62	0.2923	0.0009886	82.17	111.84	0.2899	0.0009804	81.00	130.02	0.2848
40	0.0009992	165.17	185.16	0.5645	0.0009951	164.04	193.89	0.5607	0.0009872	161.86	211.21	0.5527
60	0.0010084	24768	267.85	0.8206	0.0010042	246.06	276.19	0.8154	0.0009962	242.98	292.79	0.8052
80	0.0010199	330.40	350.80	1.0624	0.0010158	328.30	258.77	1.0561	0.0010073	324.34	374.70	1.0440
100	0.0010337	413.39	434.06	1.2917	0.0010290	410.78	441.66	1.2844	0.0010201	405.88	456.80	1.2703
120	0.0010496	495.76	517.75	1.5102	0.0010445	496.59	524.93	1.5018	0.0010348	487.55	539.39	1.4857
140	0.0010678	580.69	602.04	1.7193	0.0010621	576.88	608.75	1.7098	0.0010515	569.77	622.35	1.6915
160	0.0010885	665.35	687.12	1.9204	0.0010821	660.82	693.28	1.9098	0.0010703	652.41	705.92	1.6891
180	0.0011120	750.95	773.20	2.1147	0.0011047	745.59	778.73	2.1024	0.0010912	735.69	790.25	2.0794
200	0.0011388	837.7	850.5	2.3031	0.0011302	831.4	855.3	2.2893	0.0011148	819.7	875.5	2.2634
220	0.0011695	925.9	949.3	2.4870	0.0011590	918.3	953.1	2.4711	0.0011408	904.7	951.7	2.4419
240	0.0012046	1016.0	1040.0	2.6674	0.0011920	1006.9	1042.6	2.6490	0.0011702	990.7	1049.2	2.6158
260	0.0012462	1108.6	1133.5	2.8459	0.0012303	1097.4	1134.3	2.8243	0.0012034	1078.1	1138.2	2.7860
280	0.0012965	1204.7	1230.6	3.0248	0.0012755	1190.7	1229.0	2.9966	0.0012415	1167.2	1229.3	2.9537
300	0.0013596	1306.1	1333.3	3.2071	0.0013304	1287.9	1327.8	3.1741	0.0012860	1258.7	1323.0	3.1200
320	0.0014437	1415.7	1444.6	3.3979	0.0013997	1390.7	1432.7	3.3539	0.0013388	1353.3	1420.2	3.2858
340	0.0015684	1539.7	1571.0	3.8075	0.0014920	1501.7	1546.5	3.5426	0.0014032	1452.0	1522.1	3.4567
360	0.0016226	1702.8	1739.3	3.8772	0.0016285	1626.6	1875.4	3.7494	0.0014838	1556.0	1630.2	3.6291
380					0.0018691	1781.4	1837.5	4.0012	0.0015864	1667.2	1746.6	3.8101

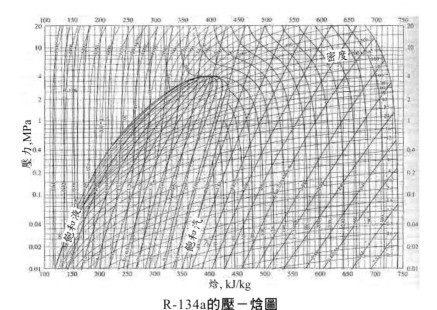

R-134a的壓－焓圖

(來源：American Society of Heating, Refrigerating, and Air-Conditioning Engineers, Inc., Atlanta, GA. 准許翻印)

(b) $0 < P_R < 7$

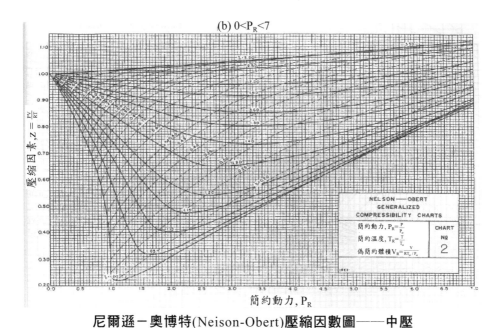

尼爾遜－奧博特(Neison-Obert)壓縮因數圖——中壓

(來源：Used with permission of Dr. Edward E. Obert. University of Wisconsin)

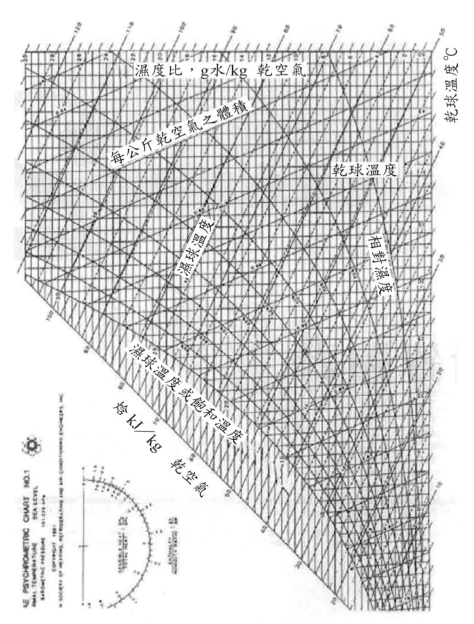

在1－atm壓力下的溼氣線圖

(來源：Reprinted by permission of the American Society of Heating. Rehrigerating and Air-Conditioning Enginecrs. Inc.. Atlanta.)

第九章　熱傳導

9-1 一維導熱熱傳 ☆☆☆

> **考題方向** 　學會解一維熱傳導方程式，分為直角座標與圓柱座標，
> 穩態、暫態，無熱源及穩態，無熱源。

平面牆壁等幾何形狀之熱傳時，面積A為一常數，故一度空間暫態導熱熱傳

方程式為 $\dfrac{\partial^2 T}{\partial x^2} + \dfrac{\dot{e}_{gen}}{k} = \dfrac{1}{\alpha}\dfrac{\partial T}{\partial t}$ ，$\alpha = \dfrac{k}{\rho c}$ ，常數導熱係數

此一度空間導熱方程式在特殊情況下可改為

(一) 穩態：$\dfrac{\partial^2 T}{\partial x^2} + \dfrac{\dot{e}_{gen}}{k} = 0$

(二) 暫態，無熱源：$\dfrac{\partial^2 T}{\partial x^2} = \dfrac{1}{\alpha}\dfrac{\partial T}{\partial t}$

(三) 穩態，無熱源：$\dfrac{\partial^2 T}{\partial x^2} = 0$

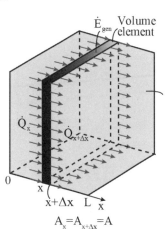

長圓柱體之一度空間導熱熱傳

$\dfrac{1}{r}\dfrac{\partial}{\partial r}\left(r\dfrac{\partial T}{\partial r}\right) + \dfrac{\dot{e}_{gen}}{k} = \dfrac{1}{\alpha}\dfrac{\partial T}{\partial t}$ ，$\alpha = \dfrac{k}{\rho c}$ ，常數導熱係數

此一度空間導熱方程式在特殊情況下可改為

(一) 穩態：$\dfrac{1}{r}\dfrac{\partial}{\partial r}\left(r\dfrac{\partial T}{\partial r}\right) + \dfrac{\dot{e}_{gen}}{k} = 0$

(二) 暫態，無熱源：$\dfrac{1}{r}\dfrac{\partial}{\partial r}\left(r\dfrac{\partial T}{\partial r}\right) = \dfrac{1}{\alpha}\dfrac{\partial T}{\partial t}$

(三) 穩態，無熱源：$\dfrac{1}{r}\dfrac{\partial}{\partial r}\left(r\dfrac{\partial T}{\partial r}\right) = 0$

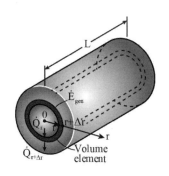

在兩物質之介面上須滿足兩條件：

(一) 兩接觸物質介面必須具有同一溫度。

(二) 介面無法儲存能量，故兩物質在介面上
　　 必須具有相同之熱通量。

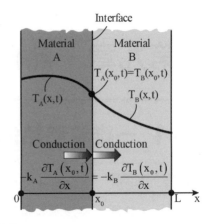

試題觀摩

1. 下圖中L=20(cm)，無發熱源，試分別求其一維溫度分布？

　　$k = 20(W / cm \cdot K)$

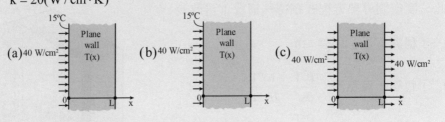

解析 統御方程式為 $\dfrac{\partial^2 T}{\partial x^2} = 0 \Rightarrow \dfrac{\partial T}{\partial x} = C_1 \Rightarrow T = C_1 x + C_2$

(a) $x = 0, T = 15 \Rightarrow C_2 = 15$

　　$x = 0, -20\dfrac{\partial T}{\partial x} = 40 \Rightarrow C_1 = -2$

　　$T = -2x + 15T$

(b) 溫度分布

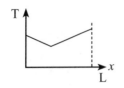

(c) 溫度分布

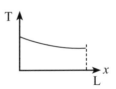

2. 一個環狀之物體進行一維穩態之熱傳導(如下圖)，其內部每單位體積會均勻地產生熱生成量(e_g＝常數)。此環狀物之內半徑為r_1，外半徑為r_2；外表面之溫度為T_2，內表面則為絕熱。試求

(一)列出此熱傳導問題之兩個邊界條件
(boundary conditions)？

(二)解答下列之熱傳導公式，以求得環狀物中之溫度分佈公式，$T(r)$？

熱傳導公式：$\dfrac{1}{r}\dfrac{d}{dr}(r\dfrac{dT}{dr})+\dfrac{e_g}{k}=0$

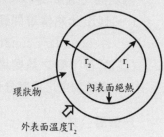

環狀物
內表面絕熱
外表面溫度T_2

解析 (一)邊界條件 $\begin{cases} T(r_2)=T_2 \\ \dfrac{dT}{dr}\Big|_{r=r_1}=0 \end{cases}$

(二) $\dfrac{1}{r}\dfrac{\partial}{\partial r}\left(r\dfrac{\partial T}{\partial r}\right)=-\dfrac{\dot{e}_{gen}}{k}$ $\qquad$ $\dfrac{\partial}{\partial r}\left(r\dfrac{\partial T}{\partial r}\right)=-\dfrac{\dot{e}_{gen}}{k}r$

$r\dfrac{\partial T}{\partial r}=-\dfrac{\dot{e}_{gen}}{2k}r^2+C_1$ $\qquad$ $\dfrac{\partial T}{\partial r}=-\dfrac{\dot{e}_{gen}}{2k}r+C_1\dfrac{1}{r}$

$T=-\dfrac{\dot{e}_{gen}}{4k}r^2+C_1\ln r+C_2$

$-\dfrac{\dot{e}_{gen}}{2k}r_1+C_1\dfrac{1}{r_1}=0\Rightarrow C_1=\dfrac{\dot{e}_{gen}}{2k}r_1^2$

$-\dfrac{\dot{e}_{gen}}{4k}r_2^2+\dfrac{\dot{e}_{gen}r_1^2}{2k}\ln r_2+C_2=T_2$

$C_2=T_2+\dfrac{\dot{e}_{gen}}{4k}r_2^2-\dfrac{\dot{e}_{gen}r_1^2}{2k}\ln r_2$

3. 一個環狀之物體進行一維穩態之熱傳導(如下圖)，其內部每單位體積會均勻地產生熱生成量($\dot{e}_{gen}$)。此環狀物之內半徑為r_1，外半徑為r_2；內表面之溫度為T_1，外表面則為絕熱。試求

(一)列出此熱傳導問題之兩個邊界條件(boundary conditions)？

(二)解答下列之熱傳導公式，以求得環狀物中之溫度分佈公式，$T(r)$？

熱傳導公式：$\dfrac{1}{r}\dfrac{d}{dr}(r\dfrac{dT}{dr})+\dfrac{\dot{e}_{gen}}{k}=0$

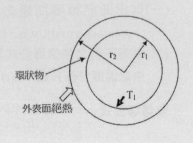

r_2　r_1

環狀物

外表面絕熱

T_1

Hint：此題與上題之差別在於邊界條件不同

解析 (一)邊界條件 $\begin{cases} T(r_1)=T_1 \\ \dfrac{dT}{dr}\Big|_{r=r_2}=0 \end{cases}$

(二) $\dfrac{1}{r}\dfrac{\partial}{\partial r}\left(r\dfrac{\partial T}{\partial r}\right)=-\dfrac{\dot{e}_{gen}}{k}$

$\dfrac{\partial}{\partial r}\left(r\dfrac{\partial T}{\partial r}\right)=-\dfrac{\dot{e}_{gen}}{k}r$

$r\dfrac{\partial T}{\partial r}=-\dfrac{\dot{e}_{gen}}{2k}r^2+C_1$

$\dfrac{\partial T}{\partial r}=-\dfrac{\dot{e}_{gen}}{2k}r+C_1\dfrac{1}{r}$

$T=-\dfrac{\dot{e}_{gen}}{4k}r^2+C_1\ln r+C_2$

$-\dfrac{\dot{e}_{gen}}{2k}r_2+C_1\dfrac{1}{r_2}=0\Rightarrow C_1=\dfrac{\dot{e}_{gen}}{2k}r_2^2$

$-\dfrac{\dot{e}_{gen}}{4k}r_1^2+\dfrac{\dot{e}_{gen}r_2^2}{2k}\ln r_1+C_2=T_1$

$C_2=T_1+\dfrac{\dot{e}_{gen}}{4k}r_1^2-\dfrac{\dot{e}_{gen}r_2^2}{2k}\ln r_1$

9-2 熱阻的概念 ☆☆☆

考題方向 理解熱阻的概念，分為直角座標、圓柱座標與球座標，利用熱阻來計算熱通量及定點溫度，此為熱傳學必考焦點。

瞭解熱阻（thermal resistance）之觀念，並於工程問題中使用類似於電路之熱阻迴路（thermal resistance networks）

平板導熱方程式：

$$\dot{Q}_{wall} = -kA\frac{dT}{dx} = kA\frac{T_1 - T_2}{L} = \frac{T_1 - T_2}{R_{wall}}$$

$$R_{wall} = \frac{L}{kA}(°C/W)$$

若物體之表面有對流熱傳，則由牛頓冷卻定律：

$$\dot{Q}_{conv} = hA(T_s - T_\infty) = \frac{T_s - T_\infty}{R_{conv}}$$

$$R_{conv} = \frac{1}{hA}(°C/W)$$

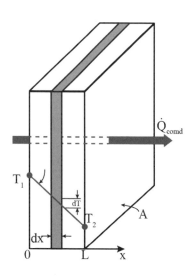

試題觀摩

1. 如下圖，利用熱阻之概念求通過平板之熱傳量？

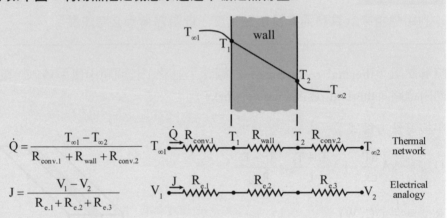

$$\dot{Q} = \frac{T_{\infty 1} - T_{\infty 2}}{R_{conv.1} + R_{wall} + R_{conv.2}}$$

$$J = \frac{V_1 - V_2}{R_{e.1} + R_{e.2} + R_{e.3}}$$

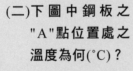 $$\dot{Q} = \frac{T_{\infty 1} - T_{\infty 2}}{\dfrac{1}{h_1 A} + \dfrac{L}{kA} + \dfrac{1}{h_2 A}}$$

2. 考慮一台冰箱中冰庫隔牆之熱散失(如圖)，隔牆中有固體狀之絕熱泡棉，絕熱泡棉之左側以1mm之烤漆鋼板固定之，右側以1mm之塑鋼板固定之，鋼板之熱傳導係數(k_s)為40W/m-K，塑鋼板之熱傳導係數(k_c)為0.02W/m-K，塑鋼板與鋼板之外側則分別與冰箱內外部之空氣進行熱對流

(一)試求由冰箱外部傳至內部之熱通量(q/A)為多少(W/m^2)？

(二)下圖中鋼板之"A"點位置處之溫度為何(°C)？

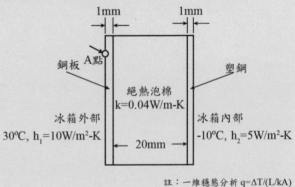

註：一維穩態分析 $q = \Delta T/(L/kA)$

解析 (一) $\dot{q} = \dfrac{T_{\infty 1} - T_{\infty 2}}{\dfrac{1}{h_1} + \dfrac{L_1}{k_1} + \dfrac{L_2}{k_2} + \dfrac{L_3}{k_3} + \dfrac{1}{h_2}}$

$\dot{q} = \dfrac{30 - (-10)}{\dfrac{1}{10} + \dfrac{0.001}{40} + \dfrac{0.02}{0.04} + \dfrac{0.001}{0.02} + \dfrac{1}{5}} = \dfrac{40}{0.1 + 0.000025 + 0.5 + 0.05 + 0.2}$

$\phantom{\dot{q}} = \dfrac{40}{0.850025} = 47.0574 (\text{W/m}^2)$

(二) $T_A = 30 - \dot{q}\,\dfrac{1}{h_1} = 30 - 47.0574 \times \dfrac{1}{10} = 25.29(°\text{C})$

3. 考慮一台汽車中5mm厚之擋風玻璃之熱傳問題，假設此玻璃為平板，並以一維穩態(one-dimensional, steady-state model)之方法進行分析。此擋風玻璃之外側接受外界太陽光之熱輻射(q_{sun}^{*} ＝每單位表面積承受之熱傳量＝500W/m²)，同時亦與外界30°C之空氣進行熱對流(熱對流係數＝h_o＝80W/m²-K)；擋風玻璃之內側則與車內25°C之空氣進行熱對流(熱對流係數＝h_i＝10W/m²-K)。試求

(一)擋風玻璃之外表面之溫度T_o(°C)？

(二)經由此擋風玻璃傳至汽車內部之熱通量(q")為多少(W/m²)？

註：擋風玻璃之熱傳導係數＝0.8W/m²-K。此熱傳問題可用熱阻之觀念表示如下：

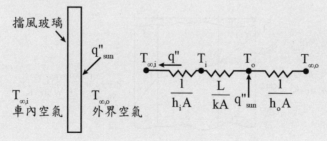

解析 (一)由熱流之關係

$$\frac{T_0 - 25}{\dfrac{1}{10} + \dfrac{0.005}{0.8}} = 500 + \frac{30 - T_0}{\dfrac{1}{80}}$$

$$\frac{T_0 - 25}{0.10625} = 500 + 80(30 - T_0)$$

$$9.41(T_0 - 25) = 500 + 80(30 - T_0)$$

$$89.41T_0 = 3135.25 \Rightarrow T_0 = 35.066(°C)$$

(二) $q'' = \dfrac{T_0 - 25}{\dfrac{1}{10} + \dfrac{0.005}{0.8}} = \dfrac{10.066}{0.10625} = 94.74(W/m^2)$

---

4. 考慮一面複合牆(composite wall)，此牆由三種不同之材料串聯組合而成(如圖)。此複合牆之左側有熱對流與熱輻射，牆之右側則考慮僅有熱對流。牆之左側與800°C熱空氣間之熱對流係數為20W/m²-K；牆之右側與20°C冷空氣間之熱對流係數亦為20W/m²-K，試求

(一)"T_1"之溫度為何(°C)？

(二)若欲使$T_4 = 60$°C，則牆"2"之厚度($\triangle x_2$)必須為何(mm)？

註：$k_1 = 0.1$ W/m-K，$k_2 = 0.08$ W/m-K，$k_3 = 0.1$ W/m-K分析過程考慮穩定熱傳導！

$q''_{rad} =$ 每單位面積之熱輻射 $= 1600$ W/m²；$\triangle x_1 = 20$mm；$\triangle x_3 = 10$mm

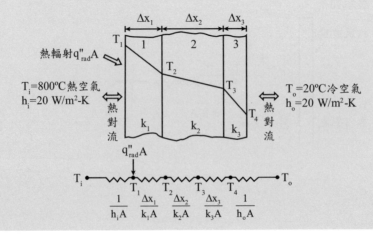

解析 (一)由熱流之關係

$$\frac{60-20}{\dfrac{1}{20}}=1600+\frac{800-T_1}{\dfrac{1}{20}}$$

$$800=1600+20(800-T_1)\Rightarrow T_1=840(^\circ C)$$

(二) $\dfrac{60-20}{\dfrac{1}{20}}=\dfrac{840-60}{\dfrac{0.02}{0.1}+\dfrac{\Delta x_2}{0.08}+\dfrac{0.01}{0.1}}\Rightarrow 800=\dfrac{780}{0.2+12.5\Delta x_2+0.1}$

$$240+10000\Delta x_2=780\Rightarrow \Delta x_2=0.054(\text{m})=54(\text{mm})$$

---

5. A house has a composite wall of wool ($k_s=2.0\,\text{W/m}\cdot\text{K}$), fiberglass insulation($k_b=0.2\,\text{W/m}\cdot\text{K}$), and plaster board ($k_p=4.0\,\text{W/m}\cdot\text{K}$), as shown below. On a cold winter day the convection heat transfer coefficients are $h_o=60\,\text{W/m}^2\cdot\text{K}$ and $h_i=20\,\text{W/m}^2\cdot\text{K}$. The total wall surface area is 250 m².

(a)Determine the total heat loss through the wall.

(b)Find the temperatures at the inside surface A of the plaster board and at the interface B between the glass fiber blanket and plywood siding.

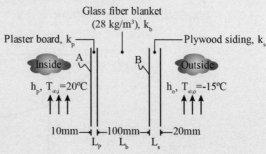

解析 (a) $q''=\dfrac{T_{\infty 1}-T_{\infty 2}}{\dfrac{1}{h_1}+\dfrac{L_1}{k_1}+\dfrac{L_2}{k_2}+\dfrac{L_3}{k_3}+\dfrac{1}{h_2}}$

$$q''=\frac{20-(-15)}{\dfrac{1}{20}+\dfrac{0.01}{4}+\dfrac{0.1}{0.2}+\dfrac{0.02}{2}+\dfrac{1}{60}}=\frac{35}{0.05+0.0025+0.5+0.01+0.0167}=\frac{35}{0.58}$$

$$=60.345(\text{W/m}^2)$$

(b) $\dfrac{20 - T_A}{\dfrac{1}{20}} = 60.345 \Rightarrow T_A = 17(°C)$

$\dfrac{T_B - (-15)}{\dfrac{0.02}{2} + \dfrac{1}{60}} = 60.345 \Rightarrow T_B = -13.4(°C)$

6. 考慮一面熱處理爐中之複合牆(composite wall)，此牆由三種不同之材料串聯組合而成(如圖)，爐內熱空氣之熱對流係數為40W/m²-K，爐內壁溫為750°C，爐外之壁溫為50°C，試求

(一)熱通量"Q/A"為多少(Watts/m²)？

(二)"T_2"之溫度為何(°C)？

(三)牆"3"之熱傳導係數(k_3)為何(W/m-K)？

註：$k_1 = 0.1$W/m-K，$k_2 = 0.4$W/m-K，分析過程考慮一維穩定熱傳導，並忽略熱輻射之效應！

$$\dot{Q} = \frac{\Delta T_{overrall}}{\sum R} = \frac{\Delta T_{overrall}}{\dfrac{1}{h_1 A} + \dfrac{1}{A}\sum \dfrac{\Delta x}{k} + \dfrac{1}{h_2 A}}$$

$\triangle x_1 = 20$mm；$\triangle x_2 = 40$mm；$\triangle x_3 = 10$mm

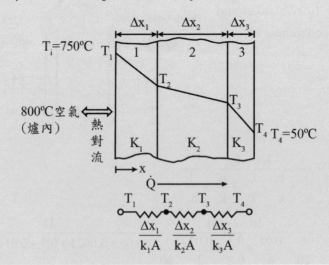

解析 （一）$q'' = h(T_\infty - T) = 40(800 - 750) = 2000(W/m)$

（二）$q'' = \dfrac{750 - T_2}{\dfrac{0.02}{0.1}} = 2000 \Rightarrow T_2 = 350(°C)$

（三）$q'' = \dfrac{750 - 50}{\dfrac{0.02}{0.1} + \dfrac{0.04}{0.4} + \dfrac{0.01}{k_3}} = 2000 \Rightarrow \dfrac{700}{0.2 + 0.1 + \dfrac{0.01}{k_3}} = 2000$

$\Rightarrow 700 = 600 + \dfrac{20}{k_3} \Rightarrow k_3 = 0.2(W/m \cdot K)$

---

7. 考慮有三塊不同材質與厚度之平板緊密重疊在一起(如圖)，此重疊平板之一面為$120°C(T_1)$，而另一面為$30°C(T_4)$，若考慮為一維之穩態熱傳，且忽略接觸面之熱阻，

(一)試求通過此三塊重疊平板之熱通量 (heat flux, W/m^2)為多少？

(二)圖中T_3面之溫度($°C$)為多少？

註：熱傳導係數：$k_1 = 0.2$ W/m-K；$k_2 = 0.4$ W/m-K；$k_3 = 0.1$ W/m-K

平板之厚度：$\triangle x_1 = 2mm$；$\triangle x_2 = 4mm$；$\triangle x_3 = 1mm$

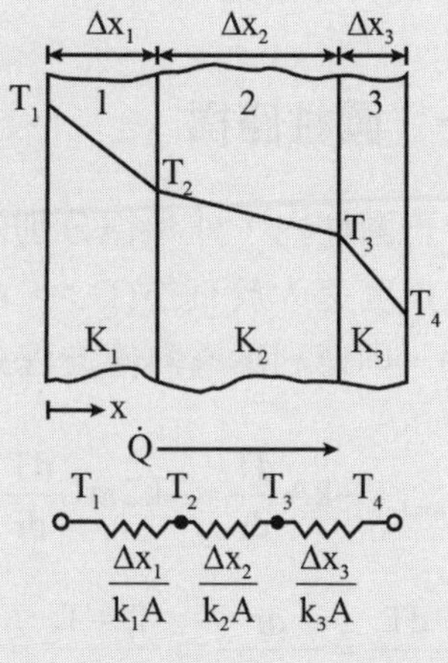

解析 （一）$q'' = \dfrac{120 - 30}{\dfrac{0.002}{0.2} + \dfrac{0.004}{0.4} + \dfrac{0.001}{0.1}} = \dfrac{90}{0.01 + 0.01 + 0.01} = 3000(W/m^2)$

（二）$q'' = \dfrac{T_3 - 30}{\dfrac{0.001}{0.1}} = 3000 \Rightarrow T_3 = 60(°C)$

9-3 圓柱座標與球座標之熱阻 ☆☆☆

考題方向　理解熱阻的概念，分為直角座標、圓柱座標與球座標，
利用熱阻來計算熱通量及定點溫度，此為熱傳學必考焦點。

固體與固體接觸介面產生額外之熱阻，稱為接觸熱阻（thermal contact resistance, Rc）。

接觸熱阻與下列因素有關：
　表面粗糙度
　材料性質
　接觸面之溫度與壓力
　介面所存留之流體

一、圓柱座標

若一圓柱內，外半徑分別為r_1、r_2，分別有一固定溫度T_1、T_2，長度為L當圓柱長度遠大於直徑(L >> r)，此熱傳形式為一度空間，熱傳之方向只在徑向(r)，則傅利葉導熱傳方程式為：

$$\dot{Q}_{cond} = -kA\frac{dT}{dr} = -k2\pi rL\frac{dT}{dr}$$

$$-\frac{dT}{\dot{Q}_{cond}} = \frac{dr}{2\pi rLk} \Rightarrow \frac{T_1 - T_2}{\dot{Q}_{cond}} = R_{cylinder} = \frac{\ln(r_2/r_1)}{2\pi kL}$$

可得徑向之導熱率(Q')不為常數；但徑向之導熱熱通量heat flux (Q")為常數

二、包含對流邊界之熱阻（Thermal Resistance with Convection）

空心圓柱與空心圓球中，內外介面均為對流熱傳邊界，其穩態、一度空間之熱傳如下：

空心圓柱：$\dot{Q} = \dfrac{T_{\infty 1} - T_{\infty 2}}{R_{total}}$

$$R_{total} = R_{conv1} + R_{cond} + R_{conv2} = \dfrac{1}{2\pi r_1 L h_1} + \dfrac{\ln(r_2 / r_1)}{2\pi k L} + \dfrac{1}{2\pi r_2 L h_2}$$

三、多層圓柱（Multilayered Cylinders）

穩態時多層圓柱與圓球之熱傳，可用類似於多層平板分析之

$$\dot{Q} = \dfrac{T_{\infty 1} - T_{\infty 2}}{R_{total}}$$

$$R_{total} = R_{conv1} + R_{cond} + R_{conv2}$$

$$= \dfrac{1}{2\pi r_1 L h_1} + \dfrac{\ln(r_2 / r_1)}{2\pi k_1 L} + \dfrac{\ln(r_3 / r_2)}{2\pi k_2 L} + \dfrac{\ln(r_4 / r_3)}{2\pi k_3 L} + \dfrac{1}{2\pi r_4 L h_2}$$

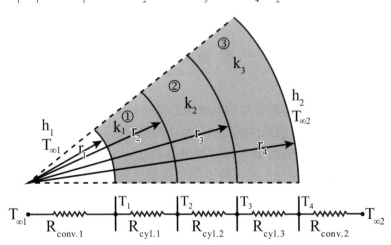

四、空心圓球

$$\dot{Q} = \frac{T_{\infty 1} - T_{\infty 2}}{R_{total}}$$

$$R_{total} = R_{conv1} + R_{cond} + R_{conv2}$$

$$= \frac{1}{4\pi r_1^2 h_1} + \frac{r_2 - r_1}{4\pi k r_1 r_2} + \frac{1}{4\pi r_2^2 h_2}$$

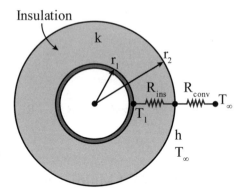

一圓管管壁r_1之溫度為T_1，若於管壁外
加一層絕熱體，如右圖所示：

當絕熱體益加增厚，絕熱層之「導熱」熱阻變大，但同時絕熱層外部之「對
流」熱阻變小。故絕熱體存在一臨界厚度，厚度超過此臨界值，散熱量反而
變大。

此散熱量存在一最大值，其臨界厚度可由下式求得：

$$r_{cr} = \frac{k}{h}$$

試題觀摩

1. 外徑D＝18mm之薄銅管被做為傳輸蒸氣使用。為減少熱損失將在管壁
上包覆一絕緣層。所採用絕緣層材料之熱傳導係數(thermal conductivity)
k＝0.1W/m·K。假設管外對流熱傳係數(convective heat transfer co-
efficient) h＝10W/m²·K，試求所包覆絕緣層之最小外徑。（高考）

解析　$r_{cr} = \frac{k}{h} = \frac{0.1}{10} = 0.01(m)$

2. 有一支1m長之鋼製水管(內直徑＝40mm，外直徑＝50mm)，管內水流之溫度為75°C(假設為常數)，水管外之空氣溫度為25°C，鋼之熱傳導係數(k)為40W/m-K，

(一)試求水流傳至管外空氣之熱傳量為多少(Watts)？

(二)水管外表面之溫度(T_s)為多少(°C)

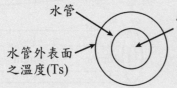

水管

水管外表面之溫度(Ts)

管內水流溫度75ºC，
h_i=水與內管壁間之熱對流係數=500W/m²-k

外界空氣溫度25ºC，
h_o=空氣與外管壁間之熱對流係數=50W/m²-k

註：一維熱傳導：$Q = -k(2\pi rL)\dfrac{dT}{dr} \Longrightarrow Q = \dfrac{(T_1 - T_0)}{\left[\dfrac{\ln(r_0/r_1)}{2\pi kL}\right]} = \dfrac{(T_1 - T_0)}{R_{ih}}$

解析　(一) $R_{total} = R_{conv1} + R_{cond} + R_{conv2} = \dfrac{1}{2\pi r_1 L h_1} + \dfrac{\ln(r_2/r_1)}{2\pi kL} + \dfrac{1}{2\pi r_2 L h_2}$

$$= \dfrac{1}{2\pi \times 0.02 \times 1 \times 500} + \dfrac{\ln(0.025/0.02)}{2\pi \times 40 \times 1} + \dfrac{1}{2\pi \times 0.025 \times 1 \times 50}$$

$$= 0.016 + 0.00089 + 0.1274 = 0.14429$$

$$\dot{Q} = \dfrac{T_{\infty 1} - T_{\infty 2}}{R_{total}} = \dfrac{75 - 25}{0.14429} = 346.5(W)$$

(二) $\dot{Q} = \dfrac{T_2 - 25}{0.1274} = 346.5 \Rightarrow T_2 = 69.14(°C)$

3. 有一支1m長之鋼製水管(內徑＝40mm，外徑＝50mm)，管內水流之溫度為75˚C(假設為常數)，水管外之空氣溫度為25˚C，鋼之熱傳導係數(k)為40W/m-K，

(一)試求水流傳至管外空氣之熱傳量為多少(Watts)？

(二)水管外表面之溫度(T_s)為多少(˚C)？

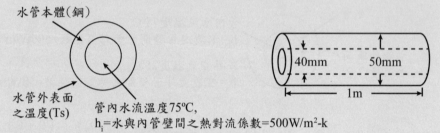

水管本體(鋼)

水管外表面之溫度(Ts)

管內水流溫度75℃，
h_i＝水與內管壁間之熱對流係數＝500W/m²-k
外界空氣溫度25℃，
h_o＝空氣與外管壁間之熱對流係數＝50W/m²-k

40mm　50mm　1m

註：一維熱傳導：$Q = \Delta T / \left[\dfrac{\ln(r_0 / r_1)}{2\pi kL} \right] = \Delta T / R_{th}$

解析 (一) $R_{total} = R_{conv1} + R_{cond} + R_{conv2}$

$$= \frac{1}{2\pi r_1 L h_1} + \frac{\ln(r_2 / r_1)}{2\pi kL} + \frac{1}{2\pi r_2 L h_2}$$

$$= \frac{1}{2\pi \times 0.02 \times 1 \times 500} + \frac{\ln(0.025 / 0.02)}{2\pi \times 40 \times 1} + \frac{1}{2\pi \times 0.025 \times 1 \times 50}$$

$$= 0.016 + 0.00089 + 0.1274 = 0.14429$$

$$\dot{Q} = \frac{T_{\infty 1} - T_{\infty 2}}{R_{total}} = \frac{75 - 25}{0.14429} = 346.5(W)$$

(二) $\dot{Q} = \dfrac{T_2 - 25}{0.1274} = 346.5 \Rightarrow T_2 = 69.14(°C)$

4. 一平板以兩平板構成，A板具發熱源，B板則無，A板左側為絕熱，B板右側被水冷卻，求A、B板之溫度分佈？

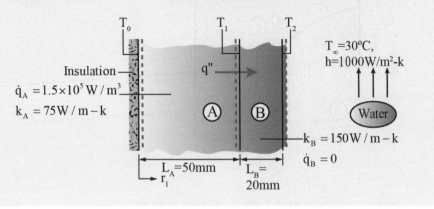

解析　A板之統御方程式 $\dfrac{\partial^2 T}{\partial x^2} + \dfrac{\dot{e}_{gen}}{k} = 0 \Rightarrow \dfrac{\partial^2 T}{\partial x^2} + \dfrac{1500000}{75} = 0$

$\Rightarrow \dfrac{\partial^2 T}{\partial x^2} = -20000 \Rightarrow \dfrac{\partial T}{\partial x} = -20000x + a \Rightarrow T_A = -10000x^2 + ax + b$

B板之統御方程式 $\dfrac{\partial^2 T}{\partial x^2} = 0 \Rightarrow T_B = cx + d$

邊界條件

$x = 0, \dfrac{\partial T_A}{\partial x} = 0 \Rightarrow a = 0$

$x=0.05$, $T_A = T_B \Rightarrow -25 + b = 0.05c + d$

$x = 0.05, 75\dfrac{\partial T_A}{\partial x} = 150\dfrac{\partial T_B}{\partial x} \Rightarrow -1000 = 2c \Rightarrow c = -500$

$h(T_2 - T_\infty) = L_A \dot{e}_{gen} \Rightarrow 1000(T_2 - 30) = 0.05 \times 1500000 \Rightarrow T_2 = 105(℃)$

$x=0.07$, $T_B = 105 \Rightarrow 0.07(-500) + d = 105 \Rightarrow d = 140$

$b = 140$

$T_A = -10000x^2 + 140$

$T_B = -500x + 140$

繪出圖如下所示

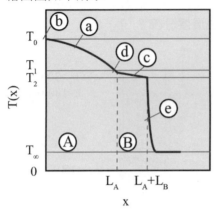

散熱片之統御方程式，其中p為散熱片寬度

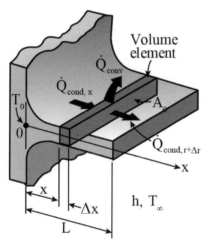

$$\frac{\dot{Q}_{cond,x+\Delta x} - \dot{Q}_{cond,x}}{\Delta x} + hp\left(T - T_\infty\right) = 0$$

$$\frac{d\dot{Q}_{cond}}{dx} + hp(T - T_\infty) = 0$$

$$-kA_c \frac{d^2T}{dx^2} + hp(T - T_\infty) = 0$$

第十章｜二維熱傳導與暫態導熱熱傳

10-1 二維導熱熱傳 ☆☆☆

> **考題方向**　學會解二維熱傳導方程式，此為 P.D.E. 之應用，因計算複雜而較少命題。

二維穩態態導熱熱傳

★長方形固定溫度表面

試題觀摩

1. 本節討論有限長度的y軸，請注意邊界條件有些不一樣。

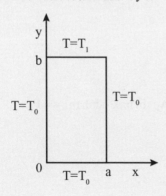

$$\frac{\partial^2 T}{\partial x^2} + \frac{\partial^2 T}{\partial y^2} = 0$$

$$0 < x < a \ , \ 0 < y < b$$

$$T(0,y)T_0 \quad T(a,y)T_0$$

$$T(x,0)T_0 \quad T(x,b)T_1$$

無因次化

$$\theta = \frac{T - T_0}{T_1 - T_0} \quad X = \frac{x}{a} \quad Y = \frac{y}{b} \quad r^2 = \frac{b^2}{a^2}$$

解析 $\dfrac{\partial^2\theta}{\partial X^2}+\dfrac{1}{r^2}\dfrac{\partial^2\theta}{\partial Y^2}=0$

$0<X<1,\ 0<Y<1$

$\theta(0,Y)=0 \qquad\qquad \theta(1,Y)=0$

$\theta(X,0)=0 \qquad\qquad \theta(X,1)=1$

$\theta=X(x)\cdot Y(y)$

$X(0)=0 \quad X(1)=0 \quad Y(0)=0 \quad X(x)\cdot Y(1)=1$

$X''Y+\dfrac{1}{r^2}XY''=0$

$\dfrac{X''}{X}=-\dfrac{1}{r^2}\dfrac{Y''}{Y}=-\lambda^2$

$X''+\lambda^2 X=0$

$X=A\sin\lambda x+B\cos\lambda x$

$X(0)=0 \quad B=0$

$X(1)=0 \quad A\sin\lambda x=0 \quad \sin\lambda x=0 \quad \lambda=n\pi$

$Y=C\sinh r\lambda y+D\cosh r\lambda y$ 或 $Y=C\exp(r\lambda y)+D\exp(r\lambda y)$ 但以前者較佳

$Y(0)=0 \quad D=0$

$\theta(x,y)=AC\sin n\pi x\sinh rn\pi y$

$\theta(x,y)=\displaystyle\sum_{n=1}^{\infty}A_n\sin n\pi x\sinh rn\pi y$

在 $y=0$ 邊界上 $\theta(x,0)=1 \quad \theta(x,1)=\displaystyle\sum_{n=1}^{\infty}A_n\sin n\pi x\cdot\sinh rn\pi y=1$

以 $\sin m\pi x$ 乘兩邊並積分得

$A_m\sinh rm\pi\displaystyle\int_0^1\sin^2 m\pi x\,dx=\int_0^1\sin m\pi x\,dx$

$\displaystyle\int_0^1\sin m\pi x\,dx=-\dfrac{1}{m\pi}\big[\cos m\pi x\big]_0^1=\dfrac{1-\cos m\pi}{m\pi}$ ；

$$\int_0^1 \sin^2 m\pi x dx = \left[\frac{x}{2} - \frac{\sin(2mx)}{4m}\right]_0^1 = \frac{1}{2}$$

$$A_m = \frac{2(1 - \cos m\pi)}{m\pi \sinh rm\pi}$$

但 $1 - \cos m\pi = 0$ for m＝2n；$1 - \cos m\pi = 2$ for m＝2n－1

$$\theta(x,y) = \frac{4}{\pi}\sum_{n=1}^{\infty}\frac{\sin\left[(2n-1)\pi x\right]\sinh\left[r(2n-1)\pi y\right]}{(2n-1)\sinh\left[r(2n-1)\pi\right]}$$

2. 有一個二維之正方體進行穩態熱傳導，此物體內並無熱生成(no heat generation)，物體四個邊之溫度如圖所示，試以能量守恆與有限差分之觀念列出公式，並解答 T_1、T_2、T_3與T_4格點處之溫度，

註：(1)格點之距離為等分($\Delta x = \Delta y$)，注意對稱性。

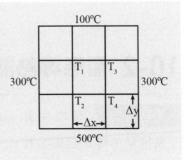

$$(2)Q_X = -k\Delta y\frac{\Delta T}{\Delta x}\ ;\ q_y = -k\Delta x\frac{\Delta T}{\Delta x}$$

Hint：Laplace equation $\dfrac{\partial^2 T}{\partial x^2} + \dfrac{\partial^2 T}{\partial y^2} = 0$

解析 採用有限差分法

$$\frac{T_{i-1,j} - 2T_{i,j} + T_{i+1,j}}{\Delta x^2} + \frac{T_{i,j-1} - 2T_{i,j} + T_{i,j+1}}{\Delta y^2} = 0$$

又 $\Delta x = \Delta y$

$$T_{i-1,j} - 2T_{i,j} + T_{i+1,j} + T_{i,j-1} - 2T_{i,j} + T_{i,j+1} = 0$$

$$\frac{1}{4}(T_{i-1,j} + T_{i+1,j} + T_{i,j-1} + T_{i,j+1}) = T_{i,j}$$

又左右對稱$T_1 = T_3$，$T_2 = T_4$

$$\frac{1}{4}(300 + 100 + T_3 + T_2) = T_1$$

$$400 = 3T_1 - T_2 \cdots\cdots(1)$$

$$\frac{1}{4}(300 + 500 + T_4 + T_1) = T_2$$

$$800 = 3T_2 - T_1 \cdots\cdots(2)$$

解得$T_1 = T_3 = 250(^\circ C)$，$T_2 = T_4 = 350(^\circ C)$

10-2 暫態導熱熱傳 ☆☆☆

> **考題方向**　學會用 Bi number 作總體熱含系統之假設，可大大簡化暫態熱傳導之統御方程式，此為熱傳學必考焦點之一。

當熱傳物體內部溫度分佈為均勻（uniform）（即物體內部溫度梯度為零）或接近均勻時，任何時間此物體只有一單一溫度，故溫度只是時間函數，此時可大大地簡化溫度求解之過程，此熱傳系統稱為「**總體熱含系統**」。

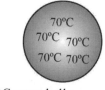

(a)Copper ball

右圖中，銅球之溫度不隨位置變化，可視為總體熱含系統；牛肉之溫度會隨位置變化，不可視為總體熱含系統。

若一熱傳物體可假設為均溫T = T(t)，故不必考

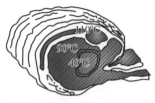

(b)Roast beef

慮溫度對位置之變化,整體溫度只與時間有關,故大大簡化熱傳模型與分析。

統御方程式可表示為 $c_p \rho V \dfrac{dT}{dt} + hA_s(T - T_\infty) = 0$

令 $x = T - T_\infty$ 可得

$$c_p \rho V \frac{dx}{dt} + hA_s x = 0 \Rightarrow \frac{dx}{dt} + \frac{hA_s}{c_p \rho V} x = 0 \Rightarrow (D + \frac{hA_s}{c_p \rho V})x = 0$$

$$\Rightarrow x = be^{-\frac{hA_s}{c_p \rho V}t} \Rightarrow T = be^{-at} + T_\infty$$

Initial condition $t = 0$, $T = T_0$

$b + T_\infty = T_0 \Rightarrow b = T_0 - T_\infty$

$T = (T_0 - T_\infty)e^{-at} + T_\infty$

$\dfrac{T - T_\infty}{T_0 - T_\infty} = e^{-at}$ ， $a = \dfrac{hA_s}{c_p \rho V}$

物體表面之對流熱阻(surface-convection resistance)遠大於物體內部之導熱熱阻(internal-conduction resistance)。一般而言,當導熱熱阻與對流熱阻之比值小於0.1時可使用總體熱含系統之假設。

$$\frac{\dfrac{L}{kA}}{\dfrac{1}{hA}} = \frac{hL}{k} = Bi < 0.1$$

<Lema>平板(厚度2L),圓柱(半徑R),圓球(半徑R)之特徵長度分別為:L, R/2, R/3。若圓柱很長及圓球很大時,使用半徑R為特徵長度。

試題觀摩

1. The steady-state heat conduction equation for a square plant is simply a Laplance equation, $\nabla^2 T=0$. The conditions are shown in figure. Please use Taylor expansion to developed a finite difference equation to simulate the Laplace equation. In addition, if the plate is divided into nine equal elements, please calculate the temperature of the points inside the plate by the equation that you have just developed.

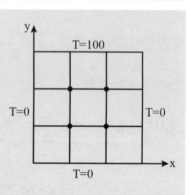

Hint：Laplace equation $\dfrac{\partial^2 T}{\partial x^2}+\dfrac{\partial^2 T}{\partial y^2}=0$

解析 採用有限差分法

$$\frac{T_{i-1,j}-2T_{i,j}+T_{i+1,j}}{\Delta x^2}+\frac{T_{i,j-1}-2T_{i,j}+T_{i,j+1}}{\Delta y^2}=0$$

又 $\Delta x=\Delta y$

$$T_{i-1,j}-2T_{i,j}+T_{i+1,j}+T_{i,j-1}-2T_{i,j}+T_{i,j+1}=0$$

$$\frac{1}{4}(T_{i-1,j}+T_{i+1,j}+T_{i,j-1}+T_{i,j+1})=T_{i,j}$$

又左右對稱 $T_1=T_3$，$T_2=T_4$

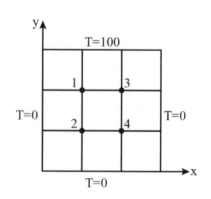

$$\frac{1}{4}(0+100+T_3+T_2)=T_1$$

$$100=3T_1-T_2\cdots\cdots(1)$$

$$\frac{1}{4}(0+0+T_4+T_1)=T_2$$

$$0=3T_2-T_1\cdots\cdots(2)$$

解得 $T_1=T_3=37.5(^\circ C)$，$T_2=T_4=12.5(^\circ C)$

2. 有一支量測溫度之熱電偶(thermocouple，如圖所示)，其頭部感測部分為直徑0.3mm之球體狀，空氣通過此球體之溫度(U)為5m/s。

(一)試求空氣與球體表面之平均熱對流係數($\overline{h}$，W/m^2-K)？

$$\overline{Nu}_{sph} = \frac{\overline{h}D}{k} = 2 + [0.4Re^{1/2} + 0.06Re^{2/3}]Pr^{0.4}\left(\frac{\mu_0}{\mu_3}\right)^{1/4}$$

for $3.5 \leq Re \leq 76,000 : 0.7 \leq Pr \leq 380$

空氣：$Pr = 0.72 : k_{air} = 0.028$(W/m-K)；$\rho_{air} = 1$(kg/m³)；$\mu = \mu_\infty = \mu_s = 2 \times 10^{-5}$(kg/m-s)

(二)球狀感測部分材料之熱傳導係數(k)為35W/m-K，比熱為(c)為320J/kg-K，密度(ρ)為8000kg/m³，此熱電偶頭部初始之溫度為20°C，瞬間通過上述80°C(T_∞)之空氣，並以Biot number驗證Lumped Capacitance分析方法之適用性。

試計算熱電偶頭部球體上升至79°C時所需之時間(s)？

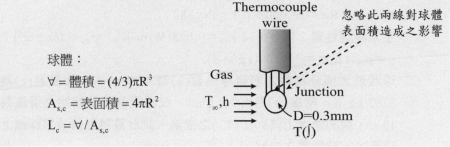

球體：
$\forall = 體積 = (4/3)\pi R^3$
$A_{s,c} = 表面積 = 4\pi R^2$
$L_c = \forall / A_{s,c}$

解析 (一) $Re = \frac{\rho VD}{\mu} = \frac{1 \times 5 \times 0.0003}{2 \times 10^{-5}} = 75$

$Nu = 2 + [0.4 \times 75^{\frac{1}{2}} + 0.06 \times 75^{\frac{2}{3}}]0.72^{0.4} = 2 + [3.4641 + 1.06676] \times 0.877$

$Nu = 5.97 = \frac{hD}{k} = \frac{h \times 0.0003}{0.028} \Rightarrow h = 557.53(W/m^2 \cdot K)$

(二) $Bi = \frac{hL}{k_s} = \frac{557.53 \times \dfrac{0.00015}{3}}{35} = 0.0008 < 0.1$，

故可使用總體熱含系統之假設

$$\frac{T - T_\infty}{T_0 - T_\infty} = e^{-at} \quad ,$$

$$a = \frac{hA_s}{c_p \rho V} = \frac{557.53 \times 4\pi R^2}{320 \times 8000 \times \frac{4}{3}\pi R^3} = \frac{557.53}{320 \times 8000 \times \frac{0.00015}{3}} = 4.3557$$

$$\frac{79 - 80}{20 - 80} = e^{-4.3557t} \Rightarrow \ln 0.0167 = -4.3557t \Rightarrow t = 0.94(s)$$

3. 有一支量測溫度之熱電偶(thermocouple，如圖所示)，其頭部感測部分為直徑1mm之球體狀，空氣通過此球體之溫度(U)為5m/s。

(一)試求空氣與球體表面之平均熱對流係數($\bar{h}$)？

$$\overline{Nu}_{sph} = \frac{\bar{h}D}{k} = 2 + [0.4Re^{1/2} + 0.06Re^{2/3}]Pr^{0.4}\left(\frac{\mu_0}{\mu_3}\right)^{1/4}$$

for $3.5 \le Re \le 76,000$：$0.7 \le Pr \le 380$

空氣物理性質：$Pr = 0.72$：$k_{air} = 0.028(W/m\text{-}K)$；$\rho_{air} = 1(kg/m^3)$；

$\mu = \mu_\infty = \mu_s = 2 \times 10^{-5}(kg/m\text{-}s)$

(二)球狀感測部分材料之熱傳導係數(k)為35W/m-K，比熱為(c)為320J/kg-K，密度(ρ)為8000kg/m^3，此熱電偶頭部初始之溫度為40°C，瞬間通過上述80°C(T_∞)之空氣，試計算熱電偶頭部球體上升至79°C時所需之時間(s)？

並以Biot number驗證Lumped System Analysis分析方法之適用性。

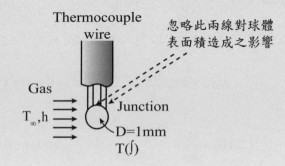

球體：

$\forall = $ 體積 $= (4/3)\pi R^3$

$A_{s,c} = $ 表面積 $= 4\pi R^2$

$L_c = \forall / A_{s,c}$

解析 (一) $\mathrm{Re} = \dfrac{\rho VD}{\mu} = \dfrac{1 \times 5 \times 0.001}{2 \times 10^{-5}} = 250$

$\mathrm{Nu} = 2 + [0.4 \times 250^{\frac{1}{2}} + 0.06 \times 250^{\frac{2}{3}}]0.72^{0.4} = 2 + [6.325 + 2.38] \times 0.877$

$\mathrm{Nu} = 9.634 = \dfrac{hD}{k} = \dfrac{h \times 0.001}{0.028} \Rightarrow h = 269.752(\mathrm{W/m^2 \cdot K})$

(二) $\mathrm{Bi} = \dfrac{hL}{k_s} = \dfrac{269.752 \times \dfrac{0.0005}{3}}{35} = 0.00128 < 0.1$ ，

故可使用總體熱含系統之假設

$\dfrac{T - T_\infty}{T_0 - T_\infty} = e^{-at}$ ，

$a = \dfrac{hA_s}{c_p \rho V} = \dfrac{269.752 \times 4\pi R^2}{320 \times 8000 \times \dfrac{4}{3}\pi R^3} = \dfrac{269.752}{320 \times 8000 \times \dfrac{0.0005}{3}} = 0.632$

$\dfrac{79 - 80}{40 - 80} = e^{-0.632t} \Rightarrow \ln 0.025 = -0.632t \Rightarrow t = 5.837(\mathrm{s})$

---

4. 有一支直徑5cm，長度為20cm支鋼質圓棒(k＝50W/m-K,c＝440J/kg-K,ρ ＝7800kg/m³)，此圓棒在熱處理爐中均勻加熱至850°C，然後瞬間取出置 於30°C之空氣中冷卻，圓棒與空氣間之熱對流係數為30W/m²-K，

(一)試以Biot number判斷此問題是否可用Lumped Capacitance方法 解答。

(二)試估算5分鐘後此圓棒可冷卻至何平均溫度(°C)？

The Lumped Capacitance Method：

$\dfrac{T - T_m}{T_i - T_m} = \exp\left[-\left(\dfrac{hA_{s,c}}{\rho \forall_c}t\right)\right] \equiv \exp[-(\mathrm{Bi})(\mathrm{F_0})]$

$\mathrm{Bi} = \dfrac{h(V/A_s)}{k}$

解析　(一)$Bi = \dfrac{hL}{k_s} = \dfrac{30 \times \dfrac{0.025}{2}}{50} = 0.0075 < 0.1$，故可使用總體熱含系統之假設

(二)$A_s = 0.05 \times 3.14 \times 0.2 + 2 \times \dfrac{1}{4} \times 3.14 \times 0.05^2 = 0.0314 + 0.004 = 0.0354(m^2)$

$V = \dfrac{1}{4} \times 3.14 \times 0.05^2 \times 0.2 = 0.0004$

$\dfrac{T - T_\infty}{T_0 - T_\infty} = e^{-at}$ ，

$a = \dfrac{hA_s}{c_p \rho V} = \dfrac{30 \times 0.0354}{440 \times 7800 \times 0.0004} = \dfrac{1.062}{1372.8} = 0.0007736$

$\dfrac{T - 30}{850 - 30} = e^{-0.0007736 \times 5 \times 60} = e^{-0.232} = 2.71828^{-0.232} = 0.793$

$T = 680.2(°C)$

---

5. 有一塊邊長為40mm正方體之鋼材(如圖示)，此鋼材經熱處理加熱至800°C，然後瞬間由熱處理爐移到爐外進行20°C之空氣冷卻(焠火)，鋼材表面與空氣間之熱對流係數為80W/m²-K，

(一)試計算此冷卻過程之Biot number(Bi)？
　　判斷Lumped System方法是否適用？

(二)利用Lumped System方法計算此鋼材由800°C於空氣中冷卻30分鐘後之溫度為多少(°C)

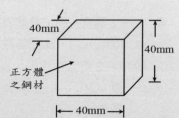

註：鋼材物理性質：
　　密度$= 8000kg/m^3$，熱傳導係數$= 50W/m$-K，比熱$= 450J/kg$-K

　　$\dfrac{T(t) - T_\infty}{T_I - T_\infty} = e^{-ht}$ where $b = \dfrac{hA_s}{\rho V c_p}$

　　$Bi = h(V/A_s)/k = $Biot number

解析　(一)$Bi = \dfrac{hL}{k_s} = \dfrac{20 \times \dfrac{0.04^3}{6 \times 0.04^2}}{50} = 0.0027 < 0.1$ ，

故可使用總體熱含系統之假設

(二) $\dfrac{T - T_\infty}{T_0 - T_\infty} = e^{-at}$ ，$a = \dfrac{hA_s}{c_p\rho V} = \dfrac{20 \times 0.0096}{450 \times 8000 \times 0.000064} = 0.000833$

$\dfrac{T - 20}{800 - 20} = e^{-0.000833 \times 30 \times 60} = e^{-1.5} = 2.71828^{-1.5} = 0.223$

$T = 193.94(°C)$

---

6. 考慮球狀鋼珠之熱處理焠火過程，此珠子之直徑(D)為15mm被置於爐中均勻加熱至850°C，然後瞬間取出置於50°C之氣流中進行冷卻，以增加材質硬度，珠子與空氣之間的熱對流係數(h)為60W/m²-K。

(一) 試計以Biot number判斷此問題是否可用Lumped Capacitance方法解答，此Biot number為多少？

(二) 解答珠子之溫度由850°C冷卻至250°C時，所需之時間(秒)？

註：鋼之特性……$\rho = 7800kg/m^3$，$c_p = 450J/kg\text{-}K_p$，$k = 50W/m\text{-}K$

The Lumped Capacitance Method：$\dfrac{T - T_m}{T_i - T_m} = \exp\left[-\left(\dfrac{hA_{s,c}}{\rho\forall_c}t\right)\right]$

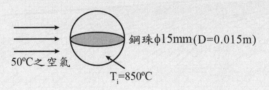

鋼珠φ15mm(D=0.015m)
50°C之空氣
$T_i = 850°C$

解析 (一) $Bi = \dfrac{hL}{k_s} = \dfrac{60 \times \dfrac{0.0075}{3}}{50} = 0.003 < 0.1$，故可使用總體熱含系統之假設

(二) $\dfrac{T - T_\infty}{T_0 - T_\infty} = e^{-at}$ ，

$a = \dfrac{hA_s}{c_p\rho V} = \dfrac{60 \times 4\pi R^2}{450 \times 7800 \times \dfrac{4}{3}\pi R^3} = \dfrac{60}{450 \times 7800 \times \dfrac{0.0075}{3}} = 0.00684$

$\dfrac{250 - 50}{850 - 50} = e^{-0.00684t} \Rightarrow \ln 0.25 = -0.00684t \Rightarrow t = 202.675(s)$

10-3 海斯勒圖表 ☆☆☆

> **考題方向**　因暫態導熱熱傳統御方程式較為複雜，故應學會查海斯勒圖表獲得其解。

海斯勒圖表Heisler Charts

※平板、圓柱、球體，此三種基本形狀物體之暫態溫度之解析解，當t > 0.2時，可以圖表法表示，稱為暫態溫度圖表known as the transient temperature charts（或海斯勒圖表Heisler Charts）。

每一種幾何形狀物體，都有三個圖表：

(一) 任一時間，物體幾何中心非因次溫度 θ_0 與非因次時間 τ 之變化，每一曲線代表不同之Biot number：

(二) 任意位置溫度與中心溫度之比值：

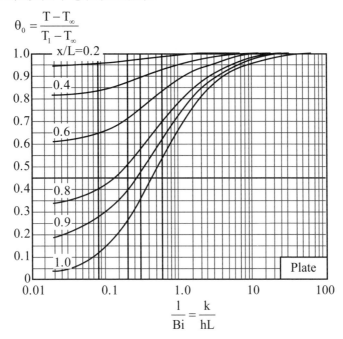

$$\theta_0 = \frac{T - T_\infty}{T_1 - T_\infty}$$

(三) 在起始時間到t之間物體向外傳輸之熱傳量與此物體理論上最大熱傳量之比值：

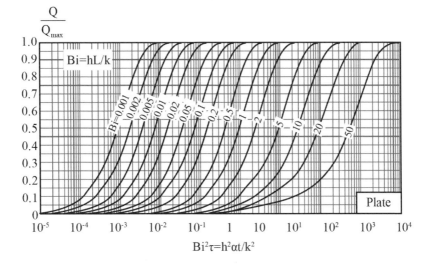

A steel ball ($\rho = 7800\text{kg/m}^3$, c＝460J/(kgK), k＝35W/mK)10cm in diameter, and initially at a uniform temperature of 500°C is suddenly immersed in a fluid at 25°C. The convection heat transfer coefficient h is 50W/(m²K).

(a)Derive the governing equation for the problem by using the lumped-capacity method and the energy balance.

(b)Calculate the time required for the ball to attain a temperature of 100°C.

解析 (a)統御方程式可表示為

$$c_p \rho V \frac{dT}{dt} + hA_s(T - T_\infty) = 0$$

(b)$\dfrac{T - T_\infty}{T_0 - T_\infty} = e^{-at}$,

$$a = \frac{hA_s}{c_p \rho V} = \frac{50 \times 4\pi R^2}{460 \times 7800 \times \frac{4}{3}\pi R^3} = \frac{50}{460 \times 7800 \times \frac{0.05}{3}} = 0.000836$$

$$\frac{100 - 25}{500 - 25} = e^{-0.000836t} \Rightarrow \ln 0.158 = -0.000836t \Rightarrow t = 2208(s)$$

第十一章 | 熱對流與熱輻射

11-1 熱對流之統御方程式 ☆☆☆

> **考題方向** 本節介紹熱對流的重要無因次參數 Nu number，利用 Nu number 計算出流體的平均熱對流係數。

熱對流

能量守恆（Conservation of Energy Equation）
邊界層內控制容積之能量守恆如下圖所示，其假設如下：
(一) 穩態，不可壓縮流體。
(二) 黏滯係數，導熱係數k，及比熱c_p均為常數。
(三) x方向之導熱熱傳遠小於y方向之對流熱傳，故可忽略。

$$u\frac{\partial T}{\partial x} + v\frac{\partial T}{\partial y} = \alpha\frac{\partial^2 T}{\partial y^2} + \frac{\mu}{\rho c_p}(\frac{\partial u}{\partial y})^2$$

故對於低速不可壓縮流體之邊界層內，溫度分佈方程式為

$$u\frac{\partial T}{\partial x} + v\frac{\partial T}{\partial y} = \alpha\frac{\partial^2 T}{\partial y^2}$$

「普郎多數」（Prandtl number）Pr：

$$Pr = \frac{\nu}{\alpha} = \frac{\frac{\mu}{\rho}}{\frac{k}{\rho c}} = \frac{\mu c_p}{k}$$

Pr number代表流體「黏滯係數」與「熱擴散係數」之比值，故當Pr~1時，流體之動量傳輸（與速度分佈有關）與導熱熱量傳輸（與溫度分佈有關）相同，故邊界層內之速度分佈類似於溫度分佈，速度梯度所產生之平板上剪應力（磨擦力）類似於溫度梯度所產生之平板上熱通量（熱傳率），甚至於流速產生之邊界層厚度與溫度所產生之熱邊界層（thermal boundary layer）厚度亦類似，此關係稱為「雷諾類比」（Reynolds analogy）。

$$Pr > 0.6 \text{，} Nu_x = \frac{h_x x}{k} = 0.332 \, Pr^{\frac{1}{3}} \, Re^{\frac{1}{2}}$$

流體流經各種截面之Nusselt number

Cross-section of the cylinder	Fluid	Range of Re	Nusselt number
Circle	Gas or liquid	0.4-4 4-40 40-4000 4000-40,000 40,000-400,000	$Nu=0.989Re^{0.330}Pr^{1/3}$ $Nu=0.911Re^{0.385}Pr^{1/3}$ $Nu=0.683Re^{0.466}Pr^{1/3}$ $Nu=0.193Re^{0.618}Pr^{1/3}$ $Nu=0.027Re^{0.805}Pr^{1/3}$
Square	Gas	5000-100,000	$Nu=0.102Re^{0.675}Pr^{1/3}$
Square(tilted45°)	Gas	5000-100,000	$Nu=0.246Re^{0.588}Pr^{1/3}$
Hexagon	Gas	5000-100,000	$Nu=0.153Re^{0.638}Pr^{1/3}$

Cross-section of the cylinder	Fluid	Range of Re	Nusselt number
Hexagon(tilted45°) D	Gas	5000-19,500 19,500-100,000	$Nu=0.160Re^{0.638}Pr^{1/3}$ $Nu=0.0385Re^{0.782}Pr^{1/3}$
Vertical plate D	Gas	4000-15,000	$Nu=0.228Re^{0.731}Pr^{1/3}$
Ellipse D	Gas	2500-15,000	$Nu=0.248Re^{0.612}Pr^{1/3}$

試題觀摩

1. For Poiseuille flow of a viscous oil between two infinite plates the velocity profile is given by

$$u = u_m\left(1-\frac{y^2}{L^2}\right)$$

where um is the maximum velocity determined as

$$u_m = \frac{L^2}{2\mu}\left(-\frac{dp}{dx}\right)$$

where the imposed pressure gradient=dp/dx.

One of the relations below is the form of the energy transport equation for Poiseuille flow when viscous dissipation is important:

$$\frac{d^2T}{dy^2}+\frac{\mu}{k}\frac{d^2u}{dy^2}=0 \qquad \frac{d^2T}{dy^2}+\frac{\mu}{k}\left(\frac{du}{dy}\right)=0$$

$$\frac{d^2T}{dy^2}+\frac{\mu}{k}\left(\frac{du}{dy}\right)^2=0 \qquad \frac{d^2T}{dy^2}+\frac{\mu^2}{k}\left(\frac{du}{dy}\right)=0$$

μ=oil viscousity (N·s/m^2), k=oil thermal conductivity (W/m·K)
Using the correct equation, derive relations for the temperature profile
in the passage and the heat flux to bottom wall in terms of the properties,
u$_m$ and the wall temperature, T$_w$. （台科大機械博士班）

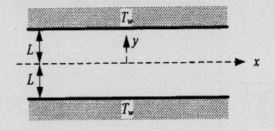

Hint：考慮一維正確之統御方程式為 $\dfrac{d^2T}{dy^2}=\dfrac{\mu}{k}(\dfrac{du}{dy})^2$

解析 （一）將題目所給的速度代入上式 $\dfrac{d^2T}{dy^2}=\dfrac{\mu}{k}(\dfrac{2u_my}{L^2})^2=\dfrac{4\mu u_m^2y^2}{kL^2}$

$$\frac{dT}{dy}=\frac{4\mu u_m^2y^3}{3kL^2}+C_1$$

$$T=\frac{\mu u_m^2y^4}{3kL^2}+C_1y+C_2$$

代入邊界條件：$\begin{cases} y=L, T=T_w \\ y=-L, T=T_w \end{cases}$

$C_1=0$，$C_2=T_w-\dfrac{\mu u_m^2L^2}{3k}$

（二）$\dot{q}_{wall}=-k\dfrac{dT}{dy}\bigg|_{y=-L}=-k\left[\dfrac{4\mu u_m^2y^3}{3kL^2}\right]_{y=-L}=\dfrac{4\mu u_m^2L}{3}$

2. Experimental measurements of the convection heat transfer coefficient for a square bar with characteristic length L=0.5m in cross flow yielded the following values:

$h_1 = 60 W/m^2 \cdot K$　when flow velocity $V_1 = 18 m/s$

$h_2 = 40 W/m^2 \cdot K$　when flow velocity $V_2 = 12 m/s$

Assume that the functional form of the Nusselt number is $Nu = CRe^m Pr^n$, where C, m, and n are constants, and Re and Pr denote the Reynolds number and Prandtl number, respectively.

(a) What will be the convection heat transfer coefficient for a similar bar with L=1.0m when V=12m/s?

(b) If we want to maintain the convection heat transfer coefficient at $120 W/m^2 \cdot K$ for a similar bar with L=1.0m , what will be the velocity V?

解析　(a)因為同樣之流體，故Pr number 不會有影響

$$\frac{\dfrac{60 \times 0.5}{k}}{\dfrac{40 \times 0.5}{k}} = \left(\frac{Re_1}{Re_2}\right)^m = \left(\frac{18}{12}\right)^m = 1.5^m \Rightarrow m = 1$$

$$\frac{\dfrac{h_3 \times 1}{k}}{\dfrac{40 \times 0.5}{k}} = \left(\frac{Re_3}{Re_2}\right)^m = \left(\frac{1}{0.5}\right)^1 \Rightarrow h_3 = 40(W/m^2 \cdot K)$$

(b) $$\frac{\dfrac{120 \times 1}{k}}{\dfrac{40 \times 1}{k}} = \left(\frac{Re_4}{Re_3}\right)^m = \left(\frac{V_4}{12}\right)^1 \Rightarrow V_4 = 36(m/s)$$

11-2 熱交換器 ☆☆☆

> **考題方向** 熱交換器之分析方法分為 LMTD 與 NTU method，可計算出熱交換器之散熱面積。

流體流經圓柱組往往發生於熱交換器（heat exchanger），或原子爐之燃料棒。在熱交換器中，一種流體在圓管內流動，另一種流體垂直於圓柱組而流動。常見之排列法：

一、線狀in-line

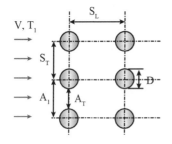

二、交錯狀staggered

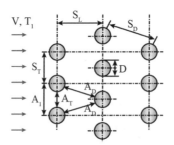

流體流經熱交換器之Nusselt number

Nusselt number correlations for cross folw over tube banks for N>16 and 0.7<Pr<500(from Zukauskas, 1987)*

Arrangement	Range of Re_D	Correlation
In-line	$0-100$	$Nu_D=0.9\,Re_D^{0.4}\,Pr^{0.36}(Pr/Pr_s)^{0.25}$
	$100-1000$	$Nu_D=0.52\,Re_D^{0.5}\,Pr^{0.36}(Pr/Pr_s)^{0.25}$
	$1000-2\times10^5$	$Nu_D=0.27\,Re_D^{0.63}\,Pr^{0.36}(Pr/Pr_s)^{0.25}$
	$2\times10^5-2\times10^5$	$Nu_D=0.033\,Re_D^{0.8}\,Pr^{0.4}(Pr/Pr_s)^{0.25}$

Arrangement	Range of Re_D	Correlation
Staggered	$0-500$	$Nu_D=1.04\ Re_D^{0.4}\ Pr^{0.36}(Pr/Pr_s)^{0.25}$
	$500-1000$	$Nu_D=0.71\ Re_D^{0.5}\ Pr^{0.36}(Pr/Pr_s)^{0.25}$
	$1000-2\times10^5$	$Nu_D=0.35(S_T/S_l)^{0.2}\ Re_D^{0.6}\ Pr^{0.36}(Pr/Pr_s)^{0.25}$
	$2\times10^5-2\times10^5$	$Nu_D=0.031(S_T/S_l)^{0.2}\ Re_D^{0.8}\ Pr^{0.36}(Pr/Pr_s)^{0.25}$

*All properties except Pr_s are to be evaluated at the arithmetic mean of the inlet and outlet temperatures of the fluid (Pr_S is to be evaluated at T_S).

試題觀摩

1. 從已知流體溫度計算熱交換器尺寸流量為68kg/min之水被油從35°C加熱至75°C，油之比熱為1.9kJ/kg.K，油的溫度由110°C降至75°C，若此熱交換器為雙管式，相反流，整體熱傳係數為320W/m2.K，則此熱交換器之熱傳面積須為何？

解析　$\dot{q}=\dot{m}_w c_w \Delta T_w=68\times4180(75-35)=11.37(MJ/min)=189.5(kW)$
因為兩流體之進出口溫度均已知，故可求LMTD

$$\Delta T_m=\frac{(110-75)-(75-35)}{\ln\left(\dfrac{110-75}{75-35}\right)}=37.44(°C)$$

$$\dot{q}=UA\Delta T_m \Rightarrow 189.5\times10^3=320A\times37.44$$

$$\Rightarrow A=15.82(m^2)$$

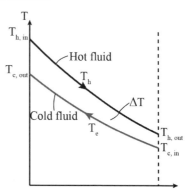

2. 下圖為一熱交換器，係由一正方形殼圍繞一圓管所組成，其熱交換是利用內圓管內側流體（管流）流動，和正方形殼內側與內圓管外側開之流體（殼流）流動。若已知管內流體（管流）及殼中流體（殼流）兩者流動速度皆為2.4m/s，1/2英吋K型銅管外直徑為15.88mm、內直徑為13.39mm、管壁厚為1.245mm，S＝0.80in，π＝3.14，試求：（計算置小數點後第1位，以下四捨五入）

(一)管內流體（管流）體積流率(L/min)。

(二)殼中流體（殼流）體積流率(L/min)。

(三)管內流體（管流）與殼中流體(殼流)體積流率之比值。

（103經濟部）

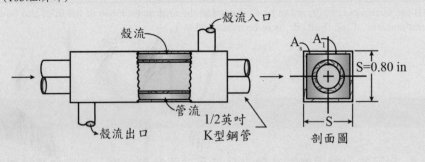

Hint：此題僅考熱交換器之流率

解析　(一)$\dot{Q} = \dfrac{3.14 \times 0.134^2 \times 24 \times 60}{4} = 20.3(\text{L}/\text{min})$

(二)$S' = 0.8 \times 0.254 - 2 \times 0.01245 = 0.2032 - 0.0249 = 0.1783(\text{公寸})$

　　$A' = 0.1783^2 - \dfrac{3.14 \times 0.1588^2}{4} = 0.0318 - 0.0198 = 0.012$

　　$\dot{Q}' = 0.012 \times 24 \times 60 = 17.28(\text{L}/\text{min})$

(三)$\dfrac{\dot{Q}}{\dot{Q}'} = \dfrac{20.3}{17.28} = 1.175$

3. 蒸氣在18kPa，95%的乾度，以5kg/s的質量流率進入冷凝器，經冷凝器之管路中的循環冷卻水冷卻後，以18 kPa的飽和液體離開，冷卻水經熱交換後，其進出口溫差為8°C，試求：

(一)冷卻水質量流率(kg/s)？

(二)蒸汽至冷卻水的熱傳率(kJ/s)？(冷卻水Cp=4.18kJ/kg·K)

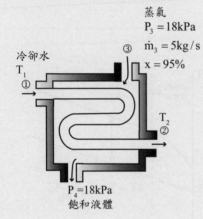

飽和水－壓力表

壓力 $P(kPa)$	飽和溫度 T_{sat}°C	焓kJ/kg	
		飽和液體 h_f	飽和氣體 h_g
10	45.81	191.83	2584.7
15	53.97	225.94	2599.1
20	60.06	251.4	2609.7

Hint：以內差法求出P=18(kPa)之h_f及h_g

解析　$P = 18(kPa)$

$$\frac{18-15}{20-15} = \frac{h_f - 225.94}{251.4 - 225.94} \Rightarrow h_f = 241.216(kJ/kg)$$

$$\frac{18-15}{20-15} = \frac{h_g - 2599.1}{2609.7 - 2599.1} \Rightarrow h_g = 2605.46(kJ/kg)$$

乾度x_3=95%

$h_3 = 241.216 + 0.95(2605.46 - 241.216) = 2487.248(kJ/kg)$

(一)$\dot{Q} = \dot{m}_c C_p \Delta T = \dot{m}_c \times 4.18 \times 8 = 11230.16 \Rightarrow \dot{m}_c = 335.83(kg/s)$

(二)$\dot{Q} = \dot{m}(h_3 - h_4) = 5(2487.248 - 241.216) = 11230.16(kW)$

11-3 管內熱傳 ☆☆☆

考題方向 管內熱傳可分為等牆壁熱通量及等牆壁溫度，應分別熟習其統御方程式之推導方法，利用 Nu number 可計算出流體的平均熱對流係數，此為熱傳學必考焦點。

一、等牆壁熱通量

$$\delta \dot{Q} = \dot{m}C_p dT_m = \dot{q}_s p dx$$

$$\frac{dT_m}{dx} = \frac{\dot{q}_s p}{\dot{m}C_p} = \text{const.}$$

$$Nu = 4.36$$

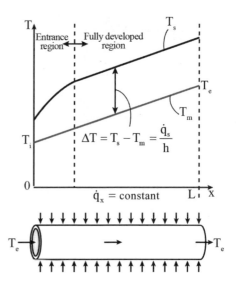

二、等牆壁溫度

$$\delta \dot{Q} = \dot{m}C_p dT_m = h(T_s - T_m)A_s$$

$$\frac{d(T_s - T_m)}{T_s - T_m} = -\frac{hp}{\dot{m}C_p} dx$$

由x=0積分至x=L

$$\ln \frac{T_s - T_e}{T_s - T_i} = -\frac{hA_s}{\dot{m}C_p}$$

$$Nu = 3.66$$

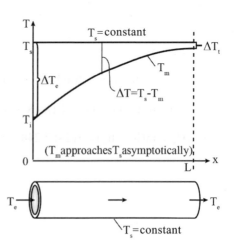

對整體管路長度而言，參數 $\dfrac{hA_s}{\dot{m}c_p}$ 稱為熱傳單位數量number of transfer units（NTU），代表熱傳系統之有效度（effectiveness）。

當NTU＞5，流體出口溫度幾乎接近牆壁溫度$T_e \sim T_s$，在此情況下，無論管路再增加多長，都無法再增加熱傳，反而增加成本。

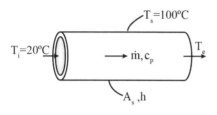

NTU＝hAsl m cp	Te，℃
0.01	20.8
0.05	23.9
0.10	27.6
0.50	51.5
1.00	70.6
5.00	99.5
10.00	100.0

試題觀摩

1. 在一個圓管內熱對流係數之量測實驗中，圓管之長度為1.17m，內徑為0.0138m，此管之管外壁進行水蒸氣之冷凝，使整支管之內表面保持100°C等溫之狀態，0.1kg/s之水流通過圓管之內部，經量後得到入口處之水溫為24°C，出口處之水溫為52°C，試求

(一)圓管雨水流間之平均熱對流係數(average convective heat transfer coefficient)為多少？

(二)平均紐塞數(average Nusselt number)為多少？

註：水：$c_p = 4180(J/kg\text{-}K)$，$k = 0.622W/m\text{-}K$；

等溫管壁 $\dfrac{T_s - T_{m,o}}{T_s - T_{m,i}} = \exp\left(-\dfrac{\overline{h}A_s}{\dot{m}c_p}\right)$，$\overline{Nu} = \dfrac{\overline{h}D}{k}$

水溫=24°C
質量流率=0.1 kg/s
管壁溫度(100°C)
D=0.0138mm 水溫=52°C
L=1.17m

解析　(一)$A_s = 3.14 \times 0.0138 \times 1.17 = 0.0507(m^2)$

$$\ln \frac{T_s - T_e}{T_s - T_i} = -\frac{hA_s}{\dot{m}C_p} \Rightarrow \ln \frac{100 - 52}{100 - 24} = -\frac{h \times 0.0507}{0.1 \times 4180}$$

$$h = 3788.65(W/m^2 \cdot K)$$

(二) $Nu = \frac{hD}{k} = \frac{3788.65 \times 0.0138}{0.622} = 84.057$

2. 有一高溫之流體通過一支內壁(直徑)為d之圓管之內部(如下圖所示)，此流體之質量流率為$\dot{m}(kg/s)$，比熱為$c_p(J/kg\text{-}K)$，此圓管之管壁溫度為T_w(常數)，流體通過圓管之內部以進行冷卻，流體與管壁間之熱對流係數$h(W/m^2\text{-}K)$，

(一)試對圖中之control volume進行能量平衡，以推導一維之熱傳微分方程式。

(二)若管長為L，流體於圓管入口處之水溫為T_i，試解答所推導之一維熱傳微分方程式，以獲得圓管出口處之水溫(T_o)。

註：T_o以d，$\dot{m}$，c_p，L，T_w，h，π與T_i表示之

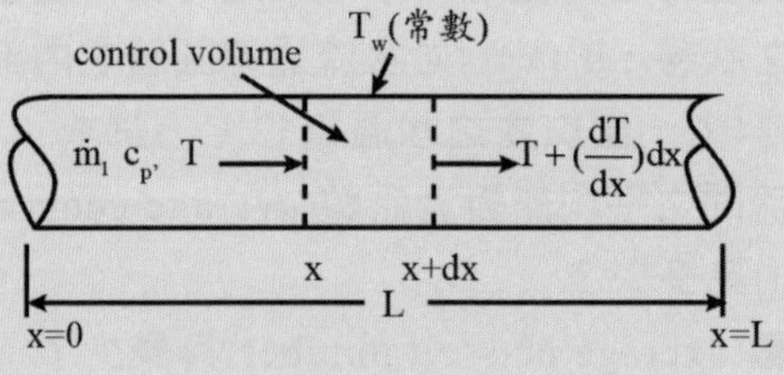

control volume　　T_w(常數)

$\dot{m}$, c_p, T　→　$T + (\frac{dT}{dx})dx$

x　x+dx

L

x=0　　x=L

解析　(一)$\delta \dot{Q} = \dot{m}C_p dT_m = h(T_w - T_m)A_s$

$$\ln \frac{T_s - T_e}{T_s - T_i} = -\frac{hA_s}{\dot{m}C_p} \Rightarrow \ln \frac{100 - 52}{100 - 24} = -\frac{h \times 0.0507}{0.1 \times 4180}$$

$$\frac{d(T_w - T_m)}{T_w - T_m} = -\frac{hp}{\dot{m}C_p}dx$$

(二)由x=0積分至x=L

$$\ln\frac{T_w - T_o}{T_w - T_i} = -\frac{hA_s}{\dot{m}C_p}$$

$$\frac{T_w - T_o}{T_w - T_i} = e^{-\frac{hA_s}{\dot{m}C_p}}$$

3. 有一支內壁(直徑)為14mm之圓管以等管壁溫度之方式加熱30°C之空氣(如圖)，假設於加熱開始時流體之速度已完全發展(hydrodynamically developed)，空氣之速度為2.52m/s，試求

(一)流體於管內之雷諾數(Re)？

(二)判斷為層流或紊流？

(三)試求空氣與管壁間之平均熱對流係數(h)？

(四)試求在出口x=0.74m處空氣之平均溫度(°C)？

(五)管壁傳至流體之熱量為多少(W)？

For air:ρ=1kg/m^3,Pr=0.7,k=0.026W/m-K；

μ=1.87(10)$^{-5}$kg/m-s，c_p=1000J/kg-K，

Re=ρUD/μ；Nu=hD/k

average temperature at outlet : $T_e = T_s - (T_s - T_i)\exp[-(hA_s)/(\dot{m}c_p)]$

---

hyhrodynamically developed

(速度已完全發展)

thermally developing(溫度分佈開始發展)

$$Nu = 3.66 + \frac{0.065(D/L)Re\cdot Pr}{1 + 0.04\left[(D/L)Re\cdot Pr\right]^{2/3}}$$

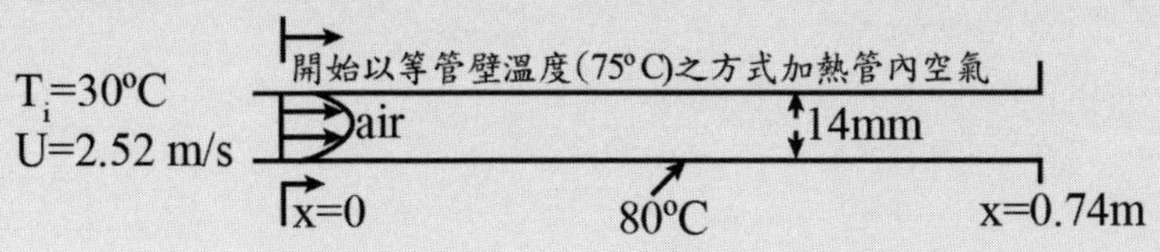

T_i=30ºC
U=2.52 m/s

開始以等管壁溫度(75ºC)之方式加熱管內空氣

air

14mm

x=0　　　　80ºC　　　　x=0.74m

解析 (一) $Re = \dfrac{\rho VD}{\mu} = \dfrac{1 \times 2.52 \times 0.014}{0.0000187} = 1886.63$

(二) $Re < 3000$，故為層流

(三) $Nu = 3.66 + \dfrac{0.065(\dfrac{0.014}{0.74})1886.63 \times 0.7}{1 + 0.04[\dfrac{0.014}{0.74} \times 1886.63 \times 0.7]^{\frac{2}{3}}} = 3.66 + \dfrac{1.624}{2.1256} = 4.424$

$Nu = \dfrac{hD}{k} = \dfrac{h \times 0.014}{0.026} = 4.424 \Rightarrow h = 8.216(W/m^2 \cdot K)$

(四) $a = -\dfrac{hA_s}{\dot{m}C_p} = -\dfrac{8.216 \times \dfrac{1}{4} \times 3.14 \times 0.014^2 \times 0.74}{(\dfrac{1}{4} \times 3.14 \times 0.014^2 \times 1 \times 2.52) \times 1000} = -0.00241$

$\dfrac{T_w - T_o}{T_w - T_i} = e^{-\frac{hA_s}{\dot{m}C_p}} = 2.71828^{-0.00241} = 0.9976 = \dfrac{80 - T_o}{80 - 30}$

$T_o = 30.12(^\circ C)$

(五)管壁傳進流體之熱量即為空氣之焓變化

$\dot{Q} = \dot{m}C_p(T_o - T_i) = 0.0388 \times 1000(30.12 - 30) = 4.656(W)$

11-4 熱輻射 ☆☆☆

考題方向 　熱輻射之概念較為複雜，本節只介紹其基本概念。

黑體輻射

- 黑體是一種理想物體或狀況。
- 自然界中大部分固體或液體都近乎黑體。
- 高溫物體幾乎在每個波段都會輻射能量。
- 每一曲線的峰值也因為溫度的不同而改變。

(一) **普朗克定律（Planck's law）**：太陽輻射大多來自表面的光球部分，其能量E隨波長變化，可用普朗克定律（Planck's law）描述：

$$E_\lambda = \frac{C_1}{\lambda^5 \left[\exp\left(\dfrac{C_2}{\lambda T}\right) - 1 \right]} \tag{3-1}$$

λ：波長，T：溫度(K)，常數 $C_1 = 3.74 \times 10^{-16}(W/m^2)$ ，$C_2 = 1.44 \times 10^{-2}(m \cdot K)$

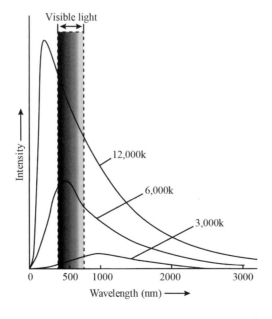

(二) 韋恩定律（或汾因定律）（Wien's law）

對方程式(3-1)微分，就可求得發射能量峰值的波長λmax

$$\lambda_{max} = \frac{2897}{T(K)}(\mu m) \qquad (3-2)$$

--溫度越高，λmax越短。

　太陽溫度6000K，λmax = 0.5μm

　地球溫度300K，λmax 約等於10μm

(三) 史蒂芬-波茲曼定律

1. 若對式(3-1)積分，則得到史蒂芬-波茲曼定理(Stefan-Boltzmann law)：

$$E = \sigma\, T^4 \qquad (3-3)$$

史蒂芬-波茲曼常數 $\sigma = 5.67 \times 10^{-8}\,(W/m^2 \cdot K^4)$

2. 溫度600K的物體放射出的能量，是溫度300K物體的16倍。

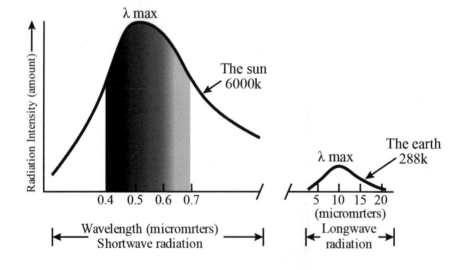

101年 經濟部

一、解釋下列名詞：

(一)不可逆性（Irreversibility）。

(二)相對濕度（Relative Humidity）。

解析 (一)不可逆性：熱力過程中，熱損失、摩擦等不可逆過程所造成的能量損失稱為不可逆性，$I = T_0 P_s$，其中T_0代表大氣溫度；P_s為隔離系統之熵變化。

(二)相對濕度(RH)：表示空氣中水蒸氣含量之指標，定義為實際空氣中水蒸氣之分壓對乾球溫度下之飽和壓力之比值

$$\varphi = \frac{P_v}{P_g(T)}$$

二、1kg的某理想氣體，在一密閉系統內自100kPa、27°C，被可逆絕熱壓縮至300kPa。假設此氣體之比熱分別為$C_p = 0.997$kJ/kg－K、$C_v = 0.708$kJ/kg－K，試求：

(一)最初之容積（m^3）。　　(二)最後之容積（m^3）。

(三)最後之溫度（K）。　　(四)功（kJ）。

解析 $R = C_p - C_v = 0.997 - 0.708 = 0.289$(kJ/kg·K)

$k = \dfrac{0.997}{0.708} = 1.4$

(一)由$PV_1 = mRT$

$100 \times V_1 = 1 \times 0.289 \times 300$

$V_1 = 0.867(m^3)$

(二)由 $PV_2 = mRT$

$300 \times V_2 = 1 \times 0.289 \times 410.75$

$V_2 = 0.4 (m^3)$

(三) $\dfrac{T_2}{T_1} = \left(\dfrac{P_2}{P_1}\right)^{\frac{R}{C_p}} = \left(\dfrac{P_2}{P_1}\right)^{\frac{C_p - C_v}{C_p}} = \left(\dfrac{P_2}{P_1}\right)^{1-\frac{1}{k}}$

$\dfrac{T_2}{300} = \left(\dfrac{300}{100}\right)^{1-\frac{1}{1.4}} \Rightarrow T_2 = 410.75 (K)$

(四)解法一：

$n \neq 1$ 時，$PV^n = C = P_1 V_1^n = P_2 V_2^n$

$W = \int_1^2 PdV = \int_1^2 CV^{-n}dV = \dfrac{1}{-n+1}CV^{-n+1}\Big|_1^2 = \dfrac{CV_2^{-n+1} - CV_1^{-n+1}}{-n+1} = \dfrac{P_2 V_2 - P_1 V_1}{-n+1}$

$= \dfrac{300 \times 0.4 - 100 \times 0.867}{-1.4+1} = \dfrac{120 - 86.7}{-0.4} = -83.25 (kJ)$

解法二：

因為絕熱過程，故所輸入功等於氣體之內能變化

$U_2 - U_1 = C_v(T_2 - T_1) = 0.708 \times (410.75 - 300) = 78.411 (kJ)$

$W = -78.411 (kJ)$

三、水在溫度20°C、1標準大氣壓下之熵s=0.296 kJ/kg-K，當水在定壓下溫度由20°C升溫至100°C仍保持液相且其比熱亦不變時，利用【表1】試求：

(一)推導在定壓過程中，TdS方程式可以TdS=dh表示。

(二)在1標準大氣壓定壓狀態下，水由20°C升至100°C之平均比熱（kJ/kg-K）。（提示：已知$C_p = dh/dT$）

(三)水在1標準大氣壓、100°C情況下之熵（kJ/kg-K）。

	比容v（m^3/kg）	內能u（kJ/kg）	焓h（kJ/kg）
Water at 20°C	0.001	83.9	83.9
Water at 100°C	0.001	419.0	419.1

【表1】

解析 (一)由$Tds = dh - vdP$等壓過程$Tds = dh$

(二) $C_p = \dfrac{dh}{dT} = \dfrac{419.1 - 83.9}{100 - 20} = \dfrac{335.2}{80} = 4.19(kJ/kg\cdot K)$

(三) $s_2 - s_1 = C_p \ln\dfrac{T_2}{T_1} - R \ln\dfrac{P_2}{P_1}$

$s_2 - 0.296 = 4.19 \ln\dfrac{373}{293} = 1.0115$

$s_2 = 1.31(kJ/kg\cdot K)$

四、一反向卡諾循環作用於−20°C與35°C兩溫度間，循環中自−20°C的冷房，每小時移走10,000kJ的熱量，試求此循環：

(一)性能係數（COP）。

(二)所需之功率（kW）。

解析 (一) $COP = \dfrac{吸收的熱}{輸入淨功} = \dfrac{q_L}{q_H - q_L} = \dfrac{T_L}{T_H - T_L} = \dfrac{253}{35 - (-20)} = 4.6$

(二) $COP = \dfrac{\text{吸收的熱}}{\text{輸入淨功}} = \dfrac{q_L}{w_{net}} = \dfrac{10000 \times \dfrac{1}{3600}}{w_{net}} = 4.6$

$\quad w_{net} = 0.6(kW)$

五、一燃氣輪機以布雷登循環（Brayton cycle）如下圖所示運轉，其操作最高與最低溫度分別為827°C和27°C，壓縮機壓縮比為6。已知比熱比k = Cp/Cv = 1.4，等壓比熱Cp = 1 kJ/kg-K，試求：

(一)壓縮機與氣渦輪機之功率比。

(二)此循環熱效率（％）

(三)若此循環欲獲得1000KW之淨功，試求空氣之質量流率（kg/s）。

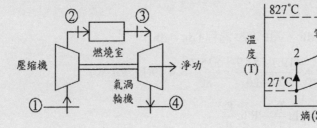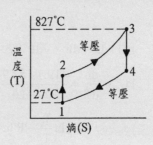

解析　$\dfrac{T_2}{T_1} = \left(\dfrac{P_2}{P_1}\right)^{1-\frac{1}{k}} \Rightarrow \dfrac{T_2}{300} = (6)^{1-\frac{1}{1.4}} \Rightarrow T_2 = 500.8(K)$

$\dfrac{T_3}{T_4} = \left(\dfrac{P_3}{P_4}\right)^{1-\frac{1}{k}} \Rightarrow \dfrac{1100}{T_4} = (6)^{1-\frac{1}{1.4}} \Rightarrow T_4 = 658.7(K)$

(一) $\dfrac{T_3 - T_4}{T_2 - T_1} = \dfrac{1100 - 658.7}{500.8 - 300} = \dfrac{441.3}{200.8} = 2.2$

(二) $\eta = \dfrac{w_{net}}{q_{in}} = 1 - \dfrac{T_4 - T_1}{T_3 - T_2} = 1 - \dfrac{658.7 - 300}{1100 - 500.8} = 1 - \dfrac{358.7}{599.2} = 1 - 0.6 = 0.4$

故循環熱效率為40%

(三) $w_{net} = C_p(T_3 - T_2) - C_p(T_4 - T_1) = 599.2 - 358.7 = 240.5(kJ/kg)$

$1000 = \dot{m} \times 240.5 \Rightarrow \dot{m} = 4.16(kg/s)$

102年 經濟部

一、有一運轉於高、低溫熱儲溫度分別為T_H（高溫熱儲溫度）= 400°K及T_C（低溫熱儲溫度）= 300°K之冷凍循環（Refrigeration cycle），其自低溫熱儲（Cold reservoir）吸收之熱量為Q_C，排熱到高溫熱儲（hot reservoir）之熱量為Q_H，請依下列情形說明並研判此循環為可逆、不可逆或不可能發生。

(一)Q_C = 1000kJ，Q_H = 1500 kJ。

(二)Q_C = 1000kJ，W_{cycle} = 250 kJ。

(三)Q_H = 1500kJ，W_{cycle} = 250 kJ。

解析 $$COP = \frac{吸收的熱}{輸入淨功} = \frac{q_L}{q_H - q_L} = \frac{T_L}{T_H - T_L} = \frac{300}{400 - 300} = 3$$

$$(一)\ COP = \frac{1000}{1500 - 1000} = 2 ，故為不可逆過程$$

$$(二)\ COP = \frac{1000}{250} = 4 ，故不可能發生$$

$$(三)\ COP = \frac{1500 - 250}{250} = 5 ，故不可能發生$$

二、一空氣標準狄賽爾循環（Air-Standard Diesel Cycle）引擎，壓縮比為17，等壓加熱過程熱傳量為1700 kJ/kg，壓縮過程起始壓力為100kPa，起始溫度為20°C，空氣之定壓比熱Cp為1.005kJ/kg°K，氣體常數R=0.287 kJ/kg°K，空氣標準狄賽爾循環P-V圖如右圖，試求：[提示：$(17)^{0.4}$=3.1058；$(0.168)^{0.4}$=0.49]

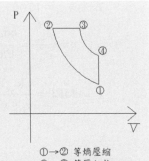

①→② 等熵壓縮
②→③ 等壓加熱
③→④ 等熵膨脹
④→① 等容排熱

(一)此循環之熱效率（％）。

(二)平均有效壓力（kPa）[Mean Effective Pressure，MEP。MEP=（淨輸出功/壓縮過程體積變化量）]。

Hint：$C_v = C_p - R = 1.005 - 0.287 = 0.718(kJ/kg \cdot K)$

解析　$100 \times v_1 = 0.287 \times 293 \Rightarrow v_1 = 0.841(m^3/kg)$

$$\frac{v_1}{v_2} = 17 \Rightarrow v_2 = 0.0495(m^3/kg)$$

①1→2　$\dfrac{T_2}{293} = 17^{1.4-1} = \left(\dfrac{P_2}{100}\right)^{\frac{1.4-1}{1.4}} \Rightarrow T_2 = 910(K), P_2 = 5280(kPa)$

②2→3　$q_H - \displaystyle\int_2^3 Pdv = u_3 - u_2 \Rightarrow q_H = P(v_3 - v_2) + u_3 - u_2 = h_3 - h_2$

$1700 = 1.005(T_3 - 910) \Rightarrow T_3 = 2601.54(K)$

$\dfrac{T_3}{T_2} = \dfrac{2601.54}{910} = \dfrac{P_3 v_3}{P_2 v_2} = \dfrac{v_3}{0.0495} \Rightarrow v_3 = 0.1415(m^3/kg)$

③3→4　$\dfrac{T_4}{2601.54} = \left(\dfrac{0.1415}{0.841}\right)^{1.4-1} \Rightarrow T_4 = 1275.31(K)$

④4→1　$q_L - \displaystyle\int_4^1 Pdv = u_1 - u_4 \Rightarrow q_L = u_1 - u_4$

$q_L = 0.718(293 - 1275.31) = -705.3(kJ/kg)$

(一)$w_{net} = 1700 - 705.3 = 994.7(kJ/kg)$

$\eta = \dfrac{w_{net}}{q_{in}} = \dfrac{994.7}{1700} = 0.585 \Rightarrow 58.5(\%)$

(二)$MEP = \dfrac{w_{net}}{v_1 - v_2} = \dfrac{994.7}{0.841 - 0.0495} = \dfrac{994.7}{0.7915} = 1256.73(kPa)$

103年 | 經濟部

一、下列理想動力循環，試繪出其溫度-熵(T-S)圖，標示其所有過程與相對應狀態點(各點請以1、2、3、4表示)，並說明這些過程(Processes)所代表的意義[例如：3→4為等容膨脹($v_3 = v_4$)]：

(一)奧圖循環(Otto Cycle)

(二)卡諾循環(Carnot Cycle)

(三)布萊頓循環(Brayton Cycle)

(四)艾利克生循環(Ericsson Cycle)

解析 (一)奧圖循環(Otto cycle) (等容循環)

　　1-2 可逆絕熱壓縮

　　2-3 等容加熱

　　3-4 可逆絕熱膨脹

　　4-1 等容排熱

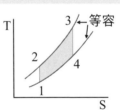

(二)卡諾循環

　　1→2 在鍋爐中等溫加熱

　　2→3 可逆絕熱膨脹

　　3→4 在凝結器中等溫排熱

　　4→1 可逆絕熱壓縮

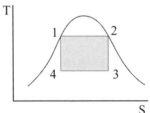

(三)布萊頓循環(Brayton)(等壓循環)

　　1-2 可逆絕熱壓縮

　　2-3 等壓加熱

　　3-4 可逆絕熱膨脹

　　4-1 等壓排熱

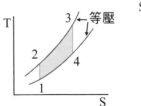

(四)艾利克生循環

　　1→2 在鍋爐中等溫加熱

　　2→3 等容過程

　　3→4 在凝結器中等溫排熱

　　4→1 等容過程

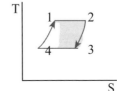

二、若甲烷(CH_4)和空氣燃燒後，其產物乾燥分析為CO_2：10.00 %、O_2：2.38 %、CO：0.52 %及N_2：87.10 %(假設空氣中N_2與O_2體積佔比為3.76：1，空氣分子量為28.84)，試求：

(一)甲烷(CH_4)和空氣燃燒後的燃燒反應方程式。

(二)此燃燒反應以質量為計量標準的空氣－燃料比。(計算至小數點後第2位，以下四捨五入)

(三)此燃燒反應實際供應之空氣量為理論空氣量的幾倍。(計算至小數點後第1位，以下四捨五入)

解析　先列出化學反應式

$$xCH_4 + aO_2 + 3.76aN_2 \rightarrow 10CO_2 + 0.52CO + 2.38O_2 + 87.1N_2 + bH_2O$$

N_2的平衡：$3.76a = 87.1 \Rightarrow a = 23.165$

C的平衡：$x = 10 + 0.52 \Rightarrow x = 10.52$

O的平衡：23.165

$23.165 \times 2 = 10 \times 2 + 0.52 + 2.38 \times 2 + b$

$46.33 = 20 + 0.52 + 4.76 + b \Rightarrow b = 21.05$

方程式變為

$$10.52CH_4 + 23.165(O_2 + 3.76N_2)$$
$$\rightarrow 10CO_2 + 0.52CO + 2.38O_2 + 87.1N_2 + 21.05H_2O$$

上式同除10.52

$$CH_4 + 2.2(O_2 + 3.76N_2) \rightarrow 0.95CO_2 + 0.05CO + 0.226O_2 + 8.28N_2 + 2H_2O$$

(a)$m_{air} = 2.2(32 + 3.76 \times 28) = 302(kg)$

　$m_{fuel} = 1 \times 16 = 16(kg)$

　$AF = \dfrac{m_{air}}{m_{fuel}} = \dfrac{302}{16} = 18.875$

(b)此反應之化學計量方程式為

　$$CH_4 + 2(O_2 + 3.76N_2) \rightarrow CO_2 + 7.52N_2 + 2H_2O$$

　理論空氣百分比$\dfrac{2.2}{2} = 110\%$

　過剩空氣百分比10%

三、下圖為一熱交換器，係由一正方形殼圍繞一圓管所組成，其熱交
　　換是利用內圓管內側流體（管流）流動，和正方形殼內側與內圓
　　管外側間之流體（殼流）流動。若已知管內流體（管流）及殼中
　　流體（殼流）兩者流動速度皆為2.4m/s，1/2英吋K型銅管外直徑為
　　15.88mm、內直徑為13.39mm、管壁厚為1.245mm，S=0.80 in，
　　π=3.14，試求：（計算至小數點後第1位，以下四捨五入）
　　(一)管內流體（管流）體積流率(L/min)。
　　(二)殼中流體（殼流）體積流率(L/min)。
　　(三)管內流體（管流）與殼中流體（殼流）體積流率之比值。

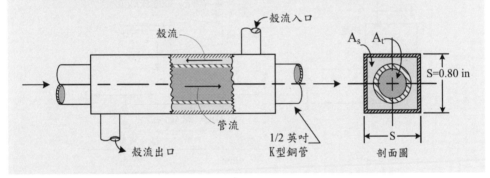

Hint：此題僅考熱交換器之流率

解析 (一)$\dot{Q} = \dfrac{3.14 \times 0.134^2 \times 24 \times 60}{4} = 20.3 (L/min)$

　　　　(二)$S' = 0.8 \times 0.254 - 2 \times 0.01245 = 0.2032 - 0.0249 = 0.1783 (公寸)$

　　　　　　$A' = 0.1783^2 - \dfrac{3.14 \times 0.1588^2}{4} = 0.0318 - 0.0198 = 0.012$

　　　　　　$\dot{Q}' = 0.012 \times 24 \times 60 = 17.28 (L/min)$

　　　　(三)$\dfrac{\dot{Q}}{\dot{Q}'} = \dfrac{20.3}{17.28} = 1.175$

四、一簡單水蒸汽動力廠，在穩態穩流下，其主要設備進出口壓力、溫度或乾度(Quality)狀態如下圖所示。已知$h_2 = 3002.5$ kJ/kg、$h_4 = 188.5$ kJ/kg，試求下列熱傳量或功：(計算至小數點後第1位，以下四捨五入)

(一)鍋爐與渦輪機間管線的熱傳量(kJ/kg)。

(二)渦輪機所做的功(kJ/kg)。

(三)冷凝器中的熱傳量(kJ/kg)。

(四)鍋爐中的熱傳量(kJ/kg)。

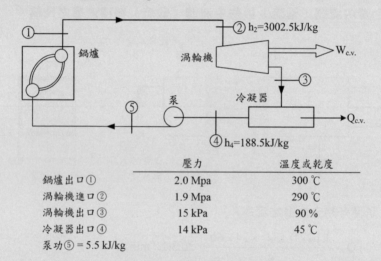

	壓力	溫度或乾度
鍋爐出口①	2.0 Mpa	300 ℃
渦輪機進口②	1.9 Mpa	290 ℃
渦輪機出口③	15 kPa	90 %
冷凝器出口④	14 kPa	45 ℃
泵功⑤ = 5.5 kJ/kg		

飽和水-水蒸汽 (壓力表)							
壓力	飽和溫度	比容 υ(m³/kg)		比內能 u(kJ/kg)		比焓 h(kJ/kg)	
(kPa)	(℃)	υ_f	υ_g	u_f	u_g	h_f	h_g
15	53.97	0.001	10	225.9	2448.7	226	2599.1
過熱水蒸汽							
2.0 MPa (飽和溫度 212.42℃)							
飽和溫度(℃)		比容 υ(m³/kg)		比內能 u(kJ/kg)		比焓 h(kJ/kg)	
300		0.1255		2772.6		3023.5	
400		0.1512		2945.2		3247.6	

解析　$h_3 = 226 + 0.9(2599.1 - 226) = 2361.79 (kJ/kg)$

$h_1 = 3023.5 (kJ/kg)$

$h_5 = 188.5 + 5.5 = 194 (kJ/kg)$

(一)$h_2 - h_1 = 3002.5 - 3023.5 = -21 (kJ/kg)$

(二)$h_2 - h_3 = 3002.5 - 2361.79 = 640.71 (kJ/kg)$

(三)$h_3 - h_4 = 2361.79 - 188.5 = 2173.29 (kJ/kg)$

(四)$h_1 - h_5 = 3023.5 - 194 = 2829.5 (kJ/kg)$

NOTE

104年 | 中鋼第一次招考（機械）

一、單選題

( )　1. 針對理想的Rankine Cycle(如右
圖)而言，下列敘述何者正確？
(A)2-3為等容過程
(B)3-4是等壓過程
(C)渦輪作正功
(D)幫浦作正功。

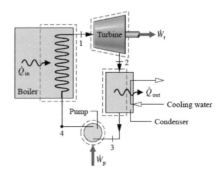

Rankine Cycle示意圖

( )　2. 任何一個熱力機械設備，只與一個熱能儲存槽進行熱交換，要穩定
進行循環並輸出功，此循環是：　(A)可能存在　(B)不可能存在
(C)有條件存在　(D)卡諾循環。

( )　3. 根據相律(phase rule)及水之相圖，在三相點(triple point)上的自由
度為：　(A)0　(B)1　(C)2　(D)3。

二、複選題

( )　4. What mechanisms can cause the entropy of a control volume to change？
(A)Heat interaction　(B)Work interaction　(C) Irreversibility　(D) Mass
flow in or out.

( )　5. In Figure, two tanks are connected
by a valve. One tank contains 2 kg
of carbon monoxide at 77°C and 0.7
bar. The other tank holds 8 kg of the
same gas at 27°C and 1.2bar. The

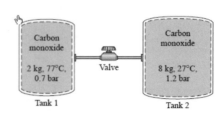

valve is opened and the gases are allowed to mix while receiving energy by heat transfer from surroundings. The final equilibrium temperature is 42°C. Using the ideal gas model and the constant volume specific heat Cv=0.745 kJ/kg‧K, which of the following statements is correct？

(A)The final equilibrium pressure is 5.0 bar,

(B)the final equilibrium pressure is 1.05 bar,

(C)the heat transfer rate is 37.25 kJ,

(D)the heat transfer rate is 47.25 kJ.

( )　6. 熱力學多變過程pvk=常數，其中p(壓力) v(比容) k=Cp/Cv(定壓比熱/定容比熱)其公式適用之條件為何？

(A)水蒸氣　　　　　　　　(B)等Entropy過程

(C)絕熱過程　　　　　　　(D)閉合與開放系統皆可適用。

( )　7. 熱力學理想氣體之基本假設與敘述何者為真？

(A)不考慮分子引力　　　　(B)考慮分子凡得瓦引力

(C)不考慮分子體積大小　　(D)內能只是溫度函數。

( )　8. 下列有關卡諾定律與卡諾效率何者為真？

(A)最高效率

(B)不適用理想氣體

(C)只適用閉合系統

(D)高低溫槽傳熱量比值與高低溫槽絕對溫度比值其兩者比值相等。

解答與解析

一、單選題

1. **C**　(A)2→3等溫排熱。

(B)3→4等熵壓縮。

(D)pump作負功。

2. **B**　我們不可能製造出一個連續操作的熱機，可將所輸入之熱量全部轉為功輸出。即不可能造出效率為100%的熱機！（克耳文–普朗克，Kelvin-Planck）。

3. **A**　水之三相點只有一個，故自由度為0。

二、複選題

4. **ACD** 熱傳、不可逆性及質量流率均會造成熵變化。

5. **BC** Hint：$R = 8.3145(\dfrac{kN \cdot m}{kmole \cdot K}) = 8.3145(\dfrac{kJ}{kmole \cdot K})$，一氧化碳分子量28

先算出絕熱平衡溫度T_f

$2(77 - T_f) = 8(T_f - 27) \Rightarrow 370 = 10T_f \Rightarrow T_f = 37(℃)$

熱傳量$Q_{in} = 10 \times 0.745 \times (42 - 37) = 37.25(kJ)$

Tank 1體積：$70V_1 = \dfrac{2}{28} \times 8.3145 \times 350 \Rightarrow V_1 = 2.97(m^3)$

Tank 2體積：$120V_2 = \dfrac{8}{28} \times 8.3145 \times 300 \Rightarrow V_2 = 5.94(m^3)$

混合後之分壓和

$P' = \dfrac{1}{8.91} \times \dfrac{2}{28} \times 8.3145 \times 315 + \dfrac{1}{8.91} \times \dfrac{8}{28} \times 8.3145 \times 315$

$\quad = 105(kPa) = 1.05(bar)$

6. **BCD** $Pv^k = const.$稱為等熵方程式，適用於等Entropy過程、（可逆）絕熱過程、閉合與開放系統皆可適用。

7. **ACD** 理想氣體之基本假設為：
(1)不考慮分子引力。
(2)不考慮分子體積大小。
(3)內能或焓只是溫度函數。

8. **AD** 卡諾循環為蒸氣動力循環之理想熱機，故有最高效率；高低溫槽傳熱量比值與高低溫槽絕對溫度比值其兩者比值相等。

104年 | 中鋼招考（化工）

一、單選題

( )　1. 水在303K以0.3m/s的流速流經內徑為0.0525m的不鏽鋼管，請問其雷諾數為何？（水在303K的密度為996kg/m³，黏度為8.0*10-4kg/(m・s)）
(A)19608　(B)46536　(C)74809　(D)135212。

( )　2. 密度為1000 kg/m³的流體，以一台泵輸出軸功為250 J/kg，將其打至比入水管高10m處，泵的出水管徑與入水管徑相同，入口處的絕對壓力為70 kN/m²，出口處的絕對壓力為140 kN/m²。已知管中的雷諾數大於4000，試求管線的總摩擦損失多少J/kg？　(A)56　(B)71　(C)82　(D)135。

( )　3. 下列關於流量計之敘述，何者錯誤？
(A)使用浮子流量計（Rotameter）讀取讀數時，要選在浮子最寬部分的最高點
(B)皮托管（Pitot tube）測得的速度是管截面的平均速度
(C)文氏計（Venturi meter）通常接在管線上，常用在大管線流率的測量，如都市給水系統
(D)小孔計（Orifice meter）所造成的損失差壓與功率消耗均大於文氏計。

( )　4. 反應槽內盛有30kg的水（比熱4.18kJ/kg·K），溫度30°C，槽內通過一條加熱用的蛇形管，管內通入110°C的水蒸氣（凝結熱2345 kJ/kg），凝結水溫度保持在110°C，請問要使水溫升高至87°C，需要水蒸氣多少kg？（假設熱損失可忽略）　(A)2.21　(B)3.05　(C)4.38　(D)5.36。

( )　5. 當系統達到恆穩態（Steady state）時，系統動量不隨下列何者改變？　(A)壓力　(B)位置　(C)溫度　(D)時間。

( )　6. 膠體利用何種作用，可使膠體粒子克服地心引力作用而不致沉澱？
(A)布朗運動　(B)擴散　(C)透析　(D)滲透。

二、複選題

( )　7.關於濕度的敘述，下列何者正確？
　　　(A)露點（Dew point）愈低，對應的濕度愈大
　　　(B)空氣濕度達飽和狀態，濕球溫度（Wet-bulb temperature）大於
　　　　乾球溫度（Dry-bulb temperature）
　　　(C)濕度百分率（Percentage humidity）係濕度與同溫同壓下飽和
　　　　濕度的百分率比值
　　　(D)相對濕度百分率（Percentage relative humidity）係空氣中水氣
　　　　的分壓與飽和蒸汽壓之百分率比值。

( )　8.關於流體的剪應力與剪切速率之間的關係，下列敘述何者正確？
　　　(A)剪應力與剪切速率作圖時為直線且通過原點者為牛頓流體
　　　(B)減切性流體（Thixotropic fluid）在剪切速率一定時，剪應力會
　　　　隨時間變小
　　　(C)視黏度（Apparent viscosity）隨剪切速率增大而增加者，為假
　　　　塑性流體（Pseudoplastic fluid）
　　　(D)剪應力與剪切速率作圖時為直線但不通過原點者，為賓漢可塑
　　　　流體（Bingham plastic fluid）。

( )　9.關於熱量傳送的機制，下列何者敘述正確？　(A)幅射需介質才可
　　　傳送　(B)自然對流是因為溫度差造成之流體密度差所引起的循環
　　　流動　(C)強制對流不需依賴中介媒體來傳播熱量　(D)熱傳導的熱
　　　通量與溫度梯度成正比。

( )　10.下列何者屬於狀態函數？　(A)內能　(B)焓　(C)功　(D)熵。

解答與解析

一、單選題

　　1.**A**　雷諾數定義為 $Re = \dfrac{\rho VD}{\mu}$ ，μ（唸"mu"）：黏滯係數（viscosity）
　　　或動力黏滯係數（dynamic viscosity），（kg/m.s），代入數字得
　　　$Re = \dfrac{996 \times 0.3 \times 0.0525}{0.0008} = 19608.75$

2. **C** 取入口出口之柏努力方程式

$$\frac{P_1}{\rho} + Z_1 g + \frac{V_1^2}{2} + w = \frac{P_2}{\rho} + Z_2 g + \frac{V_2^2}{2} + h_L \ ,$$

代入數字可得

$$\frac{70}{1} + 0 + 0 + 250 = \frac{140}{1} + 10 \times 9.8 + 0 + h_L \Rightarrow h_L = 82(J/kg)$$

3. **B** 皮托管（Pitot tube）測得的速度是管底面的速度。

4. **B** 水蒸氣凝結放出的熱量使液態水溫度上升，設水蒸氣x(kg)，

$$2345x = 30 \times 4.18 \times (87 - 30) \Rightarrow x = 3.05(kg)$$

5. **D** 系統達穩態即與時間無關。

6. **A** 膠體利用布朗運動，可使膠體粒子克服地心引力作用而不致沉澱。

二、複選題

7. **CD** (A)露點（Dew point）愈高，對應的濕度愈大。

　　　(B)一般空氣之乾球溫度≥ 濕球溫度≥露點溫度，當空氣飽和狀態
　　　（相對濕度100%），以上三種溫度是相等的。

8. **ABD** (C)如下圖所示，視黏度（Apparent viscosity）隨剪切速率增大而
　　　　增加者，為Dilatant fluid。

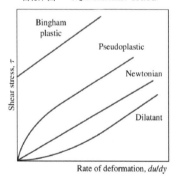

9. **BD** (A)幅射不需介質才可傳送。

　　　(C)強迫對流之流體由風扇、幫浦、風力等造成。自然對流主要
　　　由於流體上下溫度不同，密度不同，而形成之浮力（buoyancy
　　　forces）造成，兩者均需介質才能傳遞熱量。

10. **ABD** 可由熱力性質表查出者稱狀態函數，熱與功為路徑函數。

104年｜中鋼第二次招考（機械）

一、單選題

( )　1. 下列何者非為比熱的單位？　(A)J/kg·K　(B)cal/g·K　(C)N/kg·K
(D)J/kg·°C。

( )　2. 溫度計無法直接或間接測出物質的：　(A)所含熱量的改變　(B)所
含熱量的多少　(C)溫度的高低　(D)溫度的變化。

( )　3. 正常人體溫在生病發燒時會上升約4°C，對應的上升華氏溫度為：
(A)2.2°F　(B)4.0°F　(C)7.2°F　(D)8.6°F。

( )　4. 熱流經過一塊平板的速率和下列何者無關？　(A)平板兩面的溫差
(B)平板的熱傳導係數　(C)平板的厚度　(D)平板的比熱。

( )　5. 啟動房間裡一個1.5 kW的電阻式電熱器，請問在啟動20分鐘後電熱
器提供給予房間的總能量為何？　(A)1.5 kJ　(B)60 kJ　(C)750 kJ
(D)1800 kJ。

二、複選題

( )　6. 對於熵(entropy)的敘述，下列何者正確？
(A)可以直接使用儀器測量熵(entropy)的數值大小
(B)熵為一個系統的狀態函數
(C)熵為一個系統的路徑函數
(D)表示一個熱力學系統中的能量品質狀態。

( )　7. 在1200°和300°C間運轉的熱機(heat engine)。如果提供熱機的功率
為200kJ/s，請問下列何者為熱機的可能輸出功率？
(A)78kW　　　　　　　　　　(B)122kW
(C)150kW　　　　　　　　　　(D)200kW。

( )　8. 對於一個熱力學系統進行一個完整的循環過程，下列敘述何者正確？

(A)Q為熱傳量，$\oint \delta Q = 0$d　　　(B)E為系統的總能量，$\oint dE = 0$

(C)W為做功量，$\oint \delta W = 0$　　　(D)S為熵，$\oint dS = 0$。

( )　9. 對有關氣體的被壓縮或是膨脹原理，下列敘述何者正確？

(A)若在定溫下進行，稱為等壓過程

(B)若在無摩擦及絕熱下進行，稱為等熵過程

(C)等溫過程表示為－=常數，p為壓力，ρ為密度

(D)等熵過程表示為 $\dfrac{p}{\rho^{\frac{1}{k}}}$ =常數，k為定壓比熱與定容比熱的比值。

解答與解析

一、單選題

1. **C**　N/kg·K非比熱的單位。

2. **B**　溫度計無法直接或間接測出物質所含熱量的多少。

3. **C**　華氏＝攝氏*(9/5)+32，故華氏溫度增加 $4 \times \dfrac{9}{5} = 7.2(°F)$

4. **D**　平板導熱方程式：$\dot{Q}_{wall} = -kA\dfrac{dT}{dx} = kA\dfrac{T_1 - T_2}{L} = \dfrac{T_1 - T_2}{R_{wall}}$

$R_{wall} = \dfrac{L}{kA}(°C/W)$，故知熱傳導速率與平板的比熱無關。

5. **D**　$E = 1.5 \times 20 \times 60 = 1800(kJ)$

二、複選題

6. **BD**　(A)熵不可直接求出；(B)(C)熵為一個系統的狀態函數。

7. **AB**　可算出卡諾循環熱效率 $\eta = 1 - \dfrac{T_L}{T_H} = 1 - \dfrac{300 + 273}{1200 + 273} = 1 - 0.39 = 0.61$

可得最大輸出功 $w_{max} = 200 \times 0.61 = 122(KW)$，

輸出功必小於最大輸出功，故選(A)(B)。

8. **BD** 進行一個完整的循環 $\delta Q - \delta W = 0$。

9. **BC** (A)再定溫下進行，稱為等溫過程。

(B)可逆絕熱過程為等熵過程。

(C)$\dfrac{P}{\rho} = Pv = const.$

(D)$\left(\dfrac{v_1}{v_2}\right)^{k-1} = \left(\dfrac{P_2}{P_1}\right)^{\frac{k-1}{k}}$

$\left(\dfrac{v_1}{v_2}\right)^{k} = \left(\dfrac{P_2}{P_1}\right) \Rightarrow P_1 v_1^k = P_2 v_2^k \Rightarrow Pv^k = const. \Rightarrow \dfrac{P}{\rho^k} = const.$

稱為等熵方程式。

NOTE

104年 | 經濟部

一、請問在高山上煮食物,為何不容易熟?(以PT圖之物理現象來解釋)

解析 由下圖知,高山上壓力較低,所對應的飽和溫度較低,亦即水未到達100°C即變成水蒸氣,水不易沸騰,故食物較不易熟。

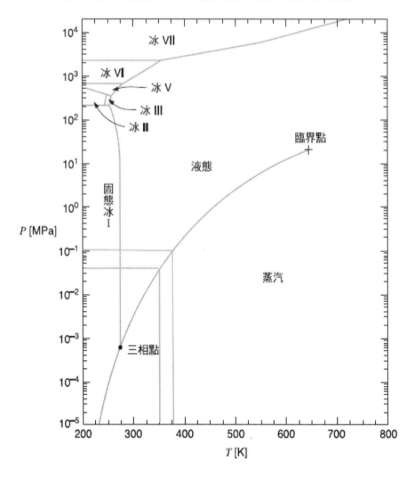

二、如右圖所示經由可逆壓縮機將空氣由進口端，
壓力P_1=100 kPa、溫度T_1=300°k，穩定壓縮到
出口端，壓力P_2=900 kPa，試求：[提示：氣
體常數R=0.287 kJ/(kg·k)、Pvn=C](計算至小
數點後第2位，以下四捨五入)

(一)等熵壓縮(isentropic compression)，
　　n=K=1.4，每單位質量的壓縮功W_{in}為何？

(二)等溫壓縮(isothermal compression)，
　　n=1，每單位質量的壓縮功W_{in}為何？

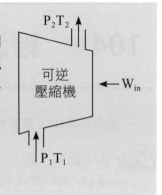

Hint：可逆穩流功為 $w = -\int_1^2 vdP$

解析　$Pv = RT \Rightarrow 100v_1 = 0.287 \times 300 \Rightarrow v_1 = 0.861(m^3/kg)$

(一) $PV^k = C$ 稱為等熵方程式

$$Pv^k = C = P_1v_1^k = P_2v_2^k$$

$$W = -\int_1^2 vdP = -\int_1^2 C^{\frac{1}{k}}P^{-\frac{1}{k}}dP = -3.5C^{0.714}P^{0.286}\Big|_1^2$$

$$= -3.5 \times 100^{0.714} \times 0.861(900^{0.286} - 100^{0.286})$$

$$= -80.737(7 - 3.7325) = -263.81(kJ/kg)$$

(二) $n = 1$ 時，$Pv = P_1v_1 = P_2v_2$

$$W = -\int_1^2 vdP = -\int_1^2 \frac{P_1v_1}{P}dP = P_1v_1(\ln P_1 - \ln P_2) = P_1v_1\ln\frac{P_1}{P_2}$$

$$= 100 \times 0.861\ln\frac{100}{900} = -189.2(kJ/kg)$$

三、有一剛性絕緣容器（如下圖所示）由一隔板分成兩部分，一部分充有壓力為2bar、溫度120°C、質量為0.04kmole之氮氣(N_2)；另一部分充有壓力為1bar、溫度40°C、質量為0.06kmole之氧氣(O_2)。若將隔板移開讓兩氣體充分混合，試求：[提示：氮氣的定容比熱C_u=0.744 kJ/(kg·k)；氧氣的定容比熱C_u=0.66kJ/(kg·k)；萬用氣體常數Ru=0.08314 (bar·m^3)/(kmole·k)] (計算至小數點後第2位，以下四捨五入)

(一)最後的平衡溫度(°C)

(二)最後的平衡壓力(bars)

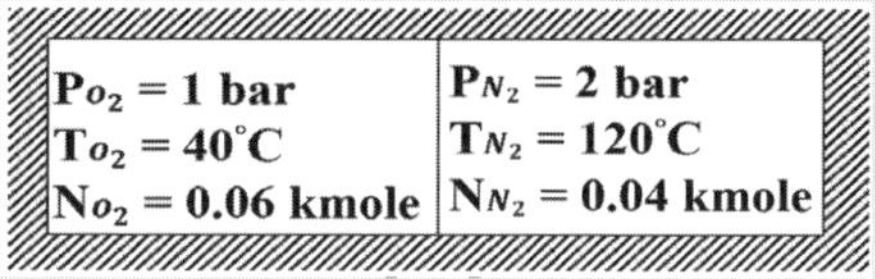

$Po_2 = 1$ bar	$P_{N_2} = 2$ bar
$To_2 = 40°C$	$T_{N_2} = 120°C$
$No_2 = 0.06$ kmole	$N_{N_2} = 0.04$ kmole

Hint：氧氣分子量32，氮氣分子量28

解析　(一)$60 \times 32(T_f - 40) = 40 \times 28(120 - T_f)$

$192T_f - 7680 = 13440 - 112T_f$

$304T_f = 21120 \Rightarrow T_f = 69.47(°C)$

(二)$1 \times V_{O_2} = 0.06 \times 0.08314 \times 313 \Rightarrow V_{O_2} = 1.56(m^3)$

$2 \times V_{N_2} = 0.04 \times 0.08314 \times 393 \Rightarrow V_{N_2} = 0.65(m^3)$

$P'_{O_2} \times (1.56 + 0.65) = 0.06 \times 0.08314 \times 342.47$

可得氧氣之分壓$P'_{O_2} = 0.773(bar)$

$P'_{N_2} \times (1.56 + 0.65) = 0.04 \times 0.08314 \times 342.47$

可得氮氣之分壓$P'_{N_2} = 0.515(bar)$

平衡壓力 $P' = P'_{O_2} + P'_{N_2} = 0.773 + 0.515 = 1.288(bar)$

105年 | 高考三級

一、一個200 m³剛體桶內裝壓縮空氣為1MPa與300K，試求：

(一)桶內空氣質量（kg）？

(二)如果大氣狀態為壓力100kPa溫度300K，試求桶內裝之壓縮空氣最大可能作功（MJ）？

解析 (一) $1000 \times 200 = \dfrac{m_A}{28.97} \times 8.3145 \times 300$

$m_A = 2323(kg)$

(二) $P_0(v_1 - v_0) = P_0(\dfrac{RT_0}{P_1} - \dfrac{RT_0}{P_0}) = RT_0(\dfrac{P_0}{P_1} - 1)$

$T_0(s_1 - s_0) = T_0(c_p \ln \dfrac{T_1}{T_0} - R \ln \dfrac{P_1}{P_0}) = -RT_0 \ln \dfrac{P_1}{P_0}$

$\varphi_1 = RT_0(\dfrac{P_0}{P_1} - 1) + RT_0 \ln \dfrac{P_1}{P_0} = RT_0(\ln \dfrac{P_1}{P_0} + \dfrac{P_0}{P_1} - 1)$

$\varphi_1 = 0.287 \times 300(\ln \dfrac{1000}{100} + \dfrac{100}{1000} - 1) = 120.76(kJ / kg)$

$m_1 = \dfrac{P_1 V}{RT_1} = \dfrac{1000 \times 200}{0.287 \times 300} = 2323(kg)$

$X_1 = 2323 \times 120.76 = 280525(kJ) = 281(MJ)$

壓縮空氣
1MPa
300K

二、試證明下列熱力學關係式，其中P為壓力，v為比容，T為絕對溫度，sat為濕區狀態（wet region），f為飽和液態狀態，g為飽和氣態狀態，cp為定壓比熱，h為焓。

(一)克拉佩龍方程式（Clapeyron equation）

$$(\frac{dP}{dT})_{sat} = \frac{h_{fg}}{Tv_{fg}}$$

(二)利用上式之結果可推導相變化下之定壓比熱關係式

$$c_{p,g} - c_{p,f}T(\frac{\partial(\frac{h_{fg}}{T})}{\partial T})_P = v_{fg}(\frac{dP}{dT})_{sat}$$

解析 (一)使用熱力學狀態假設，以S代表均質物質的比熵得出比容v和溫度T的方程式為 $ds = (\frac{\partial s}{\partial \upsilon})_T d\upsilon + (\frac{\partial s}{\partial T})_\upsilon dT.$

在相變過程中，溫度保持不變，於是 $ds = (\frac{\partial s}{\partial \upsilon})_T d\upsilon.$

使用Maxwell equ，可以得到 $ds = (\frac{\partial P}{\partial T})_\upsilon d\upsilon.$

因為相變之中溫度和壓力都不變，所以壓力對溫度的導數並不是比容的函數，於是其中偏微分可以變成全微分，可以求得積分關係

$$s_\beta - s_\alpha = \frac{dP}{dT}(\upsilon_\beta - \upsilon_\alpha),$$

$$\frac{dP}{dT} = \frac{s_\beta - s_\alpha}{\upsilon_\beta - \upsilon_\alpha} = \frac{\Delta s}{\Delta \upsilon}.$$

這裡Δs以及Δv分別是比熵和比容從初相態α到末相態β的變化。對於一個內部經歷可逆過程的封閉系統，熱力學第一定律關係式為 $du = \delta q + \delta w = Tds - Pdv.$

使用焓的定義，並考慮到溫度和壓力為常數

$$du + Pd\upsilon = dh = Tds \Rightarrow ds = \frac{dh}{T} \Rightarrow \Delta s = \frac{\Delta h}{T} = \frac{L}{T}.$$

將這一關係代入壓力的微分的表達式，可以得到 $\dfrac{dP}{dT} = \dfrac{L}{T\Delta_\upsilon}$

$$(二)由\ C_{pg} - C_{pf} = T\left[\frac{\partial(v_{fg}\frac{dP}{dT})}{\partial T}\right] + v_{fg}\frac{dP}{dT}$$

$$可得\ C_{pg} - C_{pf} = T\left[\frac{\partial(\frac{h_{fg}}{T})}{\partial T}\right] + v_{fg}\frac{dP}{dT}$$

三、(一)試求下列兩個標準空氣內燃機可逆循環(a)及(b)分別各有三個過
　　程組成，何者成立？何者不成立？理由為何？
　　(a)循環：等熵過程－等壓過程－等容過程
　　(b)循環：等熵過程－等容過程－等壓過程
　(二)上述成立之循環，其壓縮比為 γ，以 γ 與 $k = C_p/C_v$ 表示其循環熱
　　效率 $\eta =$ ？（其中 C_p 為定壓比熱，C_v 為定容比熱）

解析 (一)由下圖P-V圖可知，可能之過程為等熵過程－等壓過程－等容過程

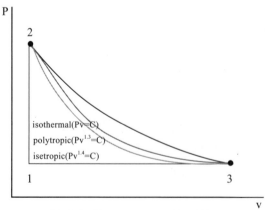

(1)→(2)等容加熱；(3)→(1)等壓排熱

(二) $\eta = 1 - \dfrac{Q_1}{Q_n} = 1 - \dfrac{mC_p(T_3 - T_1)}{mC_v(T_2 - T_1)} = 1 - \dfrac{kT_1\left(\dfrac{T_3}{T_1} - 1\right)}{T_1\left(\dfrac{T_2}{T_1} - 1\right)} = 1 - \dfrac{k(r-1)}{r^k - 1}$

四、理想空氣靜止下，以200 kPa與950 K進入絕熱噴嘴，且以80 kPa流出，整體過程之等熵效率值為92%。試問：
(一)實際出口溫度（K）＝？實際出口速度（m/sec）＝？
(二)熵之變化為何（kJ/kgK）＝？是否違背熱力學第二定律？

解析　$\dfrac{T_2}{T_1} = \left(\dfrac{P_2}{P_1}\right)^{\frac{R}{C_P}} = \left(\dfrac{P_2}{P_1}\right)^{\frac{C_P - C_v}{C_P}} = \left(\dfrac{P_2}{P_1}\right)^{1 - \frac{1}{k}}$

$\dfrac{T_2}{950} = \left(\dfrac{80}{200}\right)^{1 - \frac{1}{1.4}} \Rightarrow T_2 = 731(K)$

因為絕熱過程，焓轉變為空氣動能的增加量

$h_i - h_e = \dfrac{V_e^2}{2 \times 1000} - \dfrac{V_i^2}{2 \times 1000} = C_p(T_i - T_e)$

查表得知$C_p = 1.0045(kJ/kg \cdot K)$

(一) $0.92(T_i - T_e) = T_i - T_e'$

$\quad 0.92(950 - 731) = 950 - T_e' \Rightarrow T_e' = 748.52(K)$

$\quad h_i - h_e = \dfrac{V_e^2}{2 \times 1000} = 0.92 \times 1.0045(950 - 731)$

$\quad V_e = 636.22(m/s)$

(二) $s_2 - s_1 = C_p \ln \dfrac{T_2}{T_1} - R \ln \dfrac{P_2}{P_1} = 1.0045 \ln \dfrac{748.52}{950} - 0.287 \ln \dfrac{80}{200}$

$\quad = -0.24 + 0.263 = 0.023(kJ/kg \cdot K)$

符合熵增原理，故不違反熱力學第二定律

105年 經濟部

一、試回答下列問題：

(一)請繪出理想朗肯循環（Rankine Cycle）之溫度-熵（T-S）圖（含過熱蒸汽段），標示各狀態點（各點以1、2、3、4表示），並說明各過程（Processes）所代表的意義（如4→1等容排熱）。

(二)請寫出朗肯循環各過程所對應的機械設備。

(三)請繪出再熱（Reheat）朗肯循環、再生（Regenerative）朗肯循環及超臨界（Supercritical）朗肯循環之溫度-熵（T-S）圖。

(四)請說明朗肯循環熱效率計算方法。

解析 (一)1→2 在鍋爐中等壓加熱
2→3 可逆絕熱膨脹
3→4 在凝結器中等溫排熱至飽和液狀態
4→1 可逆絕熱壓縮

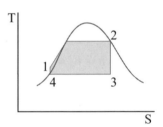

(二)1→2 鍋爐　　　2→3 膨脹閥
3→4 凝結器　　4→1 泵

(三)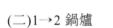再熱朗肯循環　　　　　　再生朗肯循環

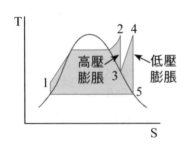

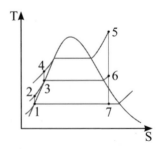

超臨界朗肯循環

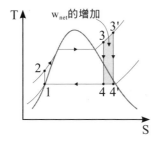

(四)渦輪機作功：$w_{23}=h_2-h_3$

泵輸入功：$v(P_1-P_4)$

鍋爐吸熱：h_2-h_1

循環熱效率：$\eta=\dfrac{w_{net}}{q_{in}}=\dfrac{h_2-h_3-v(P_1-P_4)}{h_2-h_1}$

二、甲烷（CH_4）與200%之理論空氣燃燒（假設完全燃燒，且空氣中N_2 與O_2莫耳數比為3.75：1），

試求：（計算至小數點後第1位，以下四捨五入）

(一)燃燒反應方程式。

(二)乾產物質量百分率（%）。

(三)在壓力110 kPa時，產物露點溫度為何（℃）？

飽和水蒸汽溫度與壓力關係如下表所示：

T(℃)	40	45	50	55	60	65	70	75	80	85
P(kPa)	7.384	9.593	12.349	15.758	19.940	25.03	31.19	38.58	47.39	57.83

解析 (一)此反應之化學計量方程式為

$CH_4+4(O_2+3.75N_2)\rightarrow CO_2+2H_2O+2O_2+15N_2$

(二)乾產物質量百分率$=\dfrac{44+7.5\times28}{44+7.5\times28+36}=\dfrac{254}{290}=87.6\%$

(三)算出水蒸氣之分壓：$110 \times \dfrac{2}{1+7.5+2} = 21(kPa)$

查表得對應之露點溫度為$60°C$

三、在一標準空氣布雷登循環（Brayton Cycle）中，空氣壓縮機進口空氣溫度為17°C，壓力為100kPa，空氣壓縮機壓縮比（Pressure Ratio）為10，此循環最高溫度為1500K，空氣壓縮機及渦輪機等熵效率均為90%，試求：（空氣k=1.4，C_p=1.0kJ/(kg・K)）（計算至小數點後第1位，以下四捨五入）

(一)每一狀態點（空氣壓縮機進出口及渦輪機進出口）的溫度（K）與壓力（kPa）為何？

(二)空氣壓縮機所耗的功及渦輪機產出的功為何（kJ/kg）？

(三)本循環的熱效率為何（%）？

解析 (一)$T_1 = 290(K)$, $P_1 = 100(kPa)$

$P_2 = 1000(kPa)$

$\dfrac{T_2}{T_1} = \left(\dfrac{P_2}{P_1}\right)^{1-\frac{1}{k}} \Rightarrow \dfrac{T_2}{290} = 10^{1-\frac{1}{1.4}} \Rightarrow T_2 = 560.27(K)$

$0.9(T_{2'} - 290) = 560.27 - 290 \Rightarrow T_{2'} = 590.3(K)$

$T_3 = 1500(K), P_3 = 1000(kPa)$

$\dfrac{T_3}{T_4} = \left(\dfrac{P_3}{P_4}\right)^{1-\frac{1}{k}} \Rightarrow \dfrac{1500}{T_4} = 10^{1-\frac{1}{1.4}} \Rightarrow T_4 = 776.4(K)$

$0.9(1500 - 776.4) = 1500 - T_{4'} \Rightarrow T_{4'} = 848.76(K)$

(二)壓縮機所耗之功 $= C_p(T_{2'} - T_1) = 1(590.3 - 290) = 300.3(kJ/kg)$

渦輪機產出之功 $= C_p(T_{3'} - T_{4'}) = 1(1500 - 848.76) = 651.24(kJ/kg)$

(三)$\eta = \dfrac{w_{net}}{q_{in}} = 1 - \dfrac{T_{4'} - T_1}{T_3 - T_{2'}} = 1 - \dfrac{848.76 - 290}{1500 - 590.3} = 1 - \dfrac{558.76}{909.7} = 0.386$

106年｜中鋼招考（材料）

一、單選題

(　)　1. 右圖為理想氣體之P-V圖。在此圖中，其氣體之臨界點應為：
(A)A
(B)C
(C)B
(D)E。

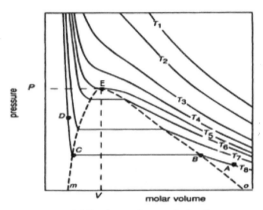

P-V isotherms for a typical real gas.

(　)　2. 攝氏溫度若為0°C，下列溫度換算之敘述，何者正確？
(A)絕對溫度為0K
(B)華氏溫度為212°F
(C)Rankine溫度為491.67R
(D)以上皆非。

(　)　3. 有關Carnot循環的敘述何者正確？
A.Carnot循環為一熱機
B.Carnot循環為理論上最高效率熱機
C.Carnot循環為熱力學第二定律應用之實例
(A)僅AB
(B)僅BC
(C)僅AC
(D)ABC。

(　)　4. 對於理想氣體之系統，下列敘述何者錯誤？
(A)熱力學第一定律為能量守恆之概念
(B)封閉系統中，在等容過程下無功的變化
(C)定溫下系統之內能無變化
(D)定溫下系統之熵無變化。

( )　5. 下列何者為熱力學中所敘述的氣體標準狀況（standard temperature and pressure, STP）性質？

(A)體積為1公升　　　　　　　(B)壓力為10大氣壓（atm）

(C)溫度為0°C　　　　　　　　(D)溫度為25°C。

( )　6. 封閉系統下，$(\frac{\partial G}{\partial P})_T$ 的代表的物質特性為：

(A)V　　　　　　　　　　　　(B)H

(C)S　　　　　　　　　　　　(D)-S。

二、複選題

( )　7. 下圖為理想氣體分別在溫度T_1和溫度T_2之壓力與體積關係圖，其氣體行為符合波以耳（Boyle）定律，下列敘述何者正確？

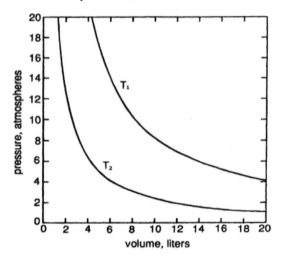

(A)溫度T_1高於溫度T_2　　　　(B)溫度T_1低於溫度T_2

(C)壓力與體積之關係為正比　　(D)壓力與體積之關係為反比。

( )　8. 有關氣體分子的敘述，下列何者錯誤？

(A)理想氣體中，氣體分子體積不可忽視

(B)理想氣體氣間的分子無引力作用

(C)高壓下之氣體，氣體行為趨近理想氣體

(D)低壓下之氣體，氣體行為趨近理想氣體。

( ) 9. 右圖為Carnot（卡諾）循環的示意圖，下
      列敘述何者正確？
      (A)卡諾循環為理想熱機
      (B)卡諾循環熱機之熱效率較Diesel引擎低
      (C)步驟1至2為等溫放熱
      (D)步驟2至3為絕熱膨脹。

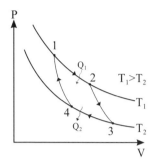

( ) 10. 右圖為單一系統的P-T相圖，下列敘述
      何者錯誤？
      (A)C點為三相點
      (B)C點自由度為1
      (C)A點為固-液兩相共存
      (D)A點自由度為0。

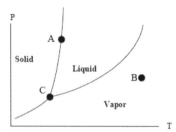

解答與解析

一、單選題

1. **D** 此氣體之臨界點為E。

2. **C** (A)絕對溫度為273K。
   (B)華氏溫度=攝氏溫度*(9/5)+32=32°F。

3. **D** Carnot循環為一熱機、為理論上最高效率熱機、為熱力學第二定律應用之實例。

4. **D** 等溫過程若發生熱傳則熵會改變。

5. **C** 氣體標準狀況簡稱「標況」；由於地表各處的溫度、壓強皆不同，即使是同一地點的溫度壓強也隨測量時間不同而相異，因此為研究方便，制定出描述物質特徵的標準狀況：0°C（273.15K）、101kPa，這樣的定義接近海平面上水的冰點。

6. **A** $(\frac{\partial G}{\partial P})_T = V$。

二、複選題

7. **AD** (A)溫度T₁高於溫度T₂。
(D)壓力與體積之關係為反比。

8. **AC** (A)理想氣體中，氣體分子體積可以忽視。
(C)(D)高溫低壓下之氣體，氣體行為趨近理想氣體。

9. **AD** 1→2 在鍋爐中等溫加熱。
2→3 可逆絕熱膨脹。
3→4 在凝結器中等溫排熱。
4→1 可逆絕熱壓縮。

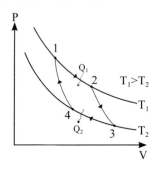

10. **BD** 吉布斯相律(Gibbs Phase Rule)
用自由度來闡明一個系統熱力狀態所需的最少狀態變數的規律，可以數學式 F = C-P+ 2 表示，其中：
F代表自由度(Degrees of Freedom)。
C代表系統內的構成要素(Component)的數目 。
P代表系統內相(Phase)的數目。
也就是說，一個系統的自由度隨著系統構成要素的增多而加大，但是隨著系統相的增多而減小。例如，由液態水所形成的系統，自由度是2；而同一系統的壓力和溫度兩因素會改變自由度，也就是說系統可以在此二因子的任意組合條件變化下呈現平衡，則當有水氣形成時，自由度變成1；因此，若是單一組成而有三相存在，則自由度為0，此情形只會發生在所謂的三相點(Triple Point)，任何其他的情況都會有一相消失不存在。

106年　鐵路特考－高員三級

一、請回答下列各小題：
(一)某理想氣體之比熱比（specific heat ratio）k=1.40，且其氣體常數 R=0.07kcal/kg・k，試求此理想氣體之等容比熱C_V與等容比熱C_p。
(二)在50°C之等溫膨脹過程（isothermal expansion process）中，當其體積增加一倍（由5m^{3}膨脹到10m^3）過程中，試求此理想氣體之焓（enthalpy）及內能（internal energy）變化量？
(三)解釋何謂乾球溫度（dry-point temperature）與露點溫度（dew-point temperature），在何種情況下，乾球溫度與露點溫度會相等？
(四)在相同的壓力極限下，等溫壓縮與絕熱（adiabatic）壓縮那一個壓縮過程所需的輸入功較大，試說明為什麼？
(五)在相同的溫度極限下，請比較史特靈循環（Stirling cycle）、艾力克森循環（Ericsson cycle）與卡諾循環（Carnot cycle）三個熱機循環中，以何者的熱效率最高？並說明為什麼？
(六)何謂燃料的高熱值（higher heating value）和低熱值（lower heating value）？
(七)就回熱（regeneration）這個常用的工程策略，試繪製與說明在布雷登循環（Brayton cycle）應用之簡圖、溫度-熵（T-s）循環曲線圖與預期影響。
(八)就再熱（reheat）與中冷卻（intercooling）這兩個常用的工程策略，試繪製與說明在布雷登循環（Brayton cycle）應用之簡圖、溫度-熵（T-s）或壓力-體積（P-v）循環曲線圖與預期影響。

解析　$(一)C_P=C_V+R$

$C_P=1.005(kJ/kg\cdot K)$

$C_v=0.717(kJ/kg\cdot K)$

(二)因溫度不變，焓與內能之變化量均為0。

(三)乾球溫度（DBT）：空氣的溫度，是經由一般熱敏溫度計或數位式溫度計鎖測量出，若空氣乾球溫度越高代表其顯熱能量比例越高。

　　露點溫度（DPT）：壓力不變下，空氣中水蒸氣開始凝結的溫度，此時空氣水蒸氣壓力等於水蒸氣的飽和壓力，一般空氣之乾球溫度≧濕球溫度≧露點溫度，當空氣飽和狀態（相對濕度100%），以上三種溫度是相等的。

(四)因絕熱壓縮較接近可逆壓縮，故等溫壓縮所需輸入功較大。

(五)卡諾循環為可逆循環，故熱效率最高。

(六)高低熱值是指燃料完全燃燒後H_2O的型態若H_2O為氣態，所釋放之熱量稱為低熱值；若H_2O為液態，所釋放之熱量稱為高熱值。因為若是液態，焓值較低，有更多熱量被釋放出來。

(七)

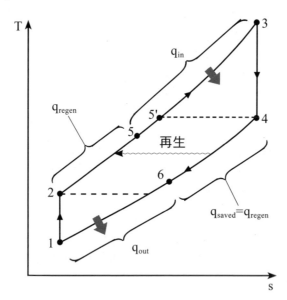

(八)隨著壓縮與膨脹次數增加，具再熱與中冷卻之布雷登循環將趨
　　近於艾力克森循環。

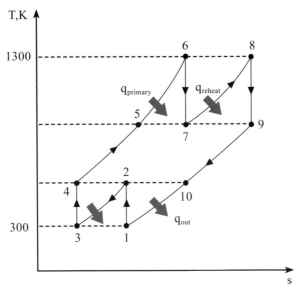

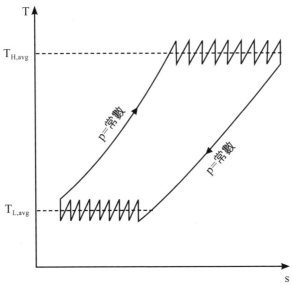

二、有關理想鄂圖循環（ideal Otto cycle）和迪塞爾循環（Diesel cycle），請回答下列各小題：

(一)寫出鄂圖循環之四個過程的名稱，並說明其特性。

(二)寫出迪塞爾循環之四個過程的名稱，並說明其特性。

(三)請畫出兩循環的溫度-熵（T-s）的循環曲線圖。

(四)何謂壓縮比（compression ratio）？若壓縮比太高時，於實際應用會帶來何種不利之影響？

解析 (一)鄂圖循環(Otto cycle)循環(等容循環)

　　　　1-2 可逆絕熱壓縮

　　　　2-3 等容加熱

　　　　3-4 可逆絕熱膨脹

　　　　4-1 等容排熱

　　　(二)迪賽爾循環(diesel cycle)循環

　　　　1-2 可逆絕熱壓縮

　　　　2-3 等壓加熱

　　　　3-4 可逆絕熱膨脹

　　　　4-1 等容排熱

　　　(三)鄂圖循環　　　　　　　　　迪賽爾循環

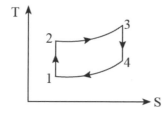 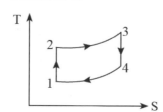

　　　(四)壓縮比為汽缸上死點的體積除以下死點的體積，壓縮比太高氣體會先產生自燃的現象。

三、請回答下列有關冷凍循環（refrigeration cycle）之問題：

(一)何謂逆卡諾循環（reversed Carnot cycle）？

(二)何謂理想蒸氣壓縮式冷凍循環（ideal vapor-compression refrigeration cycle）？

(三)請繪製上述二循環的溫度-熵（T-s）循環曲線。

(四)實際應用理想蒸氣壓縮循環時，會有那些困難點？請敘述其對循環之性能係數（COP）之影響。

解析 (一)逆卡諾循環

　　　 1→2 在壓縮機中絕熱壓縮

　　　 2→3 從凝結器中等溫排熱至外界

　　　 3→4 在膨脹器中絕熱膨脹

　　　 4→1 自冷凍空間(蒸發器)中等溫吸熱

(二)蒸氣壓縮冷凍循環

　　　 1→2 在壓縮機中絕熱壓縮

　　　 2→3 從凝結器中等溫排熱至外界

　　　 3→4 經節流閥不可逆膨脹

　　　 4→1 自冷凍空間(蒸發器)中等溫吸熱

(三)逆卡諾循環　　　　　　　蒸氣壓縮冷凍循環

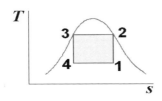
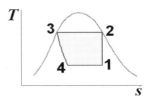

(四)在逆卡諾循環中，要從狀態3的飽和液，膨脹到狀態4的濕蒸氣，並得到可用功輸出往往十分困難，所以通常利用一節流閥來取代膨脹器，此舉會讓COP值變小。

四、一以蒸氣為工作流質（working medium）的蒸汽動力循環，於
10MPa及20kPa之壓力區間操作，其工質之性質列於下表；若此蒸汽
動力循環為理想朗肯循環（ideal Rankine cycle）時，試求：

(一)繪製此循環之溫度-熵（T-s）循環曲線圖

(二)其渦輪機所作之功（kJ/kg）

(三)冷凝器之放熱量（kJ/kg）

(四)此蒸汽動力循環之淨功（kJ/kg）

飽和蒸汽性質表

Press.(MPa)	Temp.(℃)	v, m³/kg	u, kJ/kg	h, kJ/kg	s, kJ/kg-K
10	Sat. 311.00	0.018028	2545.2	2725.5	5.6159

飽和狀態性質表

Press. (kPa)	Temp. (℃)	Specific volume, m³/kg		Internal energy, kJ/kg		Enthalpy, kJ/kg		Entropy, kJ/kg-K	
		v_f	v_g	u_f	u_g	h_f	h_g	s_f	s_g
10	45.81	0.001010	14.670	191.79	2437.2	191.81	2583.9	0.6492	8.1488
20	60.06	0.001017	7.6481	251.40	2456.0	251.42	2608.9	0.8320	7.9073

解析 (一)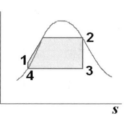

(二) 狀態2：10MPa，$h_2 = 2725.5$kJ/kg，$s_2 = 5.616$kJ/kg·K

狀態3：$s_3 = s_2 = 5.616$kJ/kg·K

20kPa，$5.616 = 0.8320 + x(7.0753) \Rightarrow x = 0.676$

$h_3 = 251.4 + 0.676(2357.7) = 1845.2$(kJ/kg)

狀態4：$h_4 = 251.4(kJ/kg)$

$w_{41} = v(P_1 - P_4) = 0.001(10000 - 20) = 9.98(kJ/kg)$

$h_1 = h_4 + w_{41} = 251.4 + 9.98 = 261.38(kJ/kg)$

$$\eta = \frac{w_{net}}{q_{in}} = \frac{h_2 - h_3 - v(P_1 - P_4)}{h_2 - h_1} = \frac{2725.5 - 1845.2 - 9.98}{2725.5 - 261.38}$$

$$= \frac{870.32}{2464.12} = 0.353$$

$w_{tur} = h_2 - h_3 = 880.3(kJ/kg)$

(三)$q_{condenser} = h_3 - h_4 = 1593.8(kJ/kg)$

(四)$w_{net} = 870.32(kJ/kg)$

106年｜高考三級

一、2kg的冰塊，其溫度為-18˚C。冰塊之比熱與溫度之關係為 $C_p=(2.1+0.0069T)kJ/kg \cdot K$，冰塊之溶解潛熱為330 kJ/kg，液態水之比熱為$C_p=4.18kJ/kg \cdot K$。請估算此冰塊由-18˚C升溫至82˚C之內能改變量。

解析　固體與液體

①$C = C_v = C_p$　②$u_2 - u_1 = C(T_2 - T_1)$

$$\Delta U = 2\int_{(-18)}^{0} 2.1 + 0.0069TdT + 2 \times 330 + 2 \times 4.18 \times 82$$

$$\Delta U = 2[2.1T + 0.00345T^2]_{-18}^{0} + 660 + 685.52$$

$$\Delta U = 2[37.8 + 1.1178] + 1345.52$$

$$\Delta U = 78 + 1345.52 = 1423.52(kJ)$$

二、一車輛散熱器（radiator）使用乙二醇（ethylene glycol）為冷媒，如圖所示。乙二醇之質量流率為2.2kg/s，進入散熱器之溫度為65˚C，離開之溫度為26˚C。壓力為1atm，溫度為20˚C及體積流率為270m³/min之空氣吹過散熱器，將熱量帶走。乙二醇之等壓比熱為2.85kJ/kg · K，空氣之平均等壓比熱為1.05kJ/kg · K，試求空氣出口之溫度以及此熱交換過程之熵產生量（entropy generation）。

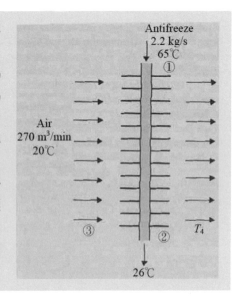

解析 假設空氣密度$1.293kg/m^3$

$2.2 \times 2.85(65 - 26) = 4.5 \times 1.293 \times 1.05(T_2 - 20)$

$T_2 = 60°C$

乙二醇的熵變化

$s_2 - s_1 = C_{av} \ln \dfrac{T_2}{T_1} = 2.85 \ln \dfrac{299}{338} = -0.35kJ/kg \cdot K$

$2.2 \times (-0.35) = -0.77kJ/s \cdot K$

空氣的熵變化

$s_2 - s_1 = C_p \ln \dfrac{T_2}{T_1} - R \ln \dfrac{P_2}{P_1} = 1.05 \ln \dfrac{333}{293} = 0.134$

$4.5 \times 1.293 \times (0.134) = 0.78kJ/s \cdot K$

總熵變化

$-0.77 + 0.78 = 0.01kJ/s \cdot K$

三、如圖所示，利用一絕熱之空壓機（compressor），將狀態為100kPa，25°C之大氣填充至體積為$0.5m^3$之剛性容器（tank）。容器之初始壓力及溫度分別為100kPa及25°C。

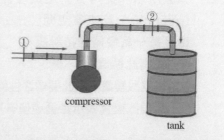

在此填充過程中，容器內空氣與其外界環境之熱傳，使得容器內空氣溫度維持為25°C。試求當容器內空氣壓力為1000kPa時，壓縮機所需之最小功為何？假設空氣之等壓比熱為$1.005kJ/kg \cdot K$。

解析 $P_0(v_1 - v_0) = P_0(\dfrac{RT_0}{P_1} - \dfrac{RT_0}{P_0}) = RT_0(\dfrac{P_0}{P_1} - 1)$

$T_0(s_1 - s_0) = T_0(c_p \ln \dfrac{T_1}{T_0} - R \ln \dfrac{P_1}{P_0}) = -RT_0 \ln \dfrac{P_1}{P_0}$

$$\varphi_1 = RT_0(\frac{P_0}{P_1} - 1) + RT_0 \ln \frac{P_1}{P_0} = RT_0(\ln \frac{P_1}{P_0} + \frac{P_0}{P_1} - 1)$$

$$\varphi_1 = 0.287 \times 298(\ln \frac{100}{100} + \frac{100}{100} - 1) = 0(kJ / kg)$$

$$X_1 = 0(kJ)$$

$$\varphi_2 = RT_0(\frac{P_0}{P_2} - 1) + RT_0 \ln \frac{P_2}{P_0} = RT_0(\ln \frac{P_2}{P_0} + \frac{P_0}{P_2} - 1)$$

$$\varphi_2 = 0.287 \times 298(\ln \frac{1000}{100} + \frac{100}{1000} - 1) = 120(kJ / kg)$$

$$m_2 = \frac{P_2 V}{RT_2} = \frac{1000 \times 0.5}{0.287 \times 298} = 5.846(kg)$$

$$X_2 = 5.846 \times 120 = 701.52(kJ)$$

壓縮機所需之最小功為701.52(kJ)

四、如圖所示，使用分割之蒸發器（evaporator）可提供冷藏空間（refrigerator）及冷凍空間（freezer）。假設此循環為一理想之冷凍循環且每一蒸發器維持等壓。

(一)繪出此循環之T-S圖。

(二)以焓改變量表示此循環之性能係數（coefficient of performance, COP）。

(三)以焓改變量表示當循環僅有冷凍空間時之COP並與(二)之COP比較。

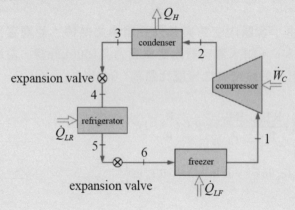

解析 (一)

(二) $COP = \dfrac{q_{in}}{w_{in}} = \dfrac{q_{out} - w_{in}}{w_{in}} = \dfrac{h_2 - h_3 - (h_2 - h_1)}{h_2 - h_1} = \dfrac{h_1 - h_3}{h_2 - h_1}$

(三) $COP = \dfrac{h_1 - h_6}{h_2 - h_1}$

五、大氣在壓力為105kPa，溫度為35°C，相對溼度為70%，流量為5kg/s，進入一大型空調系統，此大氣離開此空調系統時，其壓力為100kPa，溫度為20°C，相對溼度為26%。試求每小時有多少水從此空調系統移除？（數據提供：水在35°C及20°C之飽和壓力分別為5.628kPa及2.339kPa）。

解析 $\varphi_1 = \dfrac{P_{v1}}{P_g(35)} = \dfrac{P_{v1}}{5.628} = 0.7 \Rightarrow P_{v1} = 3.94(kPa)$

$\omega_1 = \dfrac{m_{v1}}{m_{a1}} = 0.622\dfrac{P_{v1}}{P_{a1}} = \dfrac{0.622 P_{v1}}{P_{m1} - P_{v1}} = \dfrac{0.622 \times 3.94}{105 - 3.94} = \dfrac{2.45}{101.06} = 0.024$

$\omega_1 = \dfrac{m_{v1}}{m_{a1}} = \dfrac{m_{v1}}{5 - m_{v1}} = 0.024 \Rightarrow m_{v1} = 0.12 - 0.024 m_{v1}$

$m_{v1} = 0.117(kg)$

$\varphi_2 = \dfrac{P_{v2}}{P_g(20)} = \dfrac{P_{v2}}{2.339} = 0.26 \Rightarrow P_{v2} = 0.608(kPa)$

$\omega_2 = \dfrac{m_{v2}}{m_{a2}} = 0.622\dfrac{P_{v2}}{P_{a2}} = \dfrac{0.622 P_{v2}}{P_{m2} - P_{v2}} = \dfrac{0.622 \times 0.608}{100 - 0.608} = \dfrac{0.378}{99.4} = 0.0038$

由大氣理想氣體方程式

$$100 \times V = 5 \times \frac{1}{28.8} \times 8.314 \times 293 \Rightarrow V = 4.229 (m^3)$$

由水蒸氣理想氣體方程式

$$P_{v2} \times 4.229 = m_{v2} \times \frac{1}{18} \times 8.314 \times 293$$

$$\Rightarrow 0.608 \times 4.229 = m_{v2} \times \frac{1}{18} \times 8.314 \times 293$$

$$\Rightarrow m_{v2} = 0.0189 (kg)$$

又 $\omega_2 = \frac{m_{v2}}{m_{a2}} = \frac{0.0189}{m_{a2}} = 0.0038 \Rightarrow m_{a2} = 4.97 (kg)$

可算出凝結液態水質量

$$m_{H_2O} = 5 - 4.97 - 0.0189 = 0.01 (kg)$$

$$M_{H_2O} = 0.01 \times 3600 = 36 (kg / hr)$$

六、試由兩相平衡具有相等之吉布斯函數（Gibbs function）推導克拉佩龍方程式（Clapeyron equation）並說明其用途。

解析 使用熱力學狀態假設，以S代表均質物質的比熵得出比容v和溫度T的方程式為 $ds = (\frac{\partial s}{\partial \upsilon})_T d\upsilon + (\frac{\partial s}{\partial T})_\upsilon dT.$

在相變過程中，溫度保持不變，於是 $ds = (\frac{\partial s}{\partial \upsilon})_T d\upsilon.$

使用Maxwell equ，可以得到 $ds = (\frac{\partial P}{\partial T})_\upsilon d\upsilon.$

因為相變之中溫度和壓力都不變，所以壓力對溫度的導數並不是比容的函數，於是其中偏微分可以變成全微分，可以求得積分關係

$$s_\beta - s_\alpha = \frac{dP}{dT}(\upsilon_\beta - \upsilon_\alpha),$$

$$\frac{dP}{dT} = \frac{s_\beta - s_\alpha}{\upsilon_\beta - \upsilon_\alpha} = \frac{\Delta s}{\Delta \upsilon}.$$

這裡Δs以及Δv分別是比熵和比容從初相態α到末相態β的變化。

對於一個內部經歷可逆過程的封閉系統，熱力學第一定律關係式為

$$du = \delta q + \delta w = Tds - Pdv.$$

使用焓的定義，並考慮到溫度和壓力為常數

$$du + Pd\upsilon = dh = Tds \Rightarrow ds = \frac{dh}{T} \Rightarrow \Delta s = \frac{\Delta h}{T} = \frac{L}{T}.$$

將這一關係代入壓力的微分的表達式，可以得到$\dfrac{dP}{dT} = \dfrac{L}{T\Delta_\upsilon}$

106年 原住民特考三等

一、有一剛性容器裝有質量為2kg，壓力為200kPa，溫度為20°C之空氣。環境溫度設為20°C。現以置於容器內之電阻通電，輸入100kJ之電功，空氣溫度上升至80°C。請問此過程可能發生嗎？

給予數據：空氣之等容比熱 $C_{v0} = 0.717$ kJ/kg K。

解析 空氣溫度上升所需之能量

$2 \times 0.717 \times (80-20) = 86.04(kJ)$

因其小於電阻輸入之電功，故可能發生。

二、有一3300c.c.休旅車引擎以2000rpm運轉。此引擎之壓縮比為10：1，進氣狀態為50kPa，280K，且在膨脹過程後之溫度為750K。試求引擎循環之最高溫度，燃燒過程之加熱量，以及平均有效壓力（mean effective pressure）。使用冷空氣標準（cold air standard）進行計算。

給予數據：空氣之等容比熱$C_{v0} = 0.717$ kJ/kg K。

解析 馬力= (扭力×0.138255×轉速)/5252

$50 \times v_1 = 0.287 \times 280 \Rightarrow v_1 = 1.6072(m^3 / kg)$

$\dfrac{v_1}{v_2} = 10 \Rightarrow v_2 = 0.16072(m^3 / kg)$

① 1→2

$$\dfrac{T_2}{293} = 10^{1.4-1} = \left(\dfrac{P_2}{100}\right)^{\frac{1.4-1}{1.4}} \Rightarrow T_2 = 736(K), P_2 = 2512(kPa)$$

② 2→3

$$q_H - \int_2^3 Pdv = u_3 - u_2 \Rightarrow q_H = P(v_3 - v_2) + u_3 - u_2 = h_3 - h_2$$

$$1700 = 1.005(T_3 - 910) \Rightarrow T_3 = 2601.54(K)$$

$$\frac{T_3}{T_2} = \frac{2601.54}{910} = \frac{P_3 v_3}{P_2 v_2} = \frac{v_3}{0.0495} \Rightarrow v_3 = 0.1415(m^3/kg)$$

③ 3→4

$$\frac{T_4}{2601.54} = \left(\frac{0.1415}{0.841}\right)^{1.4-1} \Rightarrow T_4 = 1275.31(K)$$

④ 4→1

$$q_L - \int_4^1 Pdv = u_1 - u_4 \Rightarrow q_L = u_1 - u_4$$

$$q_L = 0.718(293 - 1275.31) = -705.3(kJ/kg)$$

(一) $w_{net} = 1700 - 705.3 = 994.7(kJ/kg)$.

$$\eta = \frac{w_{net}}{q_{in}} = \frac{994.7}{1700} = 0.585$$

(二) $MEP = \dfrac{w_{net}}{v_1 - v_2} = \dfrac{994.7}{0.841 - 0.0495} = \dfrac{994.7}{0.7915} = 1256.73(kPa)$

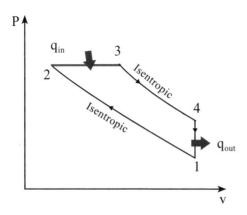

三、如圖所示為一空氣-標準冷凍循環（air-standard refrigeration cy-
　　cle）。空氣進入壓縮機（compressor）之狀態為0.1MPa，-20°C，
　　離開時之壓力為0.5MPa。空氣進入膨脹器（expander）之溫度為
　　15°C。試求此冷凍循環之性能係數（coefficient of performance,
　　COP）。如果要產生1kW之冷凍量，請問空氣之質量流率須為何？
　　給予數據：空氣之等壓比熱C_{p0}=1.005kJ/kgK。

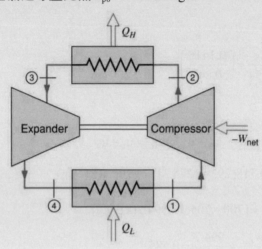

解析　(一)COP=$\dfrac{吸收的熱}{輸入淨功}=\dfrac{q_L}{q_H-q_L}=\dfrac{T_L}{T_H-T_L}=\dfrac{253}{15-(-20)}=7.23$

　　　(二)$1000=1.005\times253\times\dot{m}$

　　　　　$\dot{m}=0.004(kg/s)$

四、流量為2kg/s，溫度為T_1，壓力為100kPa之乾空氣，利用溫度為10°C
　　之水噴霧進行冷卻至溫度為10°C，壓力為100kPa之飽和濕空氣。此
　　冷卻過程為穩態，且沒有功及熱量加入或排放。求加入之水流量、
　　濕空氣出口之絕對濕度、T_1。
　　給予數據：水10°C之飽和壓力為1.2276kPa，汽化潛熱h_{fg}=2447.7kJ/kg。
　　空氣之等壓比熱C_{p0}=1.005kJ/kgK。

解析

$$\varphi_2 = \frac{P_{v2}}{P_g(10)} = \frac{P_{v2}}{1.2276} = 1 \Rightarrow P_{v2} = 1.2276(kPa)$$

$$\omega_2 = \frac{m_{v2}}{m_{a2}} = 0.622\frac{P_{v2}}{P_{a2}} = \frac{0.622P_{v2}}{P_{m2}-P_{v2}} = \frac{0.622\times1.2276}{100-1.2276} = \frac{0.764}{98.77} = 0.0077$$

入口之比焓：

$$h_{a1} + \omega_1 h_{v1} = C_p T_1 = 1.005T_1$$

出口之比焓：

$$h_{a2} + \omega_2 h_{g2} = C_p T_2 + \omega_2 h_{g2} = 1.005\times283 + 0.0077\times2519.8$$

$$= 284.4 + 19.4 = 303.8(kJ/kg)$$

假設加入水流量M

$$\omega_2 = \frac{m_{v2}}{m_{a2}} = \frac{M}{2} = 0.0077 \Rightarrow M = 0.0154(kg/s)$$

可得一關係式

$$2\times1.005T_1 = 303.8(2+0.0154) + 2447.7\times0.0154$$

$$2.01\times T_1 = 612.28 + 37.7$$

$$T_1 = 323.37(K)$$

此題需用到下表：

Saturated water—Temperature table

Temp., T °C	Sat. press., P_{sat} kPa	Specific volume. m³/kg		Internal energy. kJ/kg			Enthalpy. kJ/kg			Entropy. kJ/kg · K		
		Sat. liquid, v_f	Sat. vapor, v_g	Sat. liquid, u_f	Evap., u_{fg}	Sat. vapor, u_g	Sat. liquid, h_f	Evap., h_{fg}	Sat. vapor, h_g	Sat. liquid, s_f	Evap., s_{fg}	Sat. vapor, s_g
0.01	0.6113	0.001000	206.14	0.0	2375.3	2375.3	0.01	2501.3	2501.4	0.000	9.1562	9.156:
5	0.8721	0.001000	147.12	20.97	2361.3	2382.3	20.98	2489.6	2510.6	0.0761	8.9496	9.025:
10	1.2276	0.001000	106.38	42.00	2347.2	2389.2	42.01	2477.7	2519.8	0.1510	8.7498	8.900(
15	1.7051	0.001001	77.93	62.99	2333.1	2396.1	62.99	2465.9	2528.9	0.2245	8.5569	8.781(
20	2.339	0.001002	57.79	83.95	2319.0	2402.9	83.96	2454.1	2538.1	0.2966	8.3706	8.667:
25	3.169	0.001003	43.36	104.88	2304.9	2409.8	104.89	2442.3	2547.2	0.3674	8.1905	8.558(
30	4.246	0.001004	32.89	125.78	2290.8	2416.6	125.79	2430.5	2556.3	0.4369	8.0164	8.453:
35	5.628	0.001006	25.22	146.67	2276.7	2423.4	146.68	2418.6	2565.3	0.5053	7.8478	8.353
40	7.384	0.001008	19.52	167.56	2262.6	2430.1	167.57	2406.7	2574.3	0.5725	7.6845	8.257(
45	9.593	0.001010	15.26	188.44	2248.4	2436.8	188.45	2394.8	2583.2	0.6387	7.5261	8.164?
50	12.349	0.001012	12.03	209.32	2234.2	2443.5	209.33	2382.7	2592.1	0.7038	7.3725	8.076:
55	15.758	0.001015	9.568	230.21	2219.9	2450.1	230.23	2370.7	2600.9	0.7679	7.2234	7.991:
60	19.940	0.001017	7.671	251.11	2205.5	2456.6	251.13	2358.5	2609.6	0.8312	7.0784	7.909(
65	25.03	0.001020	6.197	272.02	2191.1	2463.1	272.06	2346.2	2618.3	0.8935	6.9375	7.831(
70	31.19	0.001023	5.042	292.95	2176.6	2469.6	292.98	2333.8	2626.8	0.9549	6.8004	7.755:
75	38.58	0.001026	4.131	313.90	2162.0	2475.9	313.93	2321.4	2635.3	1.0155	6.6669	7.682(
80	47.39	0.001029	3.407	334.86	2147.4	2482.2	334.91	2308.8	2643.7	1.0753	6.5369	7.612:
85	57.83	0.001033	2.828	355.84	2132.6	2488.4	355.90	2296.0	2651.9	1.1343	6.4102	7.544?
90	70.14	0.001036	2.361	376.85	2117.7	2494.5	376.92	2283.2	2660.1	1.1925	6.2866	7.479?
95	84.55	0.001040	1.982	397.88	2102.7	2500.6	397.96	2270.2	2668.1	1.2500	6.1659	7.415?

五、有一混合液態燃料，質量分率中，85%為乙醇（ethanol，C_2H_5OH），15%為汽油（gasoline，C_8H_{18}）。試求此燃料之理論空氣燃油比（air/fuel ratio）。

解析 此反應之化學計量方程式為

$$C_8H_{18} + 14.2C_2H_5OH + 55.1(O_2 + 3.76N_2) \rightarrow 36.4CO_2 + 103.6N_2 + 51.6H_2O$$

$$AF = \frac{m_{air}}{m_{fuel}} = \frac{7564.13}{114 + 14.2 \times 46} = \frac{7564.13}{767.2} = 9.86$$

NOTE

106年 經濟部

一、請回答下列問題：

(一)請解釋昇華(Sublimation)的定義，並以壓力(P)與溫度(T)圖輔助說明。

(二)說明焦耳—湯姆笙係數(Joule-Thomson coefficient)。

(三)請證明理想氣體(ideal gas)的內能(internal energy)僅是溫度(T)的函數，並列出演算過程。

解析 (一)昇華為物質直接由固體變成氣體，如下圖中A-B的過程

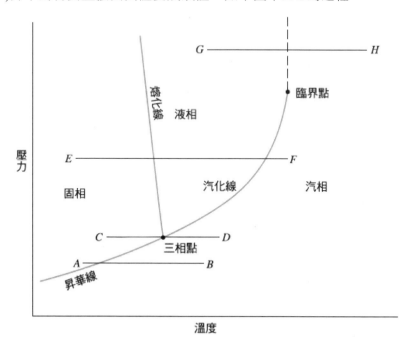

(二)在焦耳-湯姆笙(等焓)過程，溫度隨壓力的改變稱為焦耳-湯姆

笙係數即 $\mu_{JT} = \left(\dfrac{\partial T}{\partial P}\right)_H$

(三)內能之全微分可表示為

$$dU = \frac{\partial U}{\partial T}dT + \frac{\partial U}{\partial V}dV$$

$$dU = \frac{\partial U}{\partial T}dT + \frac{\partial U}{\partial P}dP$$

理想氣體之 $\dfrac{\partial U}{\partial V} = 0$ ， $\dfrac{\partial U}{\partial P} = 0$

故得 $U = U(T)$ only

二、 空氣在一個圓柱型活塞中被絕熱壓縮，從1bar30°C壓縮到10bar，其中空氣質量為20kg，請問在一可逆過程中，所需要的輸入功率？
(提示：空氣C_p=1kJ/kg°K，C_v=0.717kJ/kg°K，且C_p及C_v均為常數)

解析 由理想氣體方程式：

$$10^5 V_1 = 20 \times 0.283 \times 1000 \times 303 \Rightarrow V_1 = 17.15(m^3)$$

$$W = \int_1^2 PdV = \int_1^2 \frac{P_1 V_1^{1.4}}{V^{1.4}}dV = -2.5 P_1 V_1^{1.4} V^{-0.4}\Big|_{V_1}^{V_2}$$

$$W = -2.5 \times 10^5 \times 17.15^{1.4}(3.31^{-0.4} - 17.15^{-0.4})$$

$$W = -13363179(0.62 - 0.321) = -3995590(J) = -3995.6(kJ)$$

故知需輸入功3995.6(kJ)

三、初始狀態為90°C之鐵塊40kg（C_p=0.45 kJ/kg°C）及銅塊30kg（C_p=0.386 kJ/kg°C），同時丟入15°C之高雄澄清湖內，且最終達到熱平衡，請問此過程之總熵變化量？

解析　由題意可知最後之平衡溫度為15°C

代入固體熵變化方程式 $s_2 - s_1 = C_{av} \ln \dfrac{T_2}{T_1}$

$C_{Cu} = 0.386(kJ / kg \cdot °C)$ ，$C_{Fe} = 0.45(kJ / kg \cdot °C)$

$S_2 - S_1 = 30 \times 0.386 \ln \dfrac{288}{363} + 40 \times 0.45 \ln \dfrac{288}{363}$

$= 30 \times 0.386 \times (-0.231) + 40 \times 0.45 \times (-0.231)$

$= -2.675 - 4.158 = -6.833(kJ / K)$

107年 ｜ 中鋼招考師級（機械）

一、選擇題

（　）1. 一個系統的初始與末了狀態固定，若過程不一樣，請問下面何者仍
　　　　可維持不變？　(A)內能變化　(B)功　(C)熱　(D)以上皆是。

（　）2. 一部完全可逆的冷凍機（Refrigerator）在高溫熱庫T_H及低溫熱庫T_L
　　　　下工作，請問它的COP（Coefficient of Performance）為何？
　　　　(A)$1 - T_L/T_H$　　　　　　　　　(B)（T_L/T_H）/（$1 - T_L/T_H$）
　　　　(C)$1/$（$1 - T_L/T_H$）　　　　　(D)以上皆非。

二、複選題

（　）3. 請問在一隔離的系統，下列那些量是守恆的？
　　　　(A)能量（energy）　　　　　　　(B)熵（entropy）
　　　　(C)質量（mass）　　　　　　　　(D)可用能（exergy）。

（　）4. 下列那些敘述與熱力學第二定律有關？
　　　　(A)Kelvin－Plank statement　　(B)Clausius statement
　　　　(C)效率不可能100%　　　　　　(D)能量守恆。

三、填充題

1. 一個系統要達到完全的熱力學平衡（thermodynamic equilibrium）必
　須滿足四個平衡條件，請問是那四個：＿＿＿＿＿。

2. 假設空氣以相同的進口壓力P及比容v，空氣質量流率固定，分別進
　入三個不同的渦輪膨脹到比容為進口的雙倍2v，第一個渦輪為等壓膨
　脹，第二個渦輪為等溫膨脹，第三個渦輪為絕熱膨脹，渦輪膨脹所作
　功最大是第＿＿＿＿個？

3. 假設一活塞內部氣體為空氣，以相同的進口壓力P及體積V，分別膨脹到體積為初始的雙倍2V，第一次為等壓膨脹，第二次為等溫膨脹，第三次為絕熱膨脹，活塞膨脹所作功最大是第＿＿＿＿次？

解答與解析

一、單選題

1. **A** 內能為點函數，與路徑無關。

2. **B** 冷凍機的性能係數COP（Coefficient of Performance）

$$COP = \frac{吸收的熱}{輸入功} = \frac{q_L}{q_H - q_L} = \frac{T_L}{T_H - T_L} = \frac{T_L / T_H}{1 - T_L / T_H}$$

二、複選題

3. **AC** 隔離系統（封閉系統）遵守熱力學第一定律，故能量及質量守恆。

4. **ABC** 熱力學第二定律：

Kelvin Plank敘述：不可能從單一熱源吸收能量，使之完全變為有用功而不產生其他影響。

Clausius敘述：不可能把熱量從低溫物體傳遞到高溫物體而不產生其他影響。

故知熱機熱效率不可能達到100%。

三、填充題

1. **熱、機械、化學及相平衡** 熱力學平衡必須滿足力學（機械）平衡、化學平衡、相平衡和熱平衡。

2. **三** （可逆）絕熱膨脹渦輪機可輸出最大功。

3. **一** 維持等壓膨脹需輸入熱量，故所作之功為最大。

四、計算題

(一) 一3kg的氧氣從狀態1被等溫壓縮到狀
態2如右圖所示,請問此過程的全部壓
縮功?

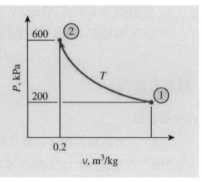

解析 封閉系統所作的功為 $W_{b-out} = \int_1^2 PdV$

$$W_{b-out} = \int_{0.6}^{0.2} PdV = \int_{0.6}^{0.2} \frac{360}{V} dV = 360 \ln \frac{0.2}{0.6} = -395.5(kJ)$$

所作功為負值,故知需輸入功為-395.5(kJ)。

(二) 一部熱引擎把廢熱排到一295K熱庫(heat
sink),此熱引擎熱效率為36%且第二定律效
率60%如右圖,求傳到引擎的熱源(heat
source)溫度T_H為何?

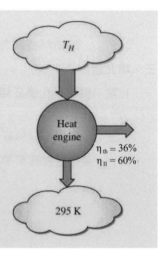

解析 依題意可列式 $0.6(1 - \frac{295}{T_H}) = 0.36 \Rightarrow T_H = 738(K)$

107年 中鋼招考師級（材料）

一、單選題

( )　1. 對自由能（Gibbs free energy）敘述，下列何者錯誤？
(A)自由能是成份、溫度、壓力的函數
(B)自由能隨溫度上升而變大
(C)自由能愈低的相愈容易存在
(D)低溫時焓對自由能的影響較大。

( )　2. 50公斤鋼塊，溫度500°C，注入200公斤量油池中，油池原始溫度
20°C，鋼塊及油的比熱分別為0.5及2.5焦耳/公克·K，假設熱量未
流失於大氣及池壁，計算油的溫度？
(A)94.74°C　(B)47.37°C　(C)42.86°C　(D)63.16°C。

( )　3. 存在於液相中且未達蒸發的水，稱之為？
(A)飽和液體（Saturated liquid）
(B)過熱液體（Superheated liquid）
(C)壓縮液體（Compressed liquid）
(D)液態混合物（Liquid mixture）。

( )　4. 當能量透過作功或熱傳進出系統時，物質的內能改變並遵守能量守
恆定律。此定律在熱力學稱之為？
(A)第零定律　(B)第一定律　(C)第二定律　(D)第三定律。

( )　5. 以下何者敘述錯誤？
(A)純鐵的平衡溫度和壓力無關
(B)Clausius－Clapeyron方程式可以用來找出物理物質的壓力和溫
度沿著相界之間的關係
(C)在凝固前如果液態金屬在熔化溫度以下的溫度梯度下過冷，自
由能會於凝固過程隨之下降
(D)在合金中，當原子被添加或移除時，同一相位裡的自由能會改變。

( )｜6.系統由A狀態變成B狀態，作功值PΔV，由A至B的最可能路徑？

(A)等容路徑　(B)等壓路徑　(C)等溫路徑　(D)絕熱路徑。

( )｜7.定義將單位質量物質的溫度提高一度所需的能量。此熱力性質為？

(A)內能（Internal energy）　　(B)焓（Enthalpy）

(C)熵（Entropy）　　　　　　(D)比熱（Specific heat）。

二、填充題

1. 一理想氣體在300K，15atm下，其體積為15公升，經由等溫可逆膨脹至10atm，回答以下問題：（理想氣體的等容比熱Cv=1.5R）

(1)系統的最終體積，_____。

(2)系統所作的功，_____。

(3)系統焓（enthalpy）的改變量，_____。

(4)若路徑改為可逆絕熱膨脹至10atm，系統所吸收或排出的熱能，_____。

2. _____的目的是增加鋼材表面的碳濃度，使表面更耐磨。

3. 熱力學_____定律也能用來判斷熱機和冰箱等常用於工程系統性能的理論極限，以及預測化學反應的完成程度。

解答與解析

一、單選題

1. **B** Gibbs自由能定義如下：$G＝U－TS＋pV＝H－TS$……(1)

其微分關係式為：$dG＝－SdT＋Vdp$……(2)

(B)由(2)式知溫度上升，自由能變小。

(D)由(1)式知低溫時焓對自由能的影響較大。

2. **C** 設油及鋼塊末溫為T，依吸熱等於放熱可列式：

$50×0.5×(500－T)＝200×2.5×(T－20)→42.86(℃)$

3. **C** 存在於液相中且未達蒸發的水，稱之為壓縮液或過冷液。

4. **B** 能量守恆稱之為熱力學第一定律。

5. **A**　(A)純鐵的平衡溫度和壓力有關。

(C)凝固過程焓會降低，故自由能會降低。

6. **B**　封閉系統作功 $W = \int_1^2 PdV$ ，可表為 $W = P(V_2 - V_1) = P\Delta V$ 之充

要條件為等壓過程。

7. **D**　將單位質量物質的溫度提高一度所需的能量稱為比熱。

二、填充題

1.**(1)22.5公升**　依理想氣體方程式等溫過程 $PV = \text{const.} = 15 \times 15 = 225$

$= 10 \times V_2 \rightarrow V_2 = 22.5(L)$

(2)9244J　$W = \int_{0.015}^{0.0225} \dfrac{225 \times 101300 \times 0.001}{V} dV$

$= 22800 \ln \dfrac{0.0225}{0.015} = 9244.6(J)$

(3)0　因為等溫過程，故系統焓不改變。

(4)5130J　此題答案有誤，因題目已說明可逆絕熱膨脹，故系統
無熱量進出，系統所吸收或排出的熱能應為0。

2.**滲碳（carburization）**　滲碳的目的是增加鋼材表面的碳濃度，
使表面更耐磨。

3.**第二**　熱力學第二定律（第二定律熱效率）也能用來判斷熱
機和冰箱等常用於工程系統性能的理論極限，以及預
測化學反應的完成程度。

三、計算題

一摩耳SiC由25°C加熱到1000°C，計算焓（enthalpy）及熵（entropy）的改變量：
SiC比熱$C_p = 50.79 + 1.97 \times 10^{-3}T - 4.92 \times 10^6 T^{-2} + 8.20 \times 10^8 T^{-3}$ J/mole.K
(一)系統焓（enthalpy）改變量。
(二)系統熵（entropy）改變量。

解析 (一) $\Delta H = \int_{298}^{1273} 50.79 + 0.00197T - 4920000T^{-2} + 820000000T^{-3} dT$

$\Delta H = [50.79T + 0.001T^2 + 4920000T^{-1} - 410000000T^{-2}]_{298}^{1273}$

$\Delta H = 49520.25 + 1620.53 - 88.8 + 3865 - 16510 - 253 + 4617$
$\quad = 42771(J) \approx 42750(J)$

(二) $ds = \dfrac{du}{T} = \dfrac{CdT}{T}$

$\Delta S = \int_{298}^{1273} 50.79\dfrac{1}{T} + 0.00197 - 4920000T^{-3} + 820000000T^{-4} dT$

$\Delta S = [50.79 \ln T + 0.00197T + 2460000T^{-2} - 273333333T^{-3}]_{298}^{1273}$

$\Delta S = 73.75 + 1.92 + 1.52 - 27.7 - 0.1325 + 10.33$
$\quad = 59.69(J/K) \approx 59.7(J/K)$

107年 | 高考三級

一、請說明下列(一)、(二)之純物質（例如水）液汽平衡之壓力體積圖
（P-V diagram）中1和2之狀態以及1→2的過程。

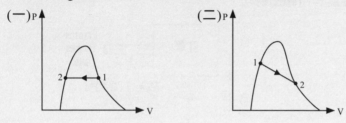

解析 純物質之P-v-T曲線圖

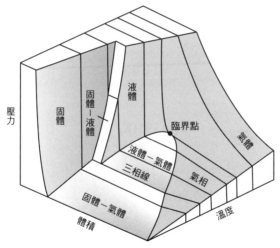

(一)①為氣體②為液體
　　此為凝結過程

(二)①為液體②為氣體
　　此為蒸發過程

二、汽車之渦輪增壓器係由一壓縮機和一渦輪機構成，主要用途是來
　　壓縮進氣，從而提高引擎的功率和扭矩，其示意圖如下所示。假
　　設渦輪機的等熵效率（isentropic efficiency）為85%，壓縮機的等
　　熵效率為80%，工作流體均可視為空氣且為理想氣體（定壓比熱為
　　$C_{p0}=1.0035kJ/kg \cdot K$，空氣氣體常數$R=0.287kJ/kg \cdot K$），並假設實體壓
　　縮機和理想壓縮機有相同的出口壓力。根據圖中所給予的數據求出渦
　　輪機出口溫度和所輸出的功。

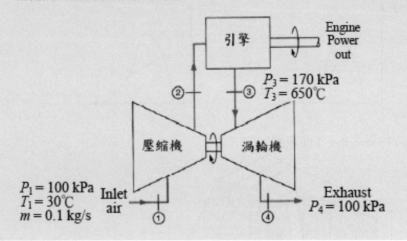

解析　$\dfrac{T_3}{T_4}=\left(\dfrac{P_3}{P_4}\right)^{1-\frac{1}{k}} \Rightarrow \dfrac{923}{T_4}=(\dfrac{170}{100})^{1-\frac{1}{1.4}} \Rightarrow T_4=793(K)$

$0.85(923-793)=923-T_4' \Rightarrow T_4'=812.5$

$w_{out}=1.0035(923-812.5)=110.9(kJ-kg)$

三、如右圖所示，有一理想再熱
循環，高壓渦輪機之蒸汽進
口狀態為400°C及5.0MPa，工
作流體在渦輪機中膨脹至
0.8MPa後，再將其加熱至
400°C，然後在低壓渦輪機中
膨脹至10kPa。求此循環之熱
效率（thermal efficiency）和
低壓渦輪機出口的乾度（飽
和液汽混合物中，飽和汽所
占的質量百分比）。

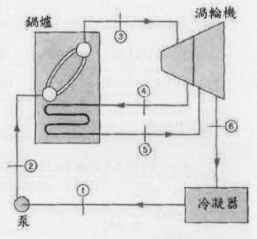

過熱蒸汽	h (kJ/kg)	s (kJ/kg·K)
T.=400°C, P = 5.0 MPa	3195.6	6.6458
T.=400°C, P = 0.8 MPa	3267.1	7.5715

飽和蒸汽	v_f (m³/kg)	v_g (m³/kg)	h_f (kJ/kg)	h_g (kJ/kg)	s_f (kJ/kg·K)	s_g (kJ/kg·K)
P = 0.8 MPa	0.001115	0.2404	721.10	2769.1	2.0461	6.6627
P = 10 kPa	0.001010	14.674	191.81	2584.6	0.6492	8.1501

表中v為比體積（specific volume）

解析　$h_3 = 3195.6 (kJ/kg)$

$h_4 = 2769.1 (kJ/kg)$

$h_5 = 3267.1 (kJ/kg)$，$s_5 = 7.5715 (kJ/kg\cdot K)$

$x_6 = \dfrac{7.5715 - 0.6492}{8.1501 - 0.6492} = \dfrac{6.9223}{7.5} = 0.923$

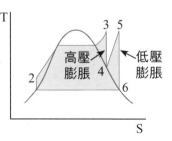

$h_6 = 191.81 + 0.923(2584.6 - 191.81) = 2400(kJ/kg)$

$h_1 = 191.81(kJ/kg)$，$v_1 = 0.001(m^3/kg)$

$h_2 = 191.81 + 0.001(5000 - 10) = 196.8(kJ/kg)$

循環熱效率：$\eta = \dfrac{w_{net}}{q_{in}} = \dfrac{h_3 - h_4 + h_5 - h_6 - v_1(P_2 - P_1)}{h_3 - h_2 + h_5 - h_4}$

$\eta = \dfrac{w_{net}}{q_{in}} = \dfrac{3195.6 - 2769.1 + 3267.1 - 2400 - 0.001(5000 - 10)}{3195.6 - 196.8 + 3267.1 - 2769.1}$

$\eta = \dfrac{1288.6}{3496.8} = 0.3685$

107年 經濟部

一、理想之空氣標準布雷登循環（Brayton cycle）如【圖1】所示，【圖2】所表示之循環1→2→3→4為該循環之T-S圖，空氣在0.1Mpa，15℃進入壓縮機，被絕熱壓縮至0.5Mpa，並等壓的加熱後，在氣渦輪機內絕熱膨脹而輸出功，循環之最高溫度為900℃，假設空氣之定壓比熱C_p=1.0035kJ/kg•°K，等熵指數（isentropic exponent）k=C_p/C_v=1.4，試求下列各項：（計算至小數點後第2位，以下四捨五入）

(一)試求：1.壓縮機所需之功；2.氣渦輪機所輸出之功；3.循環熱效率。

(二)假設壓縮機與氣渦輪機之間的壓降為15kPa，壓縮機之等熵效率為80%，氣渦輪機之等熵效率為85%，循環1→2'→3→4'為其實際的T-S圖，試求：1.狀態2'的溫度；2.狀態4'的溫度。

(三)承上第(二)題，試求：1.壓縮機所需的功；2.氣渦輪機所輸出的功。

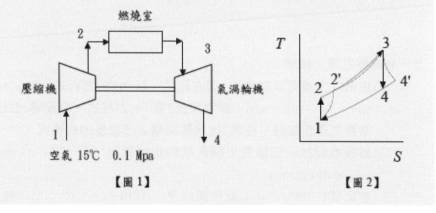

【圖1】　　　　　　　　　　【圖2】

解析 (一)1. $w_{in,compresser} = c_p(T_2 - T_1) = 1.0035(463.754 - 288) = 176.37(kJ/kg)$

2. $w_{out,turbine} = c_p(T_3 - T_4) = 1.0035(1173 - 728.57) = 446(kJ/kg)$

3. $\dfrac{T_2}{T_1} = \left(\dfrac{P_2}{P_1}\right)^{1-\frac{1}{k}} \Rightarrow \dfrac{T_2}{288} = (5)^{1-\frac{1}{1.4}} \Rightarrow T_2 = 463.754(K)$

$\dfrac{T_3}{T_4} = \left(\dfrac{P_3}{P_4}\right)^{1-\frac{1}{k}} \Rightarrow \dfrac{1173}{T_4} = (5)^{1-\frac{1}{1.4}} \Rightarrow T_4 = 728.57(K)$

$\eta = \dfrac{w_{net}}{q_{in}} = 1 - \dfrac{T_4 - T_1}{T_3 - T_2} = 1 - \dfrac{728.57 - 288}{1173 - 463.754} = 1 - \dfrac{440.57}{709.246}$

$= 1 - 0.6212 = 0.3788$

(二)1. $T_2 - T_1 = 463.754 - 288 = 0.8(T_2' - 288) \Rightarrow T_2' = 507.7(K)$

2. $0.85(T_3 - T_4) = 0.85(1173 - 728.57) = 1173 - T_4'$

$\Rightarrow T_4' = 795.2(K)$

(三)1. $w_{in,compresser} = c_p(T_2' - T_1) = 1.0035(507.7 - 288) = 220.47(kJ/kg)$

2. $w_{out,turbine} = c_p(T_3 - T_4') = 1.0035(1173 - 795.2) = 379.12(kJ/kg)$

二、有關熵原理，試問：

(一)由熵的定義可以推導出2個方程式，稱為Tds方程式：Tds＝du＋pdv、Tds＝dh－vdp，試利用此2個Tds方程式，分別導出比熱為常數之理想氣體，任意2種狀態間熵之改變量的代表式。

(二)請簡述對於一個絕熱密閉系統的增熵原理(principle of the increase of entropy)。

(三)空氣自170kPa，60°C絕熱膨脹至(1)100kPa，5°C，(2)100kPa，20°C，空氣之定壓比熱$C_p = 1.0035 kJ/kg \cdot °K$，氣體常數$R = 0.287 kJ/kg \cdot °K$，請以增熵原理解釋此2種狀態之膨脹過程是否可能發生？（計算至小數點後第3位，以下四捨五入）

解析 (一)由$ds = du/T + Pdv/T$，取$du = C_v dT$且$P/T = R/v$，

得理想氣體的熵改變為$ds = \dfrac{C_v dT}{T} + \dfrac{Rdv}{v}$

又由$ds = dh/T - vdP/T$，取$dh = C_p dT$且$v/T = R/P$，

得理想氣體的熵改變為$ds = \dfrac{C_p dT}{T} - \dfrac{RdP}{P}$

單原子氣體之比熱C_p及C_v為定值，與溫度無關

一般氣體之比熱為溫度T的函數：$C_p(T)$及$C_v(T)$

固定比熱（近似處理）：

$$s_2 - s_1 = C_v \ln\dfrac{T_2}{T_1} + R \ln\dfrac{v_2}{v_1}$$

$$s_2 - s_1 = C_p \ln\dfrac{T_2}{T_1} - R \ln\dfrac{P_2}{P_1}$$

(二)熵增原理就是孤立熱力學系統的熵不減少，總是增大或者不變。用來給出一個孤立系統的演化方向。說明一個孤立系統不可能朝低熵的狀態發展即不會變得有序

(三)使用$s_2 - s_1 = C_p \ln\dfrac{T_2}{T_1} - R \ln\dfrac{P_2}{P_1}$式

  1. $s_2 - s_1 = 1.0035\ln\dfrac{278}{333} - 0.287\ln\dfrac{100}{170}$

          $= -0.18 + 0.1523$

          $= -0.0277 (kJ/kg - K)$

    不符合熵增原理，故不可能發生

  2. $s_2 - s_1 = 1.0035\ln\dfrac{293}{333} - 0.287\ln\dfrac{100}{170} = -0.1284 + 0.1523$

          $= 0.024 (kJ/kg - K)$

    符合熵增原理，故可能發生

三、有一壓縮機將空氣自$100kPa$，$5°C$之狀態吸入，而以多變過程 $PV^{1.35}=C$壓縮至$300kPa$排出壓力。空氣的流量為$2.5kg/sec$，假設流入之速度極低可忽略，而流出之速度為$180m/sec$，不計壓縮機進出口位能的變化，空氣之定壓比熱$C_p=1.0035kJ/kg·°K$，氣體常數$R=0.287kJ/kg·°K$，試求：

(一)壓縮機所需功率。

(二)壓縮過程中，冷卻水所帶走之熱量。

（計算至小數點後第2位，以下四捨五入）

解析 (一)$Pv=RT \Rightarrow 100v_1=0.287 \times 278 \Rightarrow v_1=0.8(m^3/kg)$

$Pv^{1.35}=C=P_1v_1^{1.35}=P_2v_2^{1.35}=74 \Rightarrow v_2=0.355(m^3/kg)$

$w=-\int_1^2 vdP=-\int_1^2 C^{\frac{1}{1.35}}P^{-\frac{1}{1.35}}dP=-3.846C^{0.74}P^{0.26}\Big|_1^2$

$=-3.846 \times 74^{0.74}(300^{0.26}-100^{0.26})$

$=-93(4.4-3.3)=-102.3(kJ/kg)$

$\dot{W}_{in}=102.3 \times 2.5=255.75(kW)$

(二)$300 \times 0.355=0.287T_2 \Rightarrow T_2=371.1(K)$

$\dot{Q}_{in}+255.75=\frac{1}{2} \times \frac{1}{1000} \times 2.5 \times 180^2+2.5 \times 1.0035(371.1-278)$

$\dot{Q}_{in}+255.75=40.5+233.56 \Rightarrow \dot{Q}_{in}=18.31(kW)$

108年 中鋼（機械）

( )　1. 下列何者為熱力學第二定律所定義出來的性質？
（A)熵　　　　　　　　　　(B)內能
（C)焓　　　　　　　　　　(D)比熱。

( )　2. 下列何者為正確？
（A)熱是性質　　　　　　　(B)功是性質
（C)焓不是性質　　　　　　(D)比熱是性質。

( )　3. 下列何者會造成熱力學的不可逆？
（A)引擎排熱　　　　　　　(B)氮氣與氧氣混合
（C)系統絕熱　　　　　　　(D)汽車煞車。（複選）

解答與解析

1.**A**　熵為熱力學第二定律所定義出來的性質。
熱力學第二定律：我們不可能製造出一個連續操作的熱機，可將所
輸入之熱量全部轉為功輸出。即不可能造出效率為100%的熱機。
（克耳文－普朗克, Kelvin-planck）
如果沒有其他變化的存在，熱不可能由低溫物體傳遞至高溫物體，
完全冷機不存在。（克勞休斯, clausius）

2.**D**　(D)比熱是性質。

3.**ABD**
引擎排熱、氮氣與氧氣混合、氮氣與氧氣混合均為不可逆過程。如
果無論採用何種辦法都不能使系統和外界完全復原，則原來的過程
稱為不可逆過程。

108年 高考三級

一、假設一燃氣渦輪機在穩態下操作，有一進口及一出口（分別以右下
　　註標1及2表示），燃氣視為理想氣體，質量流率 $\dot{m}$ =0.36kg/s，出口
　　溫度及壓力為 T_2=396K、P_2=2.3bar，速度 V_2=29m/s，分子量M=29，
　　若進口溫度 T_1=2150K，壓力 P_1=37bar，速度 V_1=68m/s，若由此渦輪
　　機散熱至外界的熱傳率 $\dot{Q}$ 為78kW；此燃氣定壓比熱（$\overline{C}_p$）及通用氣
　　體常數（universal gas constant）$\overline{R}$ 的關係式為 $\overline{C}_p/\overline{R}=\alpha+\beta T+\gamma T^2$，
　　式中 α=3.67、β=−1.21×10^{-3}，γ=2.32×10^{-6}，T為燃氣溫度，單位
　　K。試求經過此過程之：

（一）比焓變化量，即 h_2-h_1，單位kJ/kg。

（二）作功率 $\dot{W}$，單位kW。

解析 （一）R＝0.287(kJ/kg•K)

　　　　$C_p=R(3.67-0.00121T+0.00000232T^2)$

　　　　$C_p=1.0533-0.000347T+0.000000666T^2$

　　　　$h_2-h_1=\int_{2150}^{396} C_p dT=\left[1.0533T-0.0001735T^2+0.000000222T^3\right]_{2150}^{396}$

　　　　$h_2-h_1=417.1-27.2+13.8-2149+802-2206.3$

　　　　　　　$=-3149.6(kJ/kg)$

　　（二）$-78+0.36\times\dfrac{68^2}{2\times1000}=0.36\times(-3149.6)+0.36\times\dfrac{29^2}{2\times1000}+\dot{W}$

　　　　　$-78+0.8323=-1134+0.1514+\dot{W}$

　　　　　$\dot{W}=1056.7(kW)$

二、請試述下列名詞之意涵：
　　(一)節流過程（throttling process）　(二)可逆過程
　　(三)Kelvin-Planck statement　　　　(四)熱輻射（thermal radiation）

解析 (一)絕熱條件下，高壓氣體經過多孔塞、小孔、通徑很小的閥門、
　　　毛細管等流到低壓一邊的穩定流動過程稱為節流過程

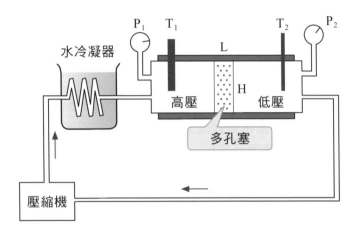

　　(二)可逆過程是指熱力學系統在狀態變化時經歷的一種理想過程。熱
　　　力學系統由某一狀態出發，經過某一過程到達另一狀態後，如果
　　　存在另一過程，它能使系統和外界完全復原，既使系統回到原來
　　　狀態，同時又完全消除原來過程對外界所產生的一切影響，則原
　　　來的過程稱為可逆過程。反之，如果無論採用何種辦法都不能使
　　　系統和外界完全復原，則原來的過程稱為不可逆過程。

　　(三)我們不可能製造出一個連續操作的熱機，可將所輸入之熱量
　　　全部轉為功輸出。即不可能造出效率為100%的熱機！（克耳
　　　文－普朗克, Kelvin-planck）

　　(四)熱傳的最後一種模式是輻射（radiation），乃是以空間中的電
　　　磁波傳導能量。這種傳遞可以在真空中發生而並不需要任何物
　　　質，但是輻的放射（產生）和吸收確實需要有物質的存在。
　　　表面放射通常寫成一個完全黑體放射的分率，放射率ε，為

$$\dot{Q} = \varepsilon \sigma A T_s^4$$

三、若一動力循環（power cycle），在高溫T_H=1560°C下輸入熱量Q_H=917kJ，在低溫T_C=236°C下輸出熱量385kJ，試求此動力循環之：

(一)熱效率 η。

(二)理論最大熱效率 $η_{max}$。

解析 (一) $η = \dfrac{917 - 385}{917} = 0.58$

(二) $η_{max} = 1 - \dfrac{T_L}{T_H} = 1 - \dfrac{509}{1833} = 1 - 0.2777 = 0.7223$

四、假設一穩態操作下的齒輪箱，由輸入端輸入功率76kW，經過齒輪組的摩擦產生熱量，並由熱對流的方式由齒輪箱表面（假設齒輪箱的表面積A=0.8m^2，表面溫度T_b=381K）散熱至外面的空氣（假設空氣溫度T_f=305K），熱對流係數 h=0.15kW/m^2•K，試計算：

(一)經由熱對流的熱傳率 $\dot{Q}_h$，單位kW。

(二)齒輪箱輸出軸端的輸出功率 $\dot{W}_{out}$，單位kW。

解析 (一) $\dot{Q}_{out} = 0.15 \times (381 - 305) \times 0.8 = 9.12(kW)$

(二) $\dot{W}_{out} = \dot{W}_{in} - \dot{Q}_{out} = 76 - 9.12 = 66.88(kW)$

108年 | 經濟部

一、有一理想朗肯循環（Rankine cycle），其T-S圖如右圖所示，鍋爐的壓力為6MPa，冷凝器的壓力為10kPa，假設汽輪機之膨脹過程及泵之壓縮過程均為等熵。如果此循環的淨輸出功為30MW，請利用下表試求下列各項：（計算至小數點後第2位，以下四捨五入）

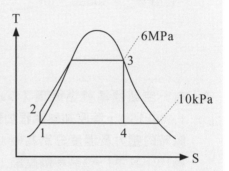

(一)此循環的熱效率(%)

(二)水蒸汽的質量流率(kg/sec)

飽和水-水蒸汽(壓力表)									
壓力 (MPa)	飽和溫度 (°C)	比容 v(m³/kg)		比內能 u(kJ/kg)		比焓 h(kJ/kg)		比熵 s(kJ/kg•°K)	
		v_f	v_g	u_f	u_g	h_f	h_g	s_f	s_g
0.01	45.81	0.00101	14.67	191.82	2437.9	191.83	2584.7	0.6493	8.1502
6.0	275.64	0.001319	0.03244	1205.44	2589.7	1213.35	2784.3	3.0267	5.8892

解析　(一)$h_1 = 191.83(kJ/kg)$

$h_2 = 191.83 + 0.001(6000 - 10) = 197.82(kJ/kg)$

$h_3 = 2784.3(kJ/kg)$，$s_3 = 5.89(kJ/kg•K)$

$X_4 = \dfrac{5.89 - 0.65}{8.15 - 0.65} = \dfrac{5.24}{7.5} = 0.7$

$h_4 = 191.83 + 0.7(2584.7 - 191.83) = 1866.84(kJ/kg)$

$$\eta = \frac{w_{net}}{q_{in}} = \frac{h_3 - h_4 - v_1(P_2 - P_1)}{h_3 - h_2}$$

$$= \frac{2784.3 - 1866.84 - 0.001(6000 - 10)}{2784.3 - 197.82} = \frac{911.47}{2586.48} = 0.3524$$

(二) $\dot{W}_{net} = 30000 = \dot{m}w_{net} = \dot{m} \times 911.47 \Rightarrow \dot{m} = 32.9(kg/s)$

二、有一空氣標準雙燃循環（Dual cycle），等容加熱過程加熱量為1,600kJ/kg，等壓加熱過程加熱量為800kJ/kg，空氣進入汽缸開始壓縮時的壓力及溫度分別為P=100kPa，T=25°C，若該循環之壓縮比為10，其中1→2為等熵壓縮，2→3為等容加熱，3→4為等壓加熱，4→5為等熵膨脹，5→1為等容排熱過程，試求下列各項：（計算至小數點後第2位，以下四捨五入）

提示：$\eta_{Dual} = 1 - \frac{1}{\gamma_\upsilon^{\kappa-1}} \cdot [\frac{\gamma_p \cdot \gamma_c^{\kappa-1}}{(\gamma_p - 1) + \kappa \cdot \gamma_p(\gamma_c - 1)}]$

壓縮比 $\gamma_v = \frac{v_1}{v_2}$，斷油比 $\gamma_c = \frac{v_4}{v_3}$，壓力比 $\gamma_p = \frac{P_3}{P_2}$

空氣的等壓比熱$C_p = 1.0035kJ/kg \cdot °K$，等容比熱$C_V = 0.716kJ/kg \cdot °K$

(一)請繪出該循環之T-S圖及P-V圖（相對應點請以1、2、3等標示）

(二)此循環的最大壓力（kPa）

(三)此循環的最高溫度（°K）

解析 (一)

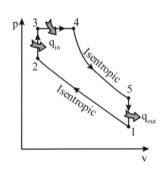

$$100 \times v_1 = 0.286 \times 298 \Rightarrow v_1 = 0.852 (m^3/kg)$$

$$\frac{v_1}{v_2} = 10 \Rightarrow v_2 = 0.0852 (m^3/kg)$$

(二)最大壓力

$$\frac{T_2}{298} = 10^{1.4-1} = \left(\frac{P_2}{100}\right)^{\frac{1.4-1}{1.4}} \Rightarrow T_2 = 748.54(K), P_2 = 2511.9(kPa)$$

$$q_H - \int_2^3 Pdv = u_3 - u_2 \Rightarrow q_H = u_3 - u_2$$

$$1600 = 0.716(T_3 - 748.54) \Rightarrow T_3 = 2983(K)$$

$$\frac{T_3}{T_2} = \frac{2983}{748.54} = \frac{P_3 v_3}{P_2 v_2} = \frac{P_3}{2511.9} \Rightarrow P_3 = 10010.15(kPa)$$

(三)最高溫度

$$q_H - \int_3^4 Pdv = u_4 - u_3 \Rightarrow q_H = P(v_4 - v_3) + u_4 - u_3 = h_4 - h_3$$

$$800 = 1.0035(T_4 - 2983) \Rightarrow T_4 = 3780.2(K)$$

(四)熱效率

$$\frac{T_4}{T_3} = \frac{3780.2}{2983} = \frac{P_4 v_4}{P_3 v_3} = \frac{v_4}{0.0852} \Rightarrow v_4 = 0.108 (m^3/kg)$$

$$\gamma_c = \frac{0.108}{0.0852} = 1.2676 \ , \ \gamma_p = \frac{10010.15}{2511.9} = 4$$

$$\eta_{duel} = 1 - \frac{1}{10^{0.4}} \left[\frac{4 \times 1.2676^{1.4} - 1}{3 + 1.4 \times 4 \times 0.2676} \right]$$

$$\eta_{duel} = 1 - 0.4 \left[\frac{4.575}{4.5} \right] = 0.594$$

三、有一剛性絕熱容器以隔板分成兩部分，一邊裝0.5kg，300°K，200kPa的氮氣，另一邊裝1kg，500°K，400kPa的氦氣，當隔板抽離後均勻混合達到平衡狀態時，試求下列各項：（計算至小數點後第2位，以下四捨五入）

提示：各氣體均為理想氣體，通用氣體常數R_u=8.31kJ/kg-mole°K

	分子量 (kg/kg-mole)	氣體常數 R (kJ/kg-mole•°K)	等壓比熱 C_p (kJ/kg•°K)	等容比熱C_v (kJ/kg•°K)
N_2	28	0.30	1.0399	0.7431
He	4	2.08	5.1954	3.1189

(一)最後的平衡溫度（°K）
(二)最後的平衡壓力（kPa）

解析　(一)設平衡溫度T_f，可得$1(500-T_f)=0.5(T_f-300)$

$1.5T_f=650 \Rightarrow T_f=433.33(K)$

(二)Tank 1體積：$200V_1=\dfrac{0.5}{28}\times 8.31\times 300 \Rightarrow V_1=0.22(m^3)$

Tank 2體積：$400V_2=\dfrac{1}{4}\times 8.31\times 500 \Rightarrow V_2=2.6(m^3)$

混合後之分壓和

$P'=\dfrac{1}{2.82}\times\dfrac{0.5}{28}\times 8.31\times 433.33+\dfrac{1}{2.82}\times\dfrac{1}{4}\times 8.31\times 433.33$

$22.8+319.2=342(kPa)$

108年 │ **地特三等**

一、一純物質（例如水）之飽和水氣的P-V
（壓力-體積）示意圖如下所示，請分別依
據下圖畫出下列過程中的路徑圖：
在常溫下，該物質由壓縮液體（compressed
liquid）轉變為過熱蒸氣（superheated va-
por）之過程。

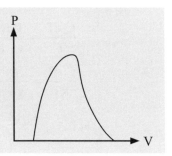

解析

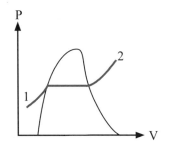

二、一氣體之狀態方程式為$P(v-a)=RT$，其中P為壓力，v為比體積，T為
溫度，R為氣體常數，a為常數。

(一)當等容比熱（C_v）為常數時，證明等壓比熱（C_p）亦為常數。

(二)當過程為可逆絕熱（reversible adiabatic）狀況時，證明此氣體亦
遵循$P(v-a)^k=$Constant（常數），其中k為比熱比（ratio of specific
heat$=C_p/C_v$）。

解析 (一)等壓比熱與等容比熱之關係

$$h=u+P(v-a)=u+RT$$

$$C_p=\left(\frac{\partial h}{\partial T}\right)_p=\left(\frac{\partial u}{\partial T}\right)_v+R=C_v+R$$

故知當等容比熱（C_v）為常數時，證明等壓比熱（C_p）亦為常數

(二)$ds = \dfrac{du}{T} + \dfrac{Pdv}{T}$

$ds = \dfrac{C_v dT}{T} + \dfrac{Rdv}{v-a}$

可逆絕熱過程

$-\dfrac{C_v dT}{T} = \dfrac{Rdv}{v-a}$

$-\dfrac{C_v dT}{RT} = \dfrac{dv}{v-a}$

$\ln T^{-\frac{C_v}{R}} = \ln(v-a)$

$\dfrac{T_2}{T_1} = \left(\dfrac{v_1-a}{v_2-a}\right)^{\frac{R}{C_v}} = \left(\dfrac{v_1-a}{v_2-a}\right)^{\frac{C_p-C_v}{C_v}} = \left(\dfrac{v_1-a}{v_2-a}\right)^{k-1}$ ....(1)

$ds = \dfrac{dh}{T} - \dfrac{(v-a)dP}{T}$

$ds = \dfrac{C_p dT}{T} - \dfrac{RdP}{P}$

可逆絕熱過程

$\dfrac{C_p dT}{T} = \dfrac{RdP}{P}$

$\ln T^{\frac{C_p}{R}} = \ln P$

$\dfrac{T_2}{T_1} = \left(\dfrac{P_2}{P_1}\right)^{\frac{R}{C_p}} = \left(\dfrac{P_2}{P_1}\right)^{\frac{C_p-C_v}{C_p}} = \left(\dfrac{P_2}{P_1}\right)^{1-\frac{1}{k}}$ ....(2)

合併(1)(2)兩式

$$\left(\frac{v_1-a}{v_2-a}\right)^{k-1}=\left(\frac{P_2}{P_1}\right)^{\frac{k-1}{k}}$$

$$\left(\frac{v_1-a}{v_2-a}\right)^{k}=\left(\frac{P_2}{P_1}\right) \text{ 可得}$$

$$P(v-a)^k=\text{const.}$$

三、在一體積為0.1m^3汽缸中，置有氫氣（分子量=2.016kg/kmol），假設其為理想氣體且其比熱比k（ratio of specific heat=C_p/C_v）為1.41。該氫氣的起始狀態為1大氣壓（=101.35kPa）、30°C。經一活塞以等熵過程壓縮後，壓力為20大氣壓。通用氣體常數（Universal gas constant; R_u）為8.314kJ/kmol·K，求：

(一)氫氣的質量。

(二)氫氣所做的功。

解析 (一)$101.35\times0.1=\dfrac{m}{2}\times8.314\times303\Rightarrow m=0.008(\text{kg})$

(二)$n\neq1$時，$PV^n=C=P_1V_1^n=P_2V_2^n$

$1\times0.1^{1.4}=20\times V_2^{1.4}\Rightarrow V_2=0.002^{0.714}=0.0118(\text{m}^3)$

$$W=\int_1^2 PdV=\int_1^2 CV^{-n}dV=\frac{1}{-n+1}CV^{-n+1}\Big|_1^2$$

$$=\frac{CV_2^{-n+1}-CV_1^{-n+1}}{-n+1}=\frac{P_2V_2-P_1V_1}{-n+1}$$

$$=\frac{2027\times0.0118-101.35\times0.1}{-1.4+1}=\frac{23.9-10.135}{-0.4}=-34.4(\text{kJ})$$

四、右圖係一結合布雷
登循環（Brayton
cycle）的氣渦輪
機（Gas Turbine
Engine）和蒸汽渦
輪機的發電廠循
環。在氣體循環的
工作流體假設為理
想空氣（其相關性
質可見表一、表
二、表三；或者
可使用定壓比熱

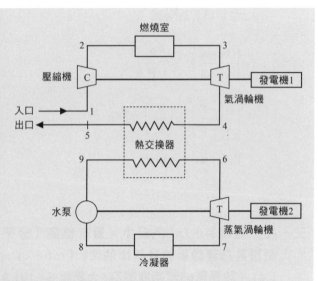

C_p=1.005kJ/kg、氣體常數R=0.287kJ/kg·K），空氣在壓縮機入口的
壓力為100kPa，溫度為25°C，壓縮機的壓縮比為14，其等熵效率為
87%；燃燒器提供60MW的熱量；氣渦輪機的入口溫度為1,250°C，
出口壓力為100kPa，其等熵效率為87%；而此氣體循環在熱交換器
的出口溫度為200°C。在蒸汽循環的工作流體為水，在水泵入口為
10kPa的飽和水（saturated liquid），出口壓力為12.5MPa，其等熵
效率為85%；蒸汽渦輪機入口溫度為500°C且等熵效率為87%。根據
下列表所給予之數據，求：

(一)在氣體循環工作流體的質量流率。

(二)在蒸汽循環工作流體的質量流率。

(三)此電廠循環的熱效率。

表一：理想空氣之性質〔h（焓；enthalpy），Pr（reduced pressure）〕

溫度(K)	298	473	600	620	640	760	780	800	1523
h(kJ/kg)	298.62	475.84	607.32	628.38	649.53	778.46	800.28	822.20	1663.91
P_r	1.09	5.56	13.09	14.77	16.603	31.57	34.853	38.39	515.49

表二

Saturated water	$v_f(m^3/kg)$	$v_g(m^3/kg)$	$h_f(kJ/kg)$	$h_g(kJ/kg)$	$s_f(kJ/kg\cdot K)$	$s_g(kJ/kg\cdot K)$
P=10kPa	0.001010	14.674	191.81	2584.6	0.6492	8.1501

表三

Superheated vapor at T=500°C	$v(m^3/kg)$	$h(kJ/kg)$	$s(kJ/kg\cdot K)$
P=12.5MPa	0.0256	3341.7	6.4617

解析 （一）$\dfrac{T_2}{T_1}=\left(\dfrac{P_2}{P_1}\right)^{1-\frac{1}{k}} \Rightarrow \dfrac{T_2}{298}=(14)^{1-\frac{1}{1.4}} \Rightarrow T_2=650.83(K)$

$0.87(650.83-298)=T'_2-298$

$T'_2=605(K)$

$\dfrac{T_3}{T_4}=\left(\dfrac{P_3}{P_4}\right)^{1-\frac{1}{k}} \Rightarrow \dfrac{1523}{T_4}=(14)^{1-\frac{1}{1.4}} \Rightarrow T_4=716(K)$

$0.87(1523-716)=1523-T'_4$

$T'_4=821(K)$

$60000=\dot{m}\times1.005\times(1523-605) \Rightarrow \dot{m}=65(kg/s)$

$Q_{out}=65\times1.005\times(821-473)=22733.1(kW)$

（二）$h_6=3341.7(kJ/kg)$

$S_6=6.4617(kJ/kg\cdot K)$

$6.4617=0.65+x(8.15-0.65)$

$X=0.776$

$h_7=191.8+0.775\times(2584.6-191.8)=2046.22(kJ/kg)$

$0.87(3341.7-2046.22)=3341.7-h'_7$

$h'_7=2214.6(kJ/kg)$

$h_8 = 191.81(kJ/kg)$

$h_9 = 191.81 + 0.001(12500000 - 10000) \times 0.85 \times 0.001$

$h_9 = 202.43(kJ/kg)$

$_{in} = 22733.1 = \dot{m} \times (3341.7 - 202.43)$

$\dot{m} = 7.24(kg/s)$

(三) $\eta = \dfrac{65 \times 1.005(1523 - 821) + 7.24(3341.7 - 2214.6)}{60000 + 7.24 \times (3341.7 - 202.43)}$

$\eta = \dfrac{45858 + 8160.2}{82728.3} = \dfrac{54018.2}{82728.3} = 0.653$

五、如右圖所示,一熱機從溫度 1000K的熱儲(energy reservoir)中獲得325kJ的熱量,其散熱125kJ至溫度400K的熱沉(energy sink),因此經一循環後,該機可輸出200kJ的功。請判定該循環是可逆、不可逆或不可能?並說明原因。

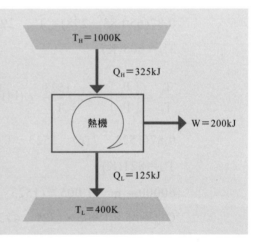

解析 該循環熱效率為 $\eta = \dfrac{w_{net}}{q_{in}} = \dfrac{200}{325} = 0.615$

卡諾循環熱效率 $\eta = 1 - \dfrac{T_L}{T_H} = 1 - \dfrac{400}{1000} = 1 - 0.4 = 0.6$

該循環熱效率高於卡諾循環熱效率,故不可能發生

109年 | 關務三等

一、利用T-s圖和P-v圖繪出空氣標準狄賽爾循環（Air-Standard Diesel Cycle），說明組成此一循環的熱力過程，定義壓縮比（Compression Ratio, r）和停熱比（Cutoff Ratio, r_c），並推證以壓縮比、停熱比和空氣比熱比（Specific Heat Ratio, k）為函數的循環熱效率關係式。

解析

$$\eta = 1 - \frac{q_{out}}{q_{in}} = 1 - \frac{C_v(T_4 - T_1)}{C_p(T_3 - T_2)} = 1 - \frac{T_1(\frac{T_4}{T_1} - 1)}{kT_2(\frac{T_3}{T_2} - 1)}$$

$$\frac{T_1}{T_2} = (\frac{V_2}{V_1})^{k-1} = \frac{1}{r^{k-1}}$$

$$\frac{T_3}{T_2} = \frac{\frac{P_3 V_3}{mR}}{\frac{P_2 V_2}{mR}} = \frac{V_3}{V_2} = r_c$$

$$\frac{T_4}{T_1} = \frac{\frac{P_4 V_4}{mR}}{\frac{P_1 V_1}{mR}} = \frac{P_4}{P_1} = \frac{P_4}{P_3}\frac{P_3}{P_2}\frac{P_2}{P_1} = \left(\frac{V_3}{V_4}\right)^k 1\left(\frac{V_1}{V_2}\right)^k = \left(\frac{V_3}{V_2}\right)^k = r_c^k$$

$$\eta = 1 - \frac{(r_c^k - 1)}{kr^{k-1}(r_c - 1)}$$

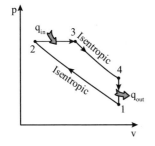

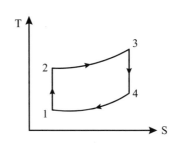

二、利用T-s圖和系統示意圖呈現理想再生式朗肯循環（Ideal Regenera-
tive Rankine Cycle），說明其循環熱效率等同於卡諾循環（Carnot
Cycle）的循環熱效率。針對實際應用，請說明何為開放式飼水加熱
器（Open Feedwater Heater），再利用T-s圖和系統示意圖說明如何
利用開放式飼水加熱器建構實際可運作的再生式朗肯循環。註：系
統示意圖為熱力循環系統各組件的關聯圖。

解析　等壓膨脹【等壓加熱】示意圖

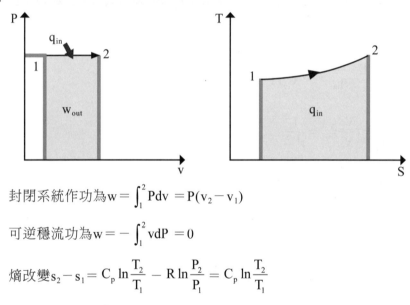

封閉系統作功為 $w = \int_1^2 Pdv = P(v_2 - v_1)$

可逆穩流功為 $w = -\int_1^2 vdP = 0$

熵改變 $s_2 - s_1 = C_p \ln \dfrac{T_2}{T_1} - R \ln \dfrac{P_2}{P_1} = C_p \ln \dfrac{T_2}{T_1}$

三、級聯冷凍系統（Cascade Refrigeration Systems）是由兩個冷凍循環組成，將上循環的蒸發器和下循環的冷凝器結合成一個熱交換器，下循環的冷凝器藉此排熱給上循環的蒸發器。請利用T-s圖和系統示意圖說明級聯冷凍系統，列出性能係數（Coefficient of Performance, COP）計算式，並說明其COP提高的原因。

註：系統示意圖為冷凍循環系統各組件的關聯圖。

解析

$$COP_1 = \frac{Q_L}{W_1}$$

$$COP_2 = \frac{Q_M}{W_2} = \frac{Q_L + W_1}{W_2}$$

$$\Rightarrow COP_2 W_2 = Q_L + W_1$$

$$\Rightarrow COP_2 \frac{W_2}{W_1} = \frac{Q_L}{W_1} + 1$$

$$\Rightarrow COP_2 \frac{W_2}{W_1} = \frac{Q_L}{W_1} + 1$$

$$\Rightarrow \frac{W_2}{W_1} = \frac{COP_1 + 1}{COP_2}$$

$$COP = \frac{Q_L}{W_1 + W_2} = \frac{W_1 COP_1}{W_1 + W_2} = \frac{COP_1}{1 + \frac{W_2}{W_1}} = \frac{COP_1 COP_2}{COP_2 + COP_1 + 1}$$

109年 | 地特三等

空氣在280kPa與77°C，以55m/s的速度穩定流入一噴嘴，並以85kPa、200m/s流出噴嘴。從噴嘴傳至20°C外界的熱損失為3.2kJ/kg。空氣之氣體常數為0.287kJ/kg·K，試計算：

(一)流出噴嘴之空氣溫度（K）。

(二)此過程之總熵變化量（kJ/kg·K）。

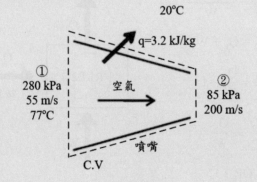

空氣性質表

T（K）	h（kJ/kg）	s°（kJ/kg·K）
325	325.31	1.78249
330	330.34	1.79783
340	340.42	1.82790
350	350.49	1.85708

解析 (一)$h_2 = h_1 + \dfrac{V_1^2 - V_2^2}{2} - q = 350.49 + \dfrac{55^2 - 200^2}{2} \times 0.001 - 3.2 = 328.8(kJ/kg)$

由內差得$T_2 = 329(K)$

(二)$\Delta s_{sys} = (s_2^0 - s_1^0) - R \ln \dfrac{P_2}{P_1}$

$\Delta s_{sys} = (1.79783 - 1.85708) - 0.287 \ln \dfrac{85}{280} = 0.283 (kJ / kg \cdot K)$

$\Delta s_{surrounding} = \dfrac{3.2}{293} = 0.0109 (kJ / kg \cdot K)$

$\Delta s_{total} = 0.283 + 0.0109 = 0.294 (kJ / kg \cdot K)$

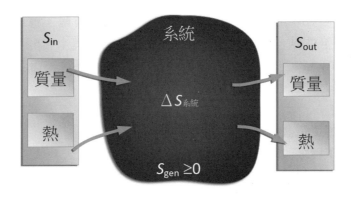

110年 高考三級

一、一穩態運轉之電動馬達，輸入電流及電壓分別為10安培及220伏特，轉速為1000rpm，轉軸輸出扭矩16N·m至負載。運轉時馬達之發熱排至外界，散熱量可表為$Q=hA(T_b-T_0)$，其中，h=對流熱傳係數$=100W/m^2K$，A=馬達表面積$=0.195m^2$，T_b=馬達表面溫度，T_0=環境溫度$=20°C$。試求：

(一)T_b

(二)馬達熵改變量

(三)環境熵改變量

(四)此馬達運轉狀態為可能嗎？

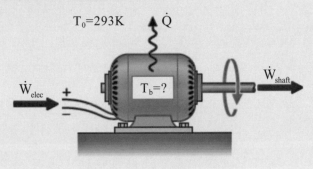

解析 (一)輸入功率：$IV = 10 \times 220 = 2200(W)$

輸出功率：$T\omega = 16 \times \dfrac{1000 \times 2\pi}{60} = 1680(W)$

散失熱量：$2200 - 1680 = 520(W)$

$520 = 100 \times 0.195 \times (T_b - 293) \Rightarrow T_b = 319.7(K)$

(二)馬達熵改變量$\Delta \dot{S}_{motor} = \dfrac{-520}{319.7} = -1.63(W/K)$

(三)環境熵改變量$\Delta \dot{S}_{surrounding} = \dfrac{-520}{293} = 1.77(W/K)$

(四)總熵改變量$\Delta \dot{S} = -1.63 + 1.77 = 0.14(W/K)$

故過程可能發生。

二、一太陽熱能發電系統如圖所示，太陽輻射能量為0.315kW/m²。太陽
能板吸收之太陽熱能提供給一溫度維持為定溫220°C之儲能裝置。
一動力循環由儲能裝置供應熱能，排熱至溫度為50°C之熱源，並產
生0.5MW之電能。環境之溫度為20°C。假設此動力循環為穩態操
作，儲能裝置太陽熱能吸收效率為0.75，試求：
(一)所需之最小太陽能板面積
(二)儲能裝置提供之可用能
(三)動力循環之熱力學第二定律效率（second-law efficiency）

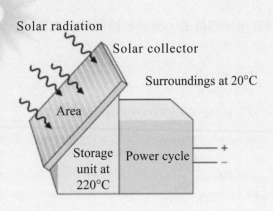

解析 (一)此系統之最佳熱效率$\eta_{max} = 1 - \dfrac{T_L}{T_H} = 1 - \dfrac{323}{493} = 1 - 0.655 = 0.345$

所需最小熱傳量$0.345 = \dfrac{500}{\dot{Q}_{min}} \Rightarrow \dot{Q}_{min} = 1449(kW)$

所需最小面積$1449 = 0.315 \times 0.75 \times A_{min} \Rightarrow A_{min} = 6134.5(m^2)$

(二)伴隨熱傳之可用能

$1449 \times (1 - \dfrac{293}{493}) = 1449 \times (1 - 0.6) = 579.6(kW)$

(三)第二定律熱效率$\eta_2 = \dfrac{579.6}{1232} = 47\%$

110年 | 地特三等

一、卡車上載一輛1,500公斤（kg）的故障轎車，如忽略摩擦力、空氣阻力和滾動摩擦，請考量下列行駛情形，分別計算運載此轎車後，卡車所增加之功率需求（extra power required）：

(一)以等速度（constant velocity）在水平的路上行駛。

(二)以時速60公里/時（60km/h），在與水平面成30度夾角之上坡路上行駛。

(三)在水平的路上，於10秒鐘由靜止加速到100公里/時。

解析 (一)$F = ma = 0$

$P = Fv = 0$

(二)$F = mg \sin \theta = 1500 \times 9.8 \times \sin 30° = 7350$

$P = Fv = 7350 \times 60 \times \dfrac{1000}{3600} = 122500(W)$

(三)$a = \dfrac{100 \times \dfrac{1000}{3600}}{10} = 2.78(m/s^2)$

$F = ma = 1500 \times 2.78 = 4170(N)$

$P = Fv = 4170 \times 50 \times \dfrac{1000}{3600} = 57917(W)$

二、如圖所示之6公升的壓力鍋，鍋裡剛開始時有1.5公斤的水，於達到操作壓力150kPa後，持續30分鐘加入600瓦熱量於壓力鍋中，假設大氣壓力為100kPa，請參考所附飽和水（saturated water）性質表，回答下列問題：

(一)壓力鍋達到操作狀態時，鍋內的操作溫度、乾度（quality, x1）與內能（u1）。

(二)寫出加熱30分鐘後之剩餘水質量（m2）與乾度（quality, x2）的關係式。

(三)寫出加熱30分鐘後之剩餘水的內能（u2）與乾度（quality, x2）之關係式。

(四)於能量守恆式帶入(二)與(三)之關係，並簡化其表示式。

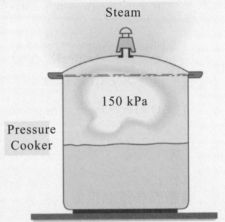

Saturated water—Pressure table

Press., P kPa	Sat. temp., T_{sat} ℃	Specific volume, m³/kg		Internal energy, kJ/kg			Enthalpy, kJ/kg			Entropy, kJ/kg · K		
		Sat. liquid, v_f	Sat. vapor, v_g	Sat. liquid, u_f	Evap., u_{fg}	Sat. vapor, u_g	Sat. liquid, h_f	Evap., h_{fg}	Sat. vapor, h_g	Sat. liquid, s_f	Evap., s_{fg}	Sat. vapor, s_g
1.0	6.97	0.001000	129.19	29.302	2355.2	2384.5	29.303	2484.4	2513.7	0.1059	8.8690	8.9749
1.5	13.02	0.001001	87.964	54.686	2338.1	2392.8	54.688	2470.1	2524.7	0.1956	8.6314	8.8270
2.0	17.50	0.001001	66.990	73.431	2325.5	2398.9	73.433	2459.5	2532.9	0.2606	8.4621	8.7227
2.5	21.08	0.001002	54.242	88.422	2315.4	2403.8	88.424	2451.0	2539.4	0.3118	8.3302	8.6421
3.0	24.08	0.001003	45.654	100.98	2306.9	2407.9	100.98	2443.9	2544.8	0.3543	8.2222	8.5765
4.0	28.96	0.001004	34.791	121.39	2293.1	2414.5	121.39	2432.3	2553.7	0.4224	8.0510	8.4734
5.0	32.87	0.001005	28.185	137.75	2282.1	2419.8	137.75	2423.0	2560.7	0.4762	7.9176	8.3938
7.5	40.29	0.001008	19.233	168.74	2261.1	2429.8	168.75	2405.3	2574.0	0.5763	7.6738	8.2501
10	45.81	0.001010	14.670	191.79	2245.4	2437.2	191.81	2392.1	2583.9	0.6492	7.4996	8.1488
15	53.97	0.001014	10.020	225.93	2222.1	2448.0	225.94	2372.3	2598.3	0.7549	7.2522	8.0071
20	60.06	0.001017	7.6481	251.40	2204.6	2456.0	251.42	2357.5	2608.9	0.8320	7.0752	7.9073
25	64.96	0.001020	6.2034	271.93	2190.4	2462.4	271.96	2345.5	2617.5	0.8932	6.9370	7.8302
30	69.09	0.001022	5.2287	289.24	2178.5	2467.7	289.27	2335.3	2624.6	0.9441	6.8234	7.7675
40	75.86	0.001026	3.9933	317.58	2158.8	2476.3	317.62	2318.4	2636.1	1.0261	6.6430	7.6691
50	81.32	0.001030	3.2403	340.49	2142.7	2483.2	340.54	2304.7	2645.2	1.0912	6.5019	7.5931
75	91.76	0.001037	2.2172	384.36	2111.8	2496.1	384.44	2278.0	2662.4	1.2132	6.2426	7.4558
100	99.61	0.001043	1.6941	417.40	2088.2	2505.6	417.51	2257.5	2675.0	1.3028	6.0562	7.3589
101.325	99.97	0.001043	1.6734	418.95	2087.0	2506.0	419.06	2256.5	2675.6	1.3069	6.0476	7.3545
125	105.97	0.001048	1.3750	444.23	2068.8	2513.0	444.36	2240.6	2684.9	1.3741	5.9100	7.2841
150	111.35	0.001053	1.1594	466.97	2052.3	2519.2	467.13	2226.0	2693.1	1.4337	5.7894	7.2231
175	116.04	0.001057	1.0037	486.82	2037.7	2524.5	487.01	2213.1	2700.2	1.4850	5.6865	7.1716
200	120.21	0.001061	0.88578	504.50	2024.6	2529.1	504.71	2201.6	2706.3	1.5302	5.5968	7.1270
225	123.97	0.001064	0.79329	520.47	2012.7	2533.2	520.71	2191.0	2711.7	1.5706	5.5171	7.0877
250	127.41	0.001067	0.71873	535.08	2001.8	2536.8	535.35	2181.2	2716.5	1.6072	5.4453	7.0525
275	130.58	0.001070	0.65732	548.57	1991.6	2540.1	548.86	2172.0	2720.9	1.6408	5.3800	7.0207

解析　(一)狀態一之比容 $v_1 = \dfrac{0.006}{1.5} = 0.004$

$x_1 = \dfrac{v_1 - v_f}{v_g - v_f} = \dfrac{0.004 - 0.001053}{1.1594 - 0.001053} = 0.0025$

$u_1 = u_f + x_1(u_g - u_f) = 466.97 + 0.0025 \times 2052.3 = 472(kJ/kg)$

(二) $m_2 = \dfrac{\forall}{v_2} = \dfrac{6 \times 10^{-3}}{v_f + x_2(v_g - v_f)}$

(三) $u_2 = u_f + x_2(u_g - u_f)$

(四) $Q = (m_1 - m_2)h_e + m_2u_2 - m_1u_1$

110年 經濟部

一、一座以空氣為工作流體且操作基於封閉式布雷登循環(Brayton Cycle)
之動力廠，其空氣壓縮機之壓縮比為11，入口空氣溫度為300°K，
輸入於循環之總熱量為620kJ/kg；若 該循環之壓縮機等熵效率(Isen-
tropic Efficiency)為80%，渦輪機等熵效率(Isentropic Efficiency)為
85%，假設循環過程中之空氣狀態皆為理想氣體(Ideal Gas)且比熱為
常數(C_P=1.005kJ/kg°K，k=1.4)，壓縮機及渦輪機絕熱且忽略進出口
之動、位能變化下，請計算下列各項：

(一)此循環中，壓縮機出口空氣溫度為多少°K？

(二)此循環中，渦輪機出口空氣溫度為多少°K？

(三)此循環之輸出淨功為多少kJ/kg？

(四)此循環之熱效率為多少%？

解析 $\dfrac{T_2}{T_1}=\left(\dfrac{P_2}{P_1}\right)^{1-\frac{1}{k}}\Rightarrow \dfrac{T_2}{300}=(11)^{1-\frac{1}{1.4}}\Rightarrow T_2=595.6(K)$

$0.8(595.6-300)=(T_{2'}-300)\Rightarrow T_{2'}=536.48(K)$

$620=1.005(T_3-536.48)\Rightarrow T_3=1153.4(K)$

$\dfrac{T_3}{T_4}=\left(\dfrac{P_3}{P_4}\right)^{1-\frac{1}{k}}\Rightarrow \dfrac{1153.4}{T_4}=(11)^{1-\frac{1}{1.4}}\Rightarrow T_4=581(K)$

$0.85(1153.4-581)=(1153.4-T_{4'})\Rightarrow T_{4'}=666.86(K)$

(一)$T_{2'}=536.48(K)$

(二)$T_{4'}=666.86(K)$

(三)$w_{net}=C_p(T_3-T_{4'})-C_p(T_{2'}-T_1)=489-236.48=252.52(kJ/kg)$

(四)$\eta=\dfrac{w_{net}}{q_{in}}=\dfrac{252.52}{620}=0.4073=40.73\%$

二、一活塞氣缸裝置，最初裝有壓力為500kPa，溫度為300°K而容積為0.1m³之氦氣，其經過一多變指數(Polytropic Exponent)n=1.5之多變過程(Polytropic Process)膨脹至150kPa之壓力，假設過程中之氦氣狀態皆為理想氣體(Ideal Gas)且比熱為常數(C_P=5.1926kJ/kg・°K，C_V= 3.1156kJ/kg・°K)，請計算下列各項(計算至小數點後第1位，以下四捨五入)。

(一)此膨脹過程所輸出之功(W)為多少kJ？

(二)此膨脹過程之熱交換量(Q)為多少kJ？

解析　$P_1V_1 = mRT_1 \Rightarrow 500 \times 0.1 = m \times 0.287 \times 300 \Rightarrow m = 0.58(kg)$

由$PV^{1.5} = C = P_1V_1^{1.5} = P_2V_2^{1.5} \Rightarrow 500 \times 0.1^{1.5} = 150V_2^{1.5}$

$V_2^{1.5} = 0.1054 \Rightarrow V_2 = (0.1054)^{0.6667} = 0.2231(m^3)$

(一)$W = \int_1^2 PdV = \dfrac{P_2V_2 - P_1V_1}{-n+1} = \dfrac{150 \times 0.2231 - 500 \times 0.1}{-1.5+1}$

$= \dfrac{33.465 - 50}{-0.5} = 33.07(kJ)$

(二)$P_2V_2 = mRT_2 \Rightarrow 150 \times 0.2231 = 0.58 \times 0.287 \times T_2 \Rightarrow T_2 = 201(K)$

由熱力學第一定律

$Q - 33.07 = 3.1 \times 0.58(201 - 300)$

$Q - 33.07 = 3.1 \times 0.58(201 - 300) \Rightarrow Q = -145(kJ)$

110年 專技高考

一卡諾熱機的操作在熱源（Heat source）溫度500℃以及熱沉（Heat sink）溫度20℃的循環，每一循環其輸出的功為1,000 kJ。求(一)此熱機之熱效率，(二)此循環所接收的熱，(三)此循環所釋放的熱，(四)在放熱過程中熵的變化量。

解析
$$\eta = \frac{w_{net}}{q_{in}} = \frac{q_{in} - q_{out}}{q_{in}} = \frac{1000}{q_{in}} = 1 - \frac{293}{773} = 0.62 \Rightarrow q_{in} = 1613(kJ)$$

$$q_{out} = 1613 - 1000 = 613(kJ)$$

$$\Delta S = \frac{-613}{293} = -2.09(kJ / K)$$

一、80kPa、10℃的空氣以100m/s的穩態進口速度流入一個擴散器（Diffuser），擴散器進口的面積為0.6m²。若空氣在擴散器出口處的速度跟進口速度比較非常低，試求：(一)空氣的質量流率。（單位取kg/s）(二)空氣在擴散器出口處的溫度。（單位取K）

　註：假設空氣為理想氣體，且其等壓比熱與等容比熱皆為定值[等壓比熱Cp=1.005kJ/（kg·K），等容比熱Cv=0.718kJ/（kg·K），氣體常數R=0.287kJ/（kg·K）]。

解析 (一)$P = \rho RT \Rightarrow 80 = \rho \times 0.287 \times 283 \Rightarrow \rho = 0.985(\text{kg}/\text{m}^3)$

質量流率$\dot{m} = 100 \times 0.6 \times 0.985 = 59.1(\text{kg}/\text{s})$

(二)$h_2 = h_1 + \dfrac{V_1^2 - V_2^2}{2}$

$h_2 - h_1 = \dfrac{V_1^2 - V_2^2}{2} = \dfrac{100^2}{2} \times \dfrac{1}{1000} = c_p(T_2 - T_1) = 1.005(T_2 - 283)$

$T_2 - 283 = 4.975 \Rightarrow T_2 = 288(\text{K})$

二、一個氣缸內含有初始壓力為5×10⁶Pa、體積為0.02m³、溫度為327℃的空氣，若空氣膨脹，使得體積與壓力沿著PV=C的過程變化，C為一定值，方程式中壓力P的單位是Pa，體積V的單位是m³，假設空氣為理想氣體，氣體常數為0.287kJ/（kg·K），試求：

(一)當空氣膨脹為原來體積的3倍時，空氣對活塞的作功為何？（單位取kJ）

(二)氣缸內空氣質量為何？（單位取kg）

(三)過程中輸入給空氣的熱為何？（單位取kJ）

解析 $(一)W = \int_1^2 PdV = \int_1^2 \frac{P_1V_1}{V}dV = P_1V_1(\ln V_2 - \ln V_1) = P_1V_1 \ln\frac{V_2}{V_1}$

$W = 5000000 \times 0.02 \ln 3 = 110(kJ)$

$(二)P_1V_1 = mRT_1 \Rightarrow 5000 \times 0.02 = m \times 0.287 \times 600 \Rightarrow m = 0.58(kg)$

$(三)PV = const.$ 此為等溫過程

由熱力學第一定律

$Q - 110 = 3.1 \times 0.58(T_2 - T_1) = 0$

$Q = 110(kJ)$

111年 ┃ 經濟部

如圖所示，一個5m×6m×8m之密閉空間在120kPa壓力下以一加熱器加熱，此加熱器傳入熱量為12000kJ/h，其上有一100W之風扇散布其熱量，而房間另有6000kJ/h之熱量散失至室外。假設空氣為理想氣體，其等壓比熱C_p=1.005kJ/kg-°C，空氣氣體常數R=0.287kJ/kg-°C，若房間的空氣溫度為10°C，請問經過幾秒之後溫度會上升至20°C（計算至小數點後第3位，以下四捨五入）？

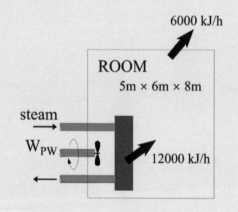

解析 先計算房間之空氣質量
$120 \times 5 \times 6 \times 8 = m \times 0.287 \times 283 \Rightarrow m = 354.6kg$
熱力學第一定律
$(\dfrac{12000 - 6000}{3600} + 0.1) \times t = mC_v(T_2 - T_1) = 354.6(1.005 - 0.287) \times 10 = 2546$

$t = 1441s$

112年 | 經濟部

一、某飛行器以噴射引擎提供動力，已知空氣進入引擎速度為250m/s，引擎進口空氣焓值為250kJ/kg，引擎出口排氣焓值為900kJ/kg，燃料空氣比為0.02，燃料提供40MJ/kg熱能。若無其餘熱量散失及機械功率消耗，排氣離開引擎之速度為何（計算至小數點後第2位，以下四捨五入）？

解析
$$\frac{1}{2} \times 250^2 + 250000 + 0.02 \times 40000000 = \frac{1}{2} v_e^2 + 900000$$

$$31250 + 250000 + 800000 - 900000 = \frac{1}{2} v_e^2$$

$$v_e = 612.08 (m/s)$$

二、某內燃機之燃料為乙醇（C_2H_6O），於50%過剩空氣下完全燃燒，請計算下列各項（計算至小數點後第2位，以下四捨五入）。
(一)列出乙醇燃燒之化學反應式。
(二)空氣中氮氣含量79%，氧氣含量21%，內燃機之空氣燃料比為何？
(三)排氣於乾基條件之含氧量百分比為何？

解析
(一)$C_2H_6O + 4.5(O_2 + 4N_2) \rightarrow 2CO_2 + 3H_2O + 1.5O_2 + 18N_2$

(二)$\dfrac{4.5(32+112)}{24+6+16} = \dfrac{648}{46} = 14.1$

(三)$\dfrac{1.5 \times 32}{2 \times 44 + 1.5 \times 32 + 18 \times 28} = \dfrac{48}{88+48+504} = \dfrac{48}{640} = 7.5\%$

三、某渦流管共有3處開口，其截面構造略如圖所示，將298K、2.0bar之理想氣體由上方入口灌入，並以渦流管本身之閥門調節兩側出口空氣流量，於穩定狀態下，兩側出口空氣溫度分別為271K及316K。進口及出口空氣流速差異忽略不計，渦流管與環境之間無熱量傳遞，請計算下列各項（氣體常數R=0.287kJ/kg-K、定壓比熱C_p=1.0kJ/kg-K；ln 316=5.756、ln 298=5.697、ln 271=5.602、ln 2=0.693）。

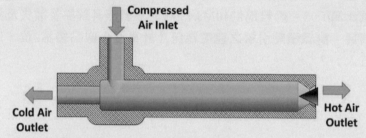

(一)進入之氣體有多少比例由左側出口流出？

(二)每單位質量氣體所增加之熵為何（計算至小數點後第3位，以下四捨五入）？

解析

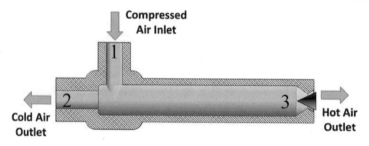

(一)$\dot{m}_1 \times 298 = \dot{m}_2 \times 271 + \dot{m}_3 \times 316$

$298\dot{m}_2 + 298\dot{m}_3 = 271\dot{m}_2 + 316\dot{m}_3$

$27\dot{m}_2 = 18\dot{m}_3 \Rightarrow 3\dot{m}_2 = 2\dot{m}_3 \Rightarrow \dot{m}_2 : \dot{m}_3 = 2:3$

$\dfrac{\dot{m}_2}{\dot{m}_1} = \dfrac{2}{2+3} = 40\%$

有40%的氣體由左側流出

(二)$\Delta s = 0.4 C_p \ln\dfrac{T_2}{T_1} + 0.6 C_p \ln\dfrac{T_3}{T_1}$

$\Delta s = 0.4 \times 1(5.602 - 5.697) + 0.6 \times 1(5.756 - 5.697)$

$\Delta s = -0.038 + 0.0354 = -0.0026(kJ / kg - K)$

112年 | 經濟部

一、某飛行器以噴射引擎提供動力，已知空氣進入引擎速度為250m/s，引擎進口空氣焓值為250kJ/kg，引擎出口排氣焓值為900kJ/kg，燃料空氣比為0.02，燃料提供40MJ/kg熱能。若無其餘熱量散失及機械功率消耗，排氣離開引擎之速度為何（計算至小數點後第2位，以下四捨五入）？

解析 $\dfrac{1}{2} \times 250^2 + 250000 + 0.02 \times 40000000 = \dfrac{1}{2}v_e^2 + 900000$

$31250 + 250000 + 800000 - 900000 = \dfrac{1}{2}v_e^2$

$v_e = 612.08(m/s)$

二、某內燃機之燃料為乙醇（C_2H_6O），於50%過剩空氣下完全燃燒，請計算下列各項（計算至小數點後第2位，以下四捨五入）。

(一)列出乙醇燃燒之化學反應式。

(二)空氣中氮氣含量79%，氧氣含量21%，內燃機之空氣燃料比為何？

(三)排氣於乾基條件之含氧量百分比為何？

解析 (一)$C_2H_6O + 4.5(O_2 + 4N_2) \rightarrow 2CO_2 + 3H_2O + 1.5O_2 + 18N_2$

(二)$\dfrac{4.5(32+112)}{24+6+16} = \dfrac{648}{46} = 14.1$

(三)$\dfrac{1.5 \times 32}{2 \times 44 + 1.5 \times 32 + 18 \times 28} = \dfrac{48}{88+48+504} = \dfrac{48}{640} = 7.5\%$

三、某渦流管共有3處開口，其截面構造略如圖所示，將298K、2.0bar之理想氣體由上方入口灌入，並以渦流管本身之閥門調節兩側出口空氣流量，於穩定狀態下，兩側出口空氣溫度分別為271K及316K。進口及出口空氣流速差異忽略不計，渦流管與環境之間無熱量傳遞，請計算下列各項（氣體常數R=0.287kJ/kg-K、定壓比熱C_p=1.0kJ/kg-K；ln 316=5.756、ln 298=5.697、ln 271=5.602、ln 2=0.693）。

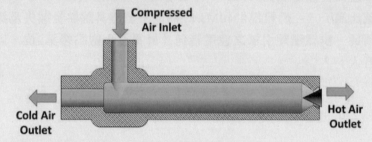

(一)進入之氣體有多少比例由左側出口流出？

(二)每單位質量氣體所增加之熵為何（計算至小數點後第3位，以下四捨五入）？

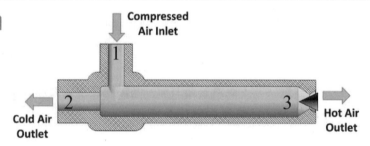

(一)$\dot{m}_1 \times 298 = \dot{m}_2 \times 271 + \dot{m}_3 \times 316$

$298\dot{m}_2 + 298\dot{m}_3 = 271\dot{m}_2 + 316\dot{m}_3$

$27\dot{m}_2 = 18\dot{m}_3 \Rightarrow 3\dot{m}_2 = 2\dot{m}_3 \Rightarrow \dot{m}_2 : \dot{m}_3 = 2:3$

$\dfrac{\dot{m}_2}{\dot{m}_1} = \dfrac{2}{2+3} = 40\%$

有40%的氣體由左側流出

(二)$\Delta s = 0.4 C_p \ln \dfrac{T_2}{T_1} + 0.6 C_p \ln \dfrac{T_3}{T_1}$

$\Delta s = 0.4 \times 1(5.602 - 5.697) + 0.6 \times 1(5.756 - 5.697)$

$\Delta s = -0.038 + 0.0354 = -0.0026 (kJ / kg - K)$

一試就中，升任各大
國民營企業機構
高分必備，推薦用書

題庫系列

2B021111	論文高分題庫	高朋 尚榜	360元
2B061131	機械力學(含應用力學及材料力學)重點統整＋高分題庫	林柏超	430元
2B091111	台電新進雇員綜合行政類超強5合1題庫	千華 名師群	650元
2B171121	主題式電工原理精選題庫	陸冠奇	530元
2B261121	國文高分題庫	千華	530元
2B271131	英文高分題庫 👑 榮登金石堂暢銷榜	德芬	630元
2B281091	機械設計焦點速成＋高分題庫	司馬易	360元
2B291131	物理高分題庫	千華	590元
2B301131	計算機概論高分題庫	千華	550元
2B341091	電工機械(電機機械)歷年試題解析	李俊毅	450元
2B361061	經濟學高分題庫	王志成	350元
2B371101	會計學高分題庫	歐欣亞	390元
2B391131	主題式基本電學高分題庫	陸冠奇	近期出版
2B511121	主題式電子學(含概要)高分題庫	甄家灝	550元
2B521131	主題式機械製造(含識圖)高分題庫 👑 榮登金石堂暢銷榜	何曜辰	近期出版

2B541131	主題式土木施工學概要高分題庫 榮登金石堂暢銷榜	林志憲	630元
2B551081	主題式結構學(含概要)高分題庫	劉非凡	360元
2B591121	主題式機械原理(含概論、常識)高分題庫 榮登金石堂暢銷榜	何曜辰	590元
2B611131	主題式測量學(含概要)高分題庫 榮登金石堂暢銷榜	林志憲	450元
2B681131	主題式電路學高分題庫	甄家灝	550元
2B731101	工程力學焦點速成＋高分題庫 榮登金石堂暢銷榜	良運	560元
2B791121	主題式電工機械(電機機械)高分題庫	鄭祥瑞	560元
2B801081	主題式行銷學(含行銷管理學)高分題庫	張恆	450元
2B891131	法學緒論(法律常識)高分題庫	羅格思 章庠	570元
2B901131	企業管理頂尖高分題庫(適用管理學、管理概論)	陳金城	410元
2B941131	熱力學重點統整＋高分題庫 榮登金石堂暢銷榜	林柏超	470元
2B951131	企業管理(適用管理概論)滿分必殺絕技	楊均	630元
2B961121	流體力學與流體機械重點統整＋高分題庫	林柏超	470元
2B971131	自動控制重點統整＋高分題庫	翔霖	近期出版
2B991101	電力系統重點統整＋高分題庫	廖翔霖	570元

以上定價，以正式出版書籍封底之標價為準

歡迎至千華網路書店選購
服務電話 (02)2228-9070

千華網路書店

更多網路書店及實體書店

 博客來網路書店　PChome 24hr書店　三民網路書店
MOMO 購物網　金石堂網路書店　誠品網路書店

查詢實體書店

(國民營事業)熱力(工)學與熱機學重點統整+高分題庫 /
林柏超編著. -- 第四版. -- 新北市：千華數位文化股份
有限公司, 2024.03
　　面；　公分
ISBN 978-626-380-380-0(平裝)

1.CST: 熱力學 2.CST: 熱工學 3.CST: 熱動機

335.6　　　　　　　　　113003675

[國民營事業]

熱力(工)學與熱機學重點統整＋高分題庫

編 著 者：林 柏 超

發 行 人：廖 雪 鳳
登 記 證：行政院新聞局局版台業字第 3388 號
出 版 者：千華數位文化股份有限公司
　　　　　地址：新北市中和區中山路三段 136 巷 10 弄 17 號
　　　　　電話：(02)2228-9070　　傳真：(02)2228-9076
　　　　　網路客服信箱：chienhua@chienhua.com.tw

法律顧問：永然聯合法律事務所
編輯經理：甯開遠
主　　編：甯開遠
執行編輯：尤家瑋
校　　對：千華資深編輯群
設計主任：陳春花
編排設計：林婕瀅

千華官網
／購書

千華蝦皮

出版日期：2024 年 3 月 30 日　　　第四版／第一刷

本書如有勘誤或其他補充資料，
將刊於千華官網，歡迎前往下載。

[國家考試系列]

熱力(工)學與熱傳學重點整理＋高分題庫

出版日期：2024 年 5 月 30 日　　　　版次／刷次：第一版